U0269133

高职高专计算机类专业系列教材

TCP/IP路由交换技术

主　编　管秀君　卢川英

副主编　卢忠远　赵文涛

西安电子科技大学出版社

内容简介

本书以计算机网络技术为基础，结合高职高专的教学特点，讲述了计算机网络技术、通信技术从业人员在工作中应用到的TCP/IP路由交换的基础知识，包括计算机网络基础、TCP/IP协议族与子网规划、常见网络接口与线缆、网络互联设备、以太网交换机原理及基本配置、虚拟局域网技术、交换网络中的冗余链路、链路聚合技术、构建互联互通的局域网、路由协议及配置、广域网技术、用访问控制列表管理数据流、DHCP服务及应用、私有局域网与Internet的互联共14章内容，每章均配有习题，部分章节后面配有相关实训项目。

本书注重实用性和技能性，内容循序渐进、由浅入深、图文并茂、语言简洁、脉络清晰，适合当前学生的学情和高职高专的教学要求。

图书在版编目(CIP)数据

TCP/IP路由交换技术 / 管秀君，卢川英主编. —西安：西安电子科技大学出版社，2018.9(2024.1重印)

ISBN 978-7-5606-5066-1

Ⅰ. ① T… Ⅱ. ① 管… ② 卢… Ⅲ. ① 计算机网络—通信协议—路由选择
Ⅳ. ① TN915.04

中国版本图书馆CIP数据核字(2018)第204814号

策　　划　高樱
责任编辑　阎彬
出版发行　西安电子科技大学出版社(西安市太白南路2号)
电　　话　(029)88202421　88201467　　邮　　编　710071
网　　址　www.xduph.com　　电子邮箱　xdupfxb001@163.com
经　　销　新华书店
印刷单位　陕西日报印务有限公司
版　　次　2018年9月第1版　2024年1月第4次印刷
开　　本　787毫米×1092毫米　1/16　印　张　17
字　　数　402千字
定　　价　45.00元
ISBN 978-7-5606-5066-1 / TN

XDUP 5368001-4

如有印装问题可调换

前　言

本书是高职高专计算机网络技术、通信工程技术、电子信息工程技术等专业的“十三五”规划教材，按照高职高专的教育教学指导思想，淡化理论，以够用为度，强化技能，重在实际操作，在完成必要的理论阐述之后，以网络工程实际项目为背景开展实训环节。

本书重点讲述了 OSI 七层参考模型和常用的 TCP/IP 协议、网络互联技术常用的测试命令等，国内主流网络互联设备二层和三层交换机的工作原理、配置方法和常用配置命令，虚拟局域网 VLAN 技术，交换网络中的冗余链路、聚合链路技术，路由器的工作原理、基本配置方法和常用配置命令，路由协议的配置，广域网协议及其配置，路由器的 ACL 配置和 NAT 地址转换等内容以及相关实训项目。

本书的作者既有教学经验丰富的一线教师，又有工程经验颇多的企业工程师。他们在多年校企合作共建专业的教学实践、科学研究以及项目实践的基础上，参阅了主要网络设备商的技术资料和企业大学的培训教材后，几经修改而编成本书。

本书主要特点如下：

(1) 在编写过程中注重实用性和技能性，以实际项目设计贯穿全书，可以先理论、后实践，也可以先实践、后理论；操作步骤翔实，图文并茂。

(2) 语言浅显易懂，力求用最通俗的语言讲清深奥的道理，适合高职高专的教学要求及学生特点，且每章配备习题。

(3) 重点内容是学习如何完成一些实训项目，因此在介绍理论知识和概念时，以够用为度，突破了提出概念—进一步阐述概念—举例的模式，采用了项目设计贯穿全书的方式，针对项目中问题的解决办法而引出概念，最后在项目中进行实践，从而使理论与工作过程紧密结合。全书实训项目内容充实，能很好地模拟职场环境，针对性强，且每个实训项目都设置了开放性问题，以培养学生的创造能力。

(4) 配有齐全的电子教案。

(5) 本书以信息化教学为抓手，为满足学生个性化学习的需求，开发了立体化教学资源，除配有授课 PPT 之外，还完成了相应的慕课资源建设，包括 43 个重难点微课视频、3 次 90 分钟的在线直播课程、12 个技能实训项目及解析等。教师在课程教学过程中、学生在课程学习过程中，均可登录智慧树在线学习平台（www.zhihuishu.com）学习微课，运用这些立体化教学资源，实施线上线下“翻转式”教学改革。

全书共分 14 章，由管秀君、卢川英任主编，卢忠远、赵文涛任副主编，其中管秀君编写了第 5、6、7、9 章，并负责全书的策划和统稿，卢川英编写了第 1、2 章，卢忠远编写了第 12、13、14 章，赵文涛编写了第 4、10、11 章，成明编写了第 8 章并对全书的图稿作了统一的校对，郭长亮编写了第 3 章。

由于时间仓促，加之编者水平有限，书中不妥之处在所难免，希望广大读者批评指正。

编　者

2018 年 3 月

目 录

第 1 章

第 1 章　计算机网络基础

❖ 学习目标：

- 了解计算机网络的定义、特性及发展过程
- 掌握计算机网络的分类
- 掌握计算机网络的拓扑结构
- 掌握 OSI 参考模型的层次结构

1.1　计算机网络的定义

1.1.1　什么是计算机网络

当今人们的生活、工作、学习和交流都已经离不开计算机网络，尤其是随着计算机网络与电信网、有线电视网的三网融合，人们随时随地享受着网络带来的便利。有人甚至喊出“可一日不食，不可一日无网”的口号。那么到底什么是计算机网络呢？

计算机网络是指把若干台地理位置不同且具有独立功能的计算机、终端及其附属设备，通过传输链路和通信设备相互连接起来，并通过网络通信协议、网络操作系统实现数据传输和资源共享。图 1-1 所示为某学校的校园网络拓扑结构图。

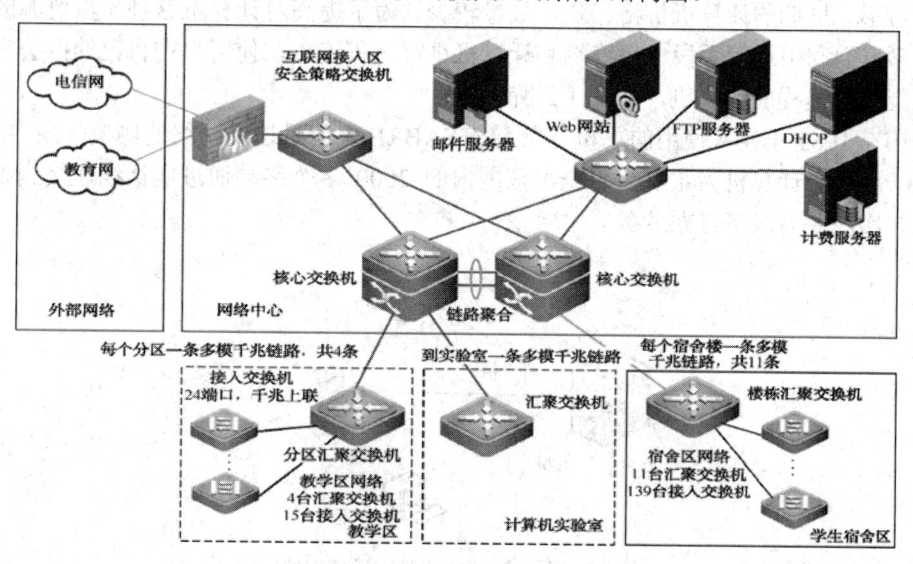

图 1-1　某学校校园网络拓扑图

1.1.2　计算机网络特性

计算机网络有以下几个特性。

1. 资源共享

计算机网络的出现使资源共享变得简单，交流的双方可以跨越空间的障碍随时随地传递信息。

2. 信息传输与集中处理

数据通过网络传递到服务器中，由服务器集中处理后再回送到终端。

3. 负载均衡与分布处理

举个典型的例子：一个大型 ICP(Internet 内容提供商)为了支持更多的用户访问它的网站，在全世界多个地方放置了相同内容的 WWW(World Wide Web)服务器；通过一定技术使不同地域的用户看到放置在离他最近的服务器上的相同页面，这样来实现各服务器的负载均衡，同时用户也节省了访问时间。

4. 综合信息服务

计算机网络的一大发展趋势是多维化，即在一套系统上提供集成的信息服务，包括政治、经济等各方面的信息资源，同时还提供多媒体信息，如图像、语音、动画等。

1.2　计算机网络发展历程

计算机网络的发展历程总共分为四个阶段。

1. 第一阶段：面向终端的计算机通信网络

在 20 世纪 50 年代中至 60 年代末，计算机技术与通信技术初步结合，形成了计算机网络的雏形。早期的计算机价格昂贵，数量较少。为了提高对计算机这种昂贵资源的利用率，科学家们利用通信手段，将终端和计算机进行远程连接，使用户在自己的办公室通过终端就能使用远程的计算机，如图 1-2 所示。

美国在 1963 年投入使用的飞机订票系统 SABRE-1 就是这类网络的典型代表之一。此系统以一台中心计算机为主机，将全美范围内的 2000 多个终端通过电话线连接到中心计算机上，实现并完成了订票业务。

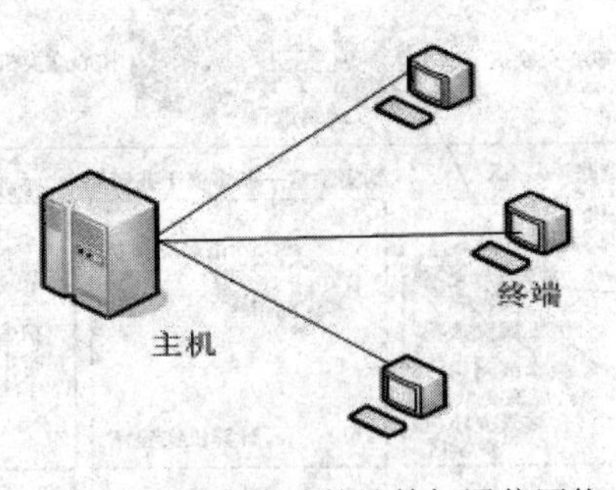

图 1-2　面向终端的计算机通信网络

这种网络的缺点非常明显：首先每一个分散的终端都要单独占用一条通信线路，线路利用率低；其次主机既要承担通信工作，又要承担数据处理任务，因此主机的负荷较重，效率低。所以从严格意义上讲，这种远程终端与分时系统的主机相连的形式并不能算作计算机网络。

2. 第二阶段：以共享资源为目标的计算机网络

这一阶段研究的典型代表是美国国防部高级研究计划局 (Advance Research Project Agency，ARPA)的 ARPAnet。1969 年美国国防部高级研究计划局提出将多个大学、公司和研究所的多台计算机互连的课题。在 1969 年 ARPAnet 实验网络只有 4 个节点，而到 1983 年已经达到 100 多个节点。ARPAnet 通过有线、无线与卫星通信线路，使网络覆盖了从美国本土到欧洲的广阔地域。ARPAnet 是计算机网络技术发展史上的一个重要里程碑，是第一个较为完善地实现了分布式资源共享的网络。

国际标准化组织在 1977 年开始着手研究网络互连问题，并在不久以后，提出了一个能使各种计算机在世界范围内进行互连的标准框架，也就是开放系统互连参考模型 (Open System Interconnect Reference Model，OSI/RM)。

3. 第三阶段：互联网

随着计算机网络和通信技术的发展，在全球范围内建立了大量的局域网和广域网。为了扩大网络规模以实现更大范围的资源共享，人们又提出了将这些网络互连在一起的需求，国际互联网(Internet)在这样的背景下应运而生。互联网成功地采用了 TCP/IP 体系结构，使网络可以在 TCP/IP 体系结构和协议规范的基础上进行互连。

进入 20 世纪 90 年代，互联网进入了高速发展时期。到了 21 世纪，互联网应用越来越普及，已经进入人们生活的方方面面。

4. 第四阶段：物联网等其他以互联网为核心的网络

物联网简而言之就是“物物相连的互联网”。物联网的定义是：通过信息传感设备，按约定的协议实现人与人、人与物、物与物全面互连的网络。其主要特征是通过射频识别、传感器等方式获取物理世界的各种信息，结合互联网等网络进行信息的传输与交互，采用智能计算技术对信息进行分析处理，从而提高对物质世界的感知能力，实现智能化的决策与控制。

物联网已经进入我们的生活，并且在智能医疗、智能电网、智能交通、智能家居、智能物流等多个领域得到应用，以互联网为核心和基础的物联网将会是未来的主要发展趋势。

1.3　计算机网络分类

按照覆盖的地理范围，计算机网络可以分为局域网(LAN)、城域网(MAN)和广域网(WAN)。

1. 局域网(LAN)

局域网(LAN)是在一个较小区域范围内，将分散的计算机系统或数据终端互连起来为实现资源共享而构成的高速数据通信网络。局域网覆盖的地理范围一般为几十米到几十千米，常用于组建一个办公室、一栋楼、一个楼群或一个校园、一个企业的计算机网络。

2. 城域网(MAN)

城域网(MAN)是数据网的另一个例子，它在区域范围和数据传输速率两方面与 LAN 有所不同，其地域范围从几千米至几百千米，数据传输速率可以从几千比特每秒到几兆比特每秒。城域网设计的目标是要满足几十千米范围内的大量企业、机关、公司的多个局域网互连的需求，实现大量用户之间的数据、语音、图形与视频等多种信息的传输功能。

3. 广域网(WAN)

广域网(WAN)覆盖范围大，从几十千米到几千千米，通常覆盖几个城市、一个国家甚至全球。广域网可以连接多种类型的局域网，它使用电信运营商提供的网络作为信息传输平台，比如我们现在上网使用的中国移动、中国电信、中国联通等。因特网就是世界范围内最大的广域网。

1.4 计算机网络拓扑结构

常见的计算机网络拓扑结构有星型、树型、总线型、环型、分布式和复合型网络等。

1. 星型网

星型拓扑结构中所有的节点都连接到中心节点，中心节点是网络中的关键设备，可以是 Hub(集线器)或 Switch(交换机)。星型网的特点是结构简单、易于扩展，在任一点都可以加入新的节点，每个节点都直接连到中心节点，故障容易检测和隔离；可实现多点同时发送数据。其缺点是中心设备负载过重，当其发生故障时，整个网络都处于瘫痪状态。星型网络拓扑结构如图 1-3 所示。

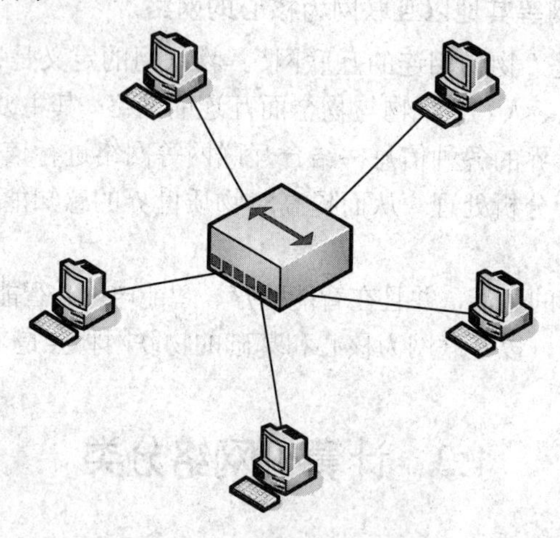

图 1-3 星型网络拓扑结构

2. 树型网

树型网是一种分层网络，适用于分级控制系统。树型网的同一线路可以连接多个终端。与星型网相比，树型网具有节省线路、成本较低和易于扩展的特点；其缺点是对高层节点和链路要求比较高。树型网络拓扑结构如图 1-4 所示。

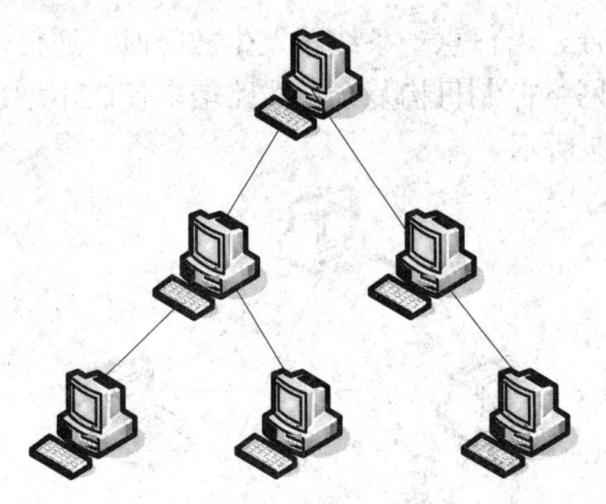

图 1-4　树型网络拓扑结构

3. 总线型网

总线型网通过总线把所有节点连接起来，从而形成一条信道。总线型网络结构比较简单，扩展十分方便。该网络结构常用于计算机局域网中，其网络拓扑结构如图 1-5 所示。

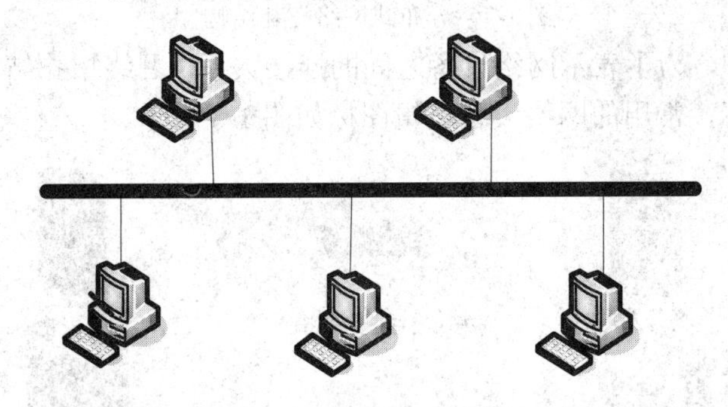

图 1-5　总线型网络拓扑结构

4. 环型网

环型网各设备经环路节点机连成环型，信息流一般为单向，线路是公用的，采用分布控制方式。这种结构常用于计算机局域网中，有单环和双环之分，双环的可靠性明显优于单环。环型网络拓扑结构如图 1-6 所示。

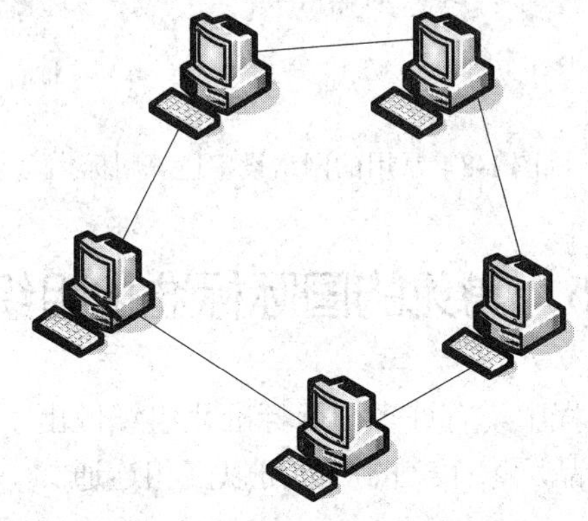

图 1-6　环型网络拓扑结构

5. 分布式网络

分布式网络结构是由分布在不同地点且具有多个终端的节点互连而成的。网络中任一节点均至少与两条线路相连，当任意一条线路发生故障时，通信可经其他链路完成，具有较高的可靠性。其缺点是网络控制机构复杂，线路增多使成本增加。分布式网络又称为网型网，其拓扑结构如图 1-7 所示。

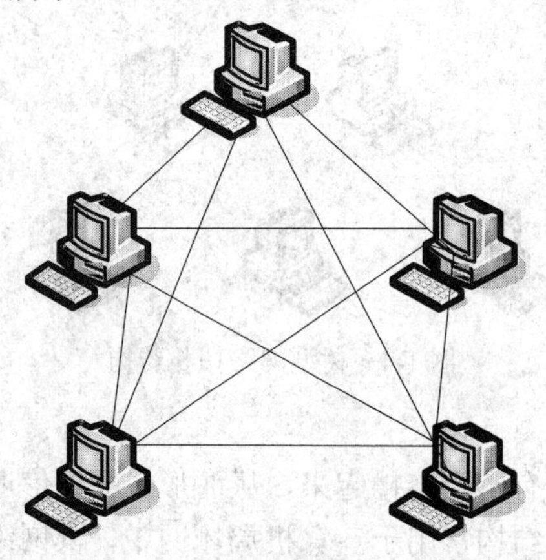

图 1-7　分布式网络拓扑结构

在计算机网络中，为了表示网络设备之间的连接关系，网络拓扑结构经常使用的是各网络设备的逻辑图标，常用的网络设备逻辑图标如图 1-8 所示。

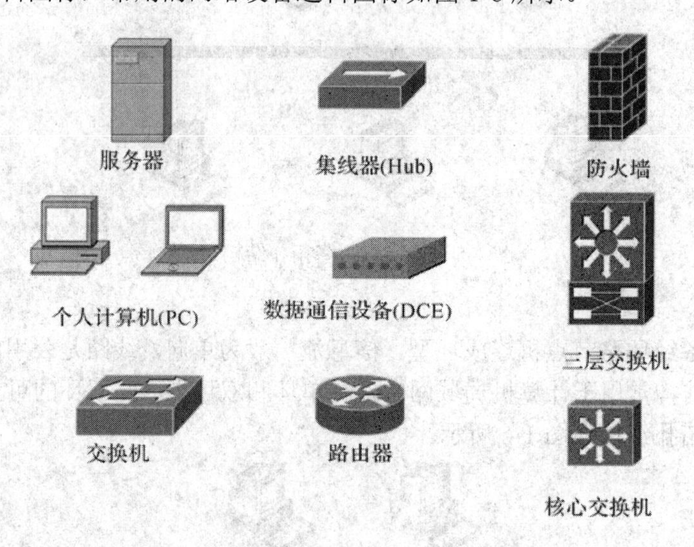

图 1-8　常用的网络设备逻辑图标

1.5　常见的国际标准化组织

在计算机网络的发展过程中，有许多国际标准化组织做出了重大的贡献，它们统一了网络的标准，使各个网络产品厂家生产的产品可以互相连通。

1. 国际标准化组织(International Organization for Standardization, ISO)

ISO 成立于 1947 年，是世界上最大的国际标准化专门机构。ISO 的宗旨是在世界范围内促进标准化工作的开展，其主要活动是制定国际标准，协调世界范围内的标准化工作。

ISO 标准的制定过程要经过四个阶段，即工作草案、建议草案、国际标准草案和国际标准。

2. 电子电器工程师协会(Institute of Electrical and Electronics Engineers, IEEE)

IEEE 是世界上最大的专业性组织，其工作主要是开发通信和网络标准。IEEE 制定的关于局域网的标准已经成为当今主流的 LAN 标准。

3. 电子工业协会/电信工业协会(Electronic Industries Association/Telecomm Industries Association, EIA/TIA)

该协会曾经制定过许多有名的标准，是一个电子传输标准的解释组织。EIA 开发的 RS-232 和 ES-449 标准在今天数据通信设备中被广泛应用。

4. 国际电信联盟(International Telecomm Union, ITU)

ITU 成立于 1932 年，其前身为国际电信联合会(UTI)。ITU 的宗旨是维护和发展成员国间的国际合作以改进和共享各种电信技术；帮助发展中国家大力发展电信事业；通过各种手段促进电信技术设施和电信网的改进与服务；管理无线电频带的分配和注册，避免各国电台的互相干扰等。

5. 互联网工程任务组(Internet Engineering Task Force, IETF)

IETF 成立于 1986 年，是推动 Internet 标准规范制定的最主要的组织。对于虚拟网络世界的形成，IETF 起到了无与伦比的作用。除了 TCP/IP 外，几乎所有互联网的基本技术都是由 IETF 开发或改进的。IETF 创建了网络路由、管理、传输标准，这些正是互联网赖以生存的基础。

1.6　OSI 参考模型

自从 20 世纪 60 年代计算机网络问世以来，它就得到了飞速的发展。国际上各大厂商为了在数据通信领域占据主导地位，纷纷推出了各自的网络架构体系和标准。例如，IBM 公司的 SNA，Novell IPX/SPX 协议，Apple 公司的 AppleTalk 协议，DEC 公司的网络体系结构 DNA 以及广泛流行的 TCP/IP 等。但由于这些体系结构都是基于各公司内部的网络连接，没有统一的标准，因而很难互联起来。在这种情况下，国际标准化组织 ISO 于 1984 年提出了开放系统互连参考模型 OSI/RM，其最大的特点是开放性。不同厂家的网络产品，只要遵照该参考模型，就可以实现互连、互操作和可移植性；也就是说，任何遵循 OSI 标准的系统，只要物理上连接起来，就可以互相通信。

1.6.1　OSI 参考模型的层次结构

OSI 参考模型定义了开放系统的层次结构、层次之间的相互关系及各层所包含的可能的服务，如图 1-9 所示，它采用分层结构化技术，将整个网络的通信功能分为 7 层，从低层到高层分别是物理层、数据链路层、网络层、传输层、会话层、表示层和应用层，每一层都有特定的功能，层与层之间相互独立而又相互依靠，上层依赖于下层，下层为上层提供服务。

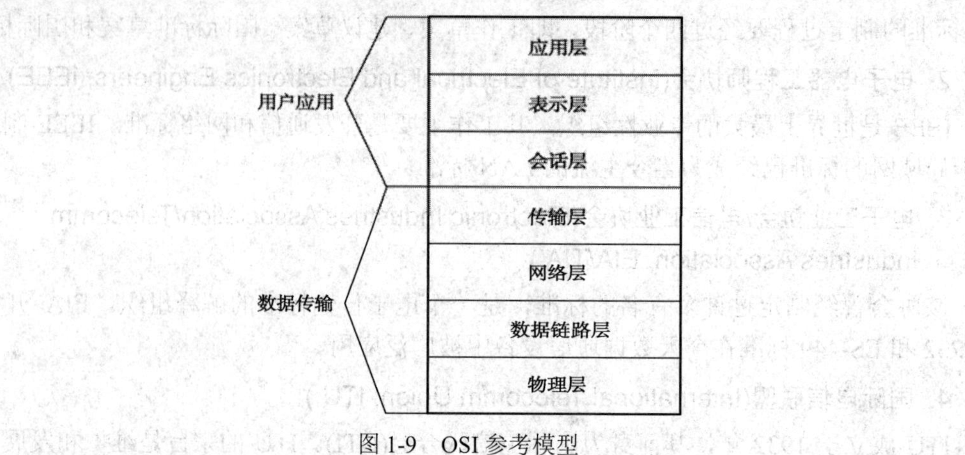

图1-9 OSI参考模型

1.6.2 OSI参考模型的优点

分层的好处是可以利用层次结构把开放系统的信息交换问题分解到不同的层中，各层可以根据需要独立进行修改或扩充功能，同时有利于不同制造厂家的设备互连，也有利于我们学习、理解数据通信网络。

OSI参考模型具有以下优点：

(1) 简化了相关的网络操作。

(2) 提供即插即用的兼容性和不同厂商之间的标准接口。

(3) 使各个厂商能够设计出互相操作的网络设备，加快数据通信网络的发展。

(4) 防止一个区域网络的变化影响另一个区域的网络。

(5) 把复杂的网络问题分解为小的简单问题，易于学习和操作。

1.6.3 OSI分层简介

OSI参考模型中不同层完成不同的功能。应用层、表示层和会话层合在一起常称为高层或应用层，提供面向用户的应用，通常由应用程序软件实现；物理层、数据链路层、网络层、传输层合在一起常称为数据流层，实现数据流传输。

1. 应用层

应用层是OSI体系结构中的最高层，为各种应用程序提供网络服务功能，常见的应用层协议有HTTP(超文本文件传输协议)、FTP(文件传输协议)等。

2. 表示层

表示层主要解决用户信息的语法表示问题，它向上对应用层提供服务。表示层的功能是对信息格式和编码起到转换作用，例如将ASCII码转换为EBCDIC码等；此外，对传输的信息进行加密与解密也是表示层的功能之一。

3. 会话层

会话层负责对话控制及同步控制。对话控制是指允许对话以全双工或半双工方式进行；同步控制指可以在数据流中加入若干同步点，当传输中断时可以从同步点重传。

4. 传输层

传输层可以为主机应用程序提供端到端的可靠或不可靠的通信服务，这里提到的端到端的传输是指从进程到进程的传输。传输层的功能包含：分割上层应用程序产生的数据；在应用主机程序之间建立端到端的连接；流量控制；提供面向连接的可靠服务或者面向非连接的不可靠服务。

5. 网络层

网络层是 OSI 参考模型的第三层，介于传输层与数据链路层之间。网络层负责提供逻辑地址即 IP 地址，使数据从源端发送到目的端。网络层的关键技术是路由选择。常见的网络层协议包括 IP、IPX 协议与 AppleTalk 协议等。

6. 数据链路层

数据链路层是 OSI 参考模型的第二层，它以物理层为基础，向网络层提供可靠服务。

数据链路层的主要功能有如下几点：

(1) 数据链路层主要负责数据链路的建立、维持和拆除，并在两个相邻节点的线路上，将网络层送下来的信息包组成帧传送，每一帧包括数据和一些必要的控制信息，如图 1-10 所示。

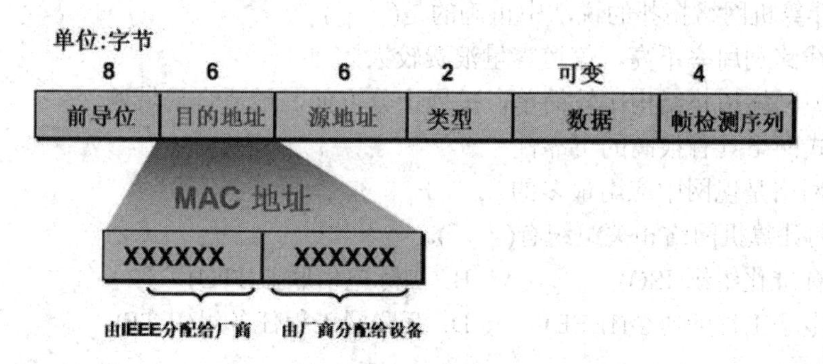

图 1-10　数据帧格式及 MAC 地址

(2) 数据链路层定义了物理源地址和物理目的地址，也就是 MAC(媒体访问控制)地址。在实际的通信过程中是依据数据链路层的 MAC 地址在设备间进行寻址的。

MAC 地址是由 48 位二进制数构成的，常转换为 12 位十六进制数，每 4 位为一组，中间用点分开。MAC 地址一般烧录在 NIC(网络接口卡，即网卡)中。为了确保 MAC 地址的唯一性，IEEE 对 MAC 地址进行管理。每个地址由两部分组成，前 6 位十六进制数是 IEEE 分配给厂商的代码，后 6 位十六进制数是厂商自行分配给各设备的代码。比如锐捷网络产品 MAC 地址前 6 位是 00-D0-F8、中兴 GAR 产品 MAC 地址前 6 位是 00-D0-D0。

(3) 定义网络拓扑结构。网络的拓扑结构由数据链路层定义，如以太网的总线结构、交换机以太网的星型拓扑结构、令牌环的环型拓扑结构、FDDI 的双环拓扑结构等。

(4) 数据链路层通常还定义帧的顺序控制、流量控制、面向连接或面向非连接的通信类型等。

7. 物理层

物理层是 OSI 参考模型的第一层，也是最低层。在这一层中规定的既不是物理媒介，也不是物理设备，而是物理设备和物理媒介相连接时一些描述的方法和规定。物理层的功能是提供比特流传输。物理层提供用于建立、保持和断开物理接口的条件，以保证比特流的透明传输。

物理层协议主要规定了计算机或终端(DTE)与通信设备(DCE)之间的接口标准，包含接口的机械、电气、功能与规程四个方面的特性。物理层定义了媒介类型、连接头类型和信号类型。

习　题　1

一、选择题

1. 计算机网络的功能有(　　)。

A. 资源共享　B. 信息传输与集中处理

C. 负载均衡与分布处理　D. 综合信息服务

2. 网络按照地理范围分类可以分为(　　)。

A. 局域网　B. 城域网

C. 广域网　D. 万维网

3. 关于计算机网络拓扑的说法中正确的是(　　)。

A. 星型线路利用率不高，信道容量浪费较大

B. 总线型网络拓扑结构比较简单，扩展十分方便，最适合局域网

C. 分布式网络具有很高的可靠性

D. 树型网络是现网中应用最多的

4. 常见的计算机网络相关组织有(　　)。

A. 国际标准化组织(ISO)　B. 国际电信联盟(ITU)

C. 电气电子工程师协会(IEEE)　D. 互联网工程任务组(IETF)

二、简答题

1. 按照覆盖范围，常见的计算机网络可以分为哪几类？每一类网络有哪些特点？

2. 常见的网络拓扑结构有哪几种？各自有什么样的特点？

3. OSI 参考模型总共有几层？每层的功能都是什么？

第 2 章

第 2 章　TCP/IP 协议族与子网规划

❖ 学习目标：
- 掌握 TCP/IP 协议族的组成
- 掌握应用层、传输层、网络层主要协议的功能
- 了解报文封装与解封装的过程
- 掌握 IP 地址的构成及子网划分

2.1　TCP/IP 协议族

2.1.1　TCP/IP 概述

TCP/IP 起源于美国国防部高级研究项目管理局在 1969 年进行的有关分组交换广域网科研项目的研究，因此起初的网络称为 ARPAnet。

1973 年 TCP(Transfer Control Protocol，传输控制协议)正式投入使用，1981 年 IP(Internet Protocol，网际协议)投入使用，1983 年 TCP/IP 正式被集成到美国加州大学伯克利分校的 UNIX 版本中，该网络版操作系统适应了当时各大学、机关、企业旺盛的联网需求，随着该免费分发操作系统的广泛使用，TCP/IP 因此得到普及。到 20 世纪 90 年代，TCP/IP 已发展成为计算机之间最常用的组网形式，它是一个真正的开放系统，因为协议族的定义及其多种实现不用花钱或花很少的钱就可以公开得到，它被称为全球互联网或因特网(Internet)的基础。

2.1.2　TCP/IP 与 OSI 模型比较

与 OSI 参考模型一样，TCP/IP 也分为不同的层次开发，每一层负责不同的通信功能。但是，TCP/IP 简化了层次设计，将原来的七层模型合并为四层协议的体系结构，自顶向下分别是应用层、传输层、网络层和链路层(又称为网络接口层)，没有 OSI 参考模型的物理层、会话层和表示层。TCP/IP 协议族与 OSI 参考模型的对应关系如图 2-1 所示。TCP/IP 协议族的每一层协议完成所对应 OSI 层的功能，TCP/IP 的应用层包含了 OSI 参考模型的上三层的协议。

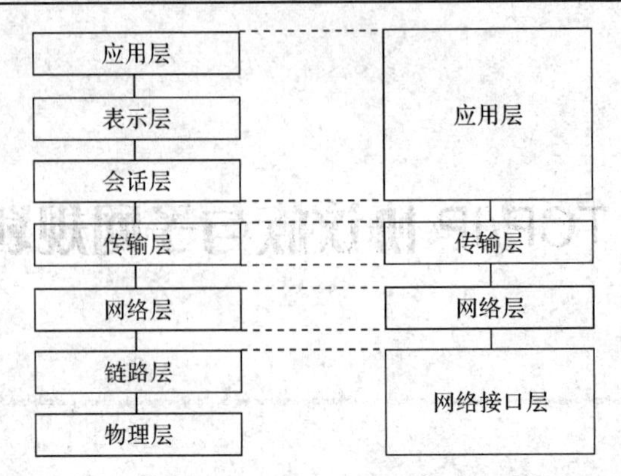

图 2-1 TCP/IP 与 OSI 参考模型的比较

两种协议的相同点：

(1) 都是分层结构，并且工作模式一样，层和层之间都需要很密切的协作关系。

(2) 有相同的应用层、传输层和网络层。

(3) 都使用包交换技术。

两种协议的不同点：

(1) TCP/IP 把表示层和会话层都归入了应用层。

(2) TCP/IP 的结构比较简单，因为分层少。

(3) TCP/IP 标准是在 Internet 网络不断的发展中建立的，基于实践，有很高的信任度；相比较而言，OSI 参考模型是基于理论的，是作为一种向导的模型。

2.1.3 TCP/IP 协议族

TCP/IP 协议族由不同层次的多种协议组成，如图 2-2 所示。

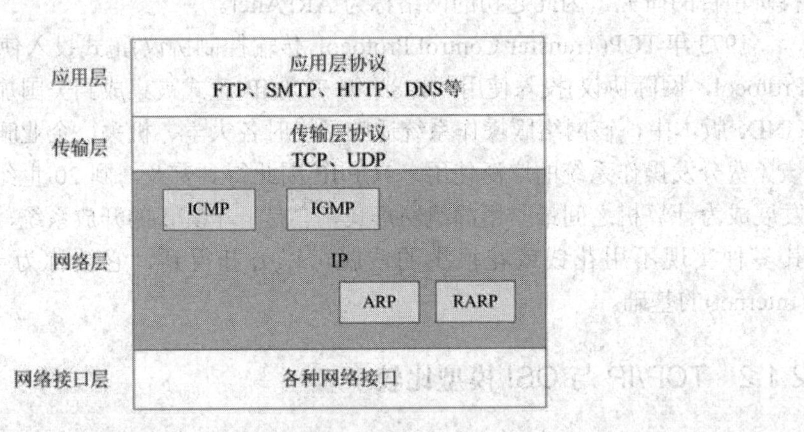

图 2-2 TCP/IP 协议族

网络接口层涉及在通信信道上传输的原始比特流，它规定了传输数据所需要的机械、电气、功能及规程等特性，提供检错、纠错、同步等措施，使之对网络层显现一条无错线路，并且进行流量调控。

网络层的主要协议有 IP、ICMP(Internet Control Message Protocol，因特网控制报文协议)、IGMP(Internet Group Management Protocol，因特网组管理协议)、ARP(Address

Resolution Protocol，地址解析协议)和 RARP(Reverse Address Resolution Protocol，反向地址解析协议)等。

传输层的主要协议有 TCP(传输控制协议)和 UDP(用户报文协议)。传输层的主要功能是为两台主机间的应用程序提供端到端的通信。传输层从应用层接收数据，并且在必要的时候把它分成较小的单元传递给网络层，并确保到达对方的各段信息正确无误。

应用层的主要功能是用户和应用程序之间的接口，在这一层，TCP/IP 模型设计各种协议以支持不同的软件类型，例如，我们上网使用 IE 浏览器用的是 HTTP(超文本传输协议)，两台电脑传输文件资料用的是 FTP(文件传输协议)，发送邮件用 Email 用的是 SMTP 协议等。

2.2 应用层协议

应用层为用户的各种网络应用开发了许多网络应用程序，例如文件传输、网络管理等。这里重点介绍常用的几种应用层协议。

1. FTP(File Transfer Protocol，文件传输协议)

FTP 是 Internet 上使用最广泛的文件传输协议。FTP 协议要用到两个 TCP 连接：一个是控制连接，使用熟知端口 21，用来在 FTP 客户端与服务器之间传输命令；另一个是数据连接，使用熟知端口 20，用来从客户端向服务器上传文件或从服务器下载文件到客户计算机。

2. HTTP(Hyper Text Transfer Protocol，超文本传输协议)

HTTP 是互联网上应用最为广泛的一种应用层网络协议。它是建立在 TCP 协议基础上的一个客户端(用户)和服务器端(网站)请求和应答的网络协议。通过客户端 Web 浏览器向服务器上指定端口(默认 80)发起一个 HTTP 请求，服务器端应用进程返回 HTML 页面作为响应。

3. SMTP(Simple Mail Transfer Protocol，简单邮件传输协议)

SMTP 支持文本邮件的 Internet 传输。

4. Telnet 远程登录

Telnet 是客户机使用的与远端服务器建立连接的标准终端仿真协议。

5. SNMP(Simple Network Management Protocol，简单网络管理协议)

SNMP 负责网络设备监控和维护，支持安全管理、性能管理等。

6. DNS(Domain Name System，域名系统)

DNS 是 Internet 使用的命名系统，用来将用户使用的易于记忆的字符串名称转换为 IP 地址。比如百度网站的 IP 地址是 61.135.169.125(难记)，转换成域名 www.baidu.com，好记好用。TCP/IP 网络中使用域名系统能够使用户容易记忆网络地址。

2.3 传输层协议

传输层位于应用层和网络层之间，为终端主机提供端到端的连接以及流量控制(由窗口机制实现)、可靠性(由序列号和确认机制实现)、支持双工传输等。传输层的主要协议有 TCP 和 UDP。虽然 TCP 和 UDP 都使用相同的网络层协议 IP，但是两者却为应用层提供完全不同的服务。

1. 传输控制协议 TCP

传输控制协议为应用层提供面向连接的可靠的通信服务。目前，许多流行的应用程序都使用 TCP。

1) TCP 的报文格式

TCP 的整个报文由报文头和数据两部分组成，如图 2-3 所示。

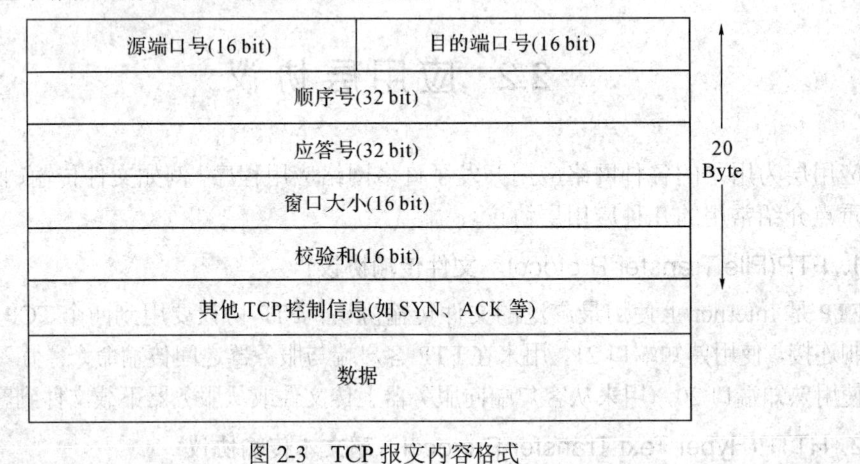

图 2-3　TCP 报文内容格式

每个 TCP 的报文头部都包含以下内容：

(1) 源端口号和目的端口号：用于标识和区分源端设备和目的端设备的应用进程。

(2) 顺序号(Sequence Number)：用于标识 TCP 源端设备向目的端设备发送的字节流，它表示在这个报文段中的第一个数据字节。

(3) 应答号(Acknowledgement Number)：期望收到对方下一个报文段的第一个数据字节的序号。因此，应答号应该是上次已经成功收到的数据顺序号加 1。

(4) 窗口大小：发送方和接收方的缓存大小，即在等待对方应答时可以传输的报文数。TCP 流量的控制是由连接的各端通过声明的窗口大小来提供的。窗口大小用字节数表示，例如 Windows size=1024，表示一次可以发送 1024 byte 的数据。

(5) 校验和：用于校验 TCP 报头部分和数据部分的正确性。

(6) 其他控制信息：比如同步位 SYN、确认位 ACK 等。

2) TCP 三次握手建立连接

TCP 是面向连接的传输层协议。所谓面向连接就是在真正进行数据传输开始前就要完成建立连接的过程，否则不会进入真正的数据传输阶段。

TCP 建立连接的过程通常被称为三次握手，如图 2-4 所示。

步骤 1：请求端主机 A 发送一个 SYN(同步序号)指明打算连接的服务器端口以及初始序号 seq=100。

步骤 2：主机 B 收到序号 seq=100 后发回包含自己初始序号 seq=300 的 SYN 报文作为应答；同时，将确认序号设置为主机 A 的初始序号加 1 即 ack=101 进行确认。

步骤 3：主机 A 必须将确认序号设置为主机 B 的初始序号加 1 即 ack=301，以对主机 B 的 SYN 报文段进行确认。

经过上述三次对话后，主机 A 与主机 B 建立了连接，之后双方就可以传输数据了。

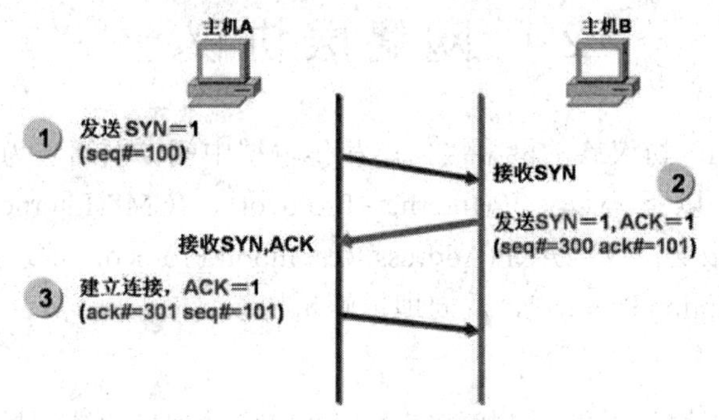

图 2-4　TCP 三次握手建立连接

2. 用户报文协议 UDP

UDP 协议提供一种面向无连接的数据包服务，因此，它不能提供可靠的数据传输。而且 UDP 不进行差错检验，UDP 也无法保证任何分组的传递和验证，必须由应用层的应用程序来实现可靠性机制和差错控制，以保证端到端数据传输的正确性。UDP 协议的报文格式如图 2-5 所示。

源端口号(16 bit)	目的端口号(16 bit)	8 byte
其他 UDP 控制信息	校验和(16bit)	
数据		

图 2-5　UDP 报文格式

相对于 TCP 报文，UDP 报文只有少量的字段：源端口号、目的端口号、校验和等，各个字段功能与 TCP 报文相应字段一样。

UDP 报文没有可靠性保证和顺序保证字段、流量控制字段等，可靠性较差。当然，使用传输层 UDP 服务的应用程序也有优势。正因为 UDP 的控制选项较少，在数据传输过程中延迟较小，数据传输效率较高，适合于对可靠性要求并不高的一些实时应用程序或者可以保障可靠性的应用程序像 DNS、TFTP、SNMP 等。UDP 也可以用于传输链路可靠的网络。

TCP 与 UDP 的区别如下：

(1) TCP 是基于连接的协议，UDP 是面向非连接的协议。

TCP 在正式收发数据之前，必须和对方建立可靠的连接，一个 TCP 连接必须要经过三次对话才能建立起来；UDP 是面向非连接的协议，不与对方建立连接，直接就把数据包发送过去。

(2) 从可靠性角度来看，TCP 的可靠性优于 UDP。

(3) 从传输速度来看，TCP 的传输速度比 UDP 慢。

(4) 从协议报文的角度看，TCP 的协议开销大，但是 TCP 具备流量控制的功能；UDP

的协议开销小，但 UDP 不具备流量控制的功能。

(5) 从应用场合看，TCP 适合于传输大量数据，而 UDP 适合传输少量数据。

2.4 网络层协议

网络层位于 TCP/IP 协议族的网络接口层和传输层中间。网络层为了保证数据包的成功分发，主要定义了以下协议：IP(Internet Protocol)、ICMP(Internet Control Message Protocol，因特网控制报文协议)、ARP(Address Resolution Protocol，地址解析协议)和 RARP (Reverse Address Resolution Protocol，反向地址解析协议)。

1. IP 协议

IP 协议和路由协议协同工作，寻找能够将数据包传输到目的端的最优路径。IP 不关心数据报文的内容，提供无连接的、不可靠的服务。

普通的 IP 数据包包头长度 20 byte，不包含 IP 选项字段。IP 数据包中包含的主要内容如图 2-6 所示。

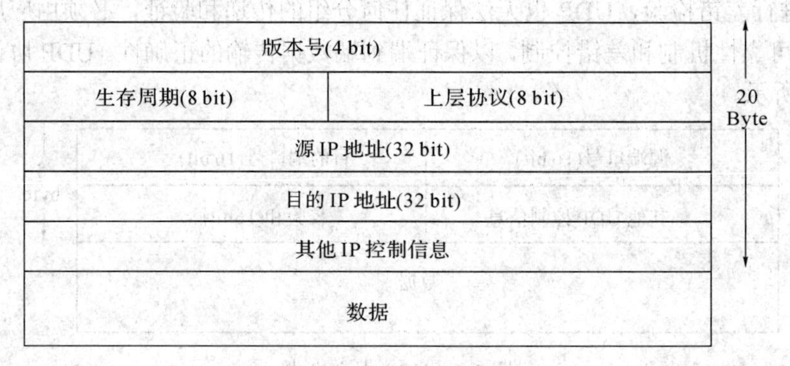

图 2-6　IP 包内容格式

(1) 版本号字段：标明了 IP 的版本号。目前的协议版本号为 4，下一代 IP 的版本号为 6。

(2) 生存周期 TTL：该字段设置了数据包可以经过的最多路由器数，它指定了数据包的生存时间。TTL 的初始值由源主机设置(通常为 32 或 64)，一旦经过一个处理它的路由器，它的值就减 1。当该字段的值为 0 时，数据包就被丢弃，并发送 ICMP 报文通知源主机。

(3) 上层协议：传输层采用的协议，TCP 或者 UDP。

(4) 源 IP 地址：发送方源主机的 IP 地址。

(5) 目的 IP 地址：接收方目的主机的 IP 地址。

2. ICMP 协议

ICMP 协议是集差错报告与控制于一身的协议，在所有 TCP/IP 主机上都可实现 ICMP。常用的“Ping”命令和“Tracert”命令都是基于 ICMP 协议的。

1) Ping 命令

Ping 命令的作用是测试目的端的可达性。执行 Ping 命令时首先发送一份 ICMP 请求报文给目的主机，并等待目的主机返回 ICMP 回应应答。

Ping 命令的基本格式：

C:\>ping　目标计算机 IP 地址或主机名

Ping 命令还可以增加相应参数，比如：

C:\>ping [-t] [-a][-n count]　目标计算机 IP 地址或主机名

其中：-t——不停地向目标主机发送数据，Ctrl + C 中止；

-a——可以将 IP 地址解析为计算机名；

-n count——指定要 Ping 多少次，次数由 count 来指定，如 ping -n 5 192.168.1.20。

表 2-1 为常见 Ping 命令返回信息表，表 2-2 为解决网络故障常用 Ping 命令。

表 2-1　常见 Ping 命令返回信息表

返回信息提示	含　义
Reply from X.X.X.X：byte=32 times<1ms TTL=255	表示计算机到目标 IP 主机之间连接正常(X.X.X.X 代表某个 IP 地址)
Request timed out	表示没有收到目标主机返回的响应数据包，引起原因有网络不通、对方没有开机、对方装有防火墙、IP 地址不正确等
Destination host unreachable	表示对方主机不存在或者没有跟对方建立连接，与路由设置或 DHCP 出现故障有关
Bad IP address	表示可能没有连接 DNS 服务器，无法解析该 IP 地址，也可能是目标 IP 地址不存在

表 2-2　解决网络故障常用 Ping 命令

命令格式	含　义
Ping 127.0.0.1	127.0.0.1 是本地循环地址，如果无法 Ping 通，则表明本地计算机 TCP/IP 协议不能正常工作，需要重新安装 TCP/IP 协议
Ping 本机的 IP 地址	能 Ping 通则表示网络适配器工作正常，不通则是网络适配器出现故障。更换、重新插拔或重装网卡驱动程序
Ping 同网段内其他计算机的 IP	Ping 一台同网段计算机的 IP，不通则表明网络线路出现故障，要对网线、交换机或到目标计算机进行检查测试

2) Tracert 命令

Tracert 是路由跟踪实用程序，用于确定 IP 数据包访问目标所采用的路径。该命令用 IP 生存时间 TTL 字段和 ICMP 错误消息来确定从一个主机到网络上其他主机的路由。

Tracert 工作原理：通过向目标发送不同 TTL 值的 ICMP 回应数据包，Tracert 诊断程序确定到目标所采取的路由。要求路径上的每个路由器在转发数据包之前至少将数据包上的 TTL 递减 1。数据包上的 TTL 为 0 时，路由器应该将“ICMP 已超时”的消息发回源系统。

Tracert 先发送 TTL 为 1 的回应数据包，并在随后的每次发送过程中将 TTL 递增 1，直到目标响应或 TTL 达到最大值，从而确定路由。通过检查中间路由器发回的“ICMP 已超时”的消息确定路由。某些路由器不经询问直接丢弃 TTL 过期的数据包，这在 Tracert 实用程序中看不到。Tracert 命令按顺序打印出返回“ICMP 已超时”消息的路径中的近端路由器接口列表。

Tracert 命令支持多种选项，命令格式如下：

C:\>tracert [-d] [-h maximum_hops] [-j host-list] [-w timeout]　target_name

其中：-d——指定不将 IP 地址解析到主机名称；

-h (maximum_hops)——指定跃点数以跟踪到称为 target_name 的主机的路由；

-j (host-list)——指定 Tracert 实用程序数据包所采用路径中的路由器接口列表；

-w (timeout)——等待 timeout 为每次回复所指定的毫秒数；

-target_name——目标主机的名称或 IP 地址。

Tracert 命令显示内容如图 2-7 所示。

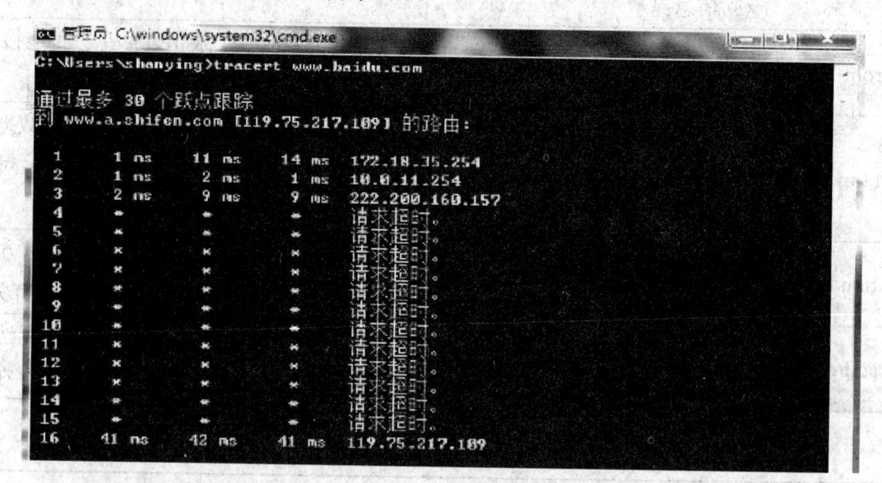

图 2-7　Tracert 命令显示内容

3. ARP 协议

ARP 协议是根据 IP 地址获取物理地址的一个 TCP/IP 协议。主机发送信息时将包含目标 IP 地址的 ARP 请求广播到网络上的所有主机，并接收返回消息，以此确定目标的物理地址；收到返回消息后将该 IP 地址和物理地址存入本机 ARP 缓存中并保留一定时间，下次请求时直接查询 ARP 缓存以节约资源，如图 2-8 所示。

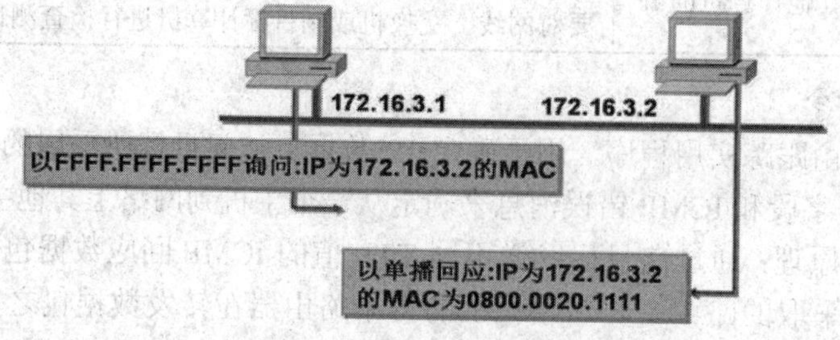

图 2-8　ARP 工作过程

ARP 工作过程如下：

步骤 1：主机 172.16.3.1 发送一份称作 ARP 请求的以太网数据帧给以太网上的每个主机，这个过程称作广播。ARP 请求数据帧中包含目的主机的 IP 地址，其含义是“谁的 IP

地址是 172.16.3.2？请回答你的 MAC 地址”。

步骤 2：连接在同一个 LAN 的所有主机都会接收到这个 ARP 广播，目的主机 172.16.3.2 收到这份广播报文后，根据目的地址判断出这是发送端在询问自己的 MAC 地址，于是发送一个单播 ARP 应答，这个应答包含了目的主机的 IP 地址和对应的 MAC 地址，主机 172.16.3.1 收到 ARP 应答后就知道了接收端的 MAC 地址。

步骤 3：ARP 高效运行的关键是由于每个主机上都有一个 ARP 高速缓存，这个高速缓存存放了最近 IP 地址到 MAC 地址之间的映射记录。当主机查找某个 IP 地址与 MAC 地址的对应关系时首先在本机的 ARP 缓存表中查找，只有找不到时才进行 ARP 广播。

4. RARP 协议

RARP 协议就是将局域网中某个主机的物理地址转换为 IP 地址，比如局域网中有一台主机只知道物理地址而不知道 IP 地址，那么可以通过 RARP 协议发出征求自身 IP 地址的广播请求，然后由 RARP 服务器负责回答。RARP 协议广泛用于获取无盘工作站的 IP 地址，如图 2-9 所示。

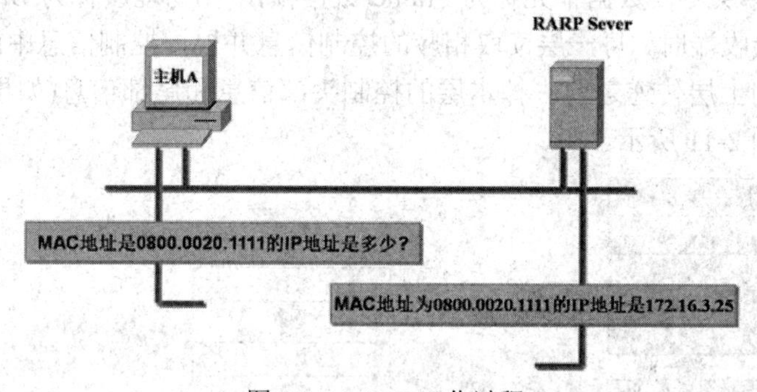

图 2-9　RARP 工作过程

RARP 的工作过程：

(1) 主机 A 发送一个本地的 RARP 广播，在此广播包中，声明自己的 MAC 地址并且请求任何收到此请求的 RARP 服务器分配一个 IP 地址；

(2) 本地网段上的 RARP 服务器收到此请求后，检查其 RARP 列表，查找该 MAC 地址对应的 IP 地址；

(3) 如果存在，RARP 服务器就给源主机发送一个响应数据包并将此 IP 地址提供给对方主机使用；

(4) 如果不存在，RARP 服务器对此不做任何的响应；

(5) 源主机收到 RARP 服务器的响应信息，就利用得到的 IP 地址进行通信；如果一直没有收到 RARP 服务器的响应信息，表示初始化失败。

2.5　报文的封装与解封装

发送端发送数据的过程是从上至下逐层传递的。OSI 参考模型中的每个层次收到上层传递过来的数据后都要将本层次的控制信息加入数据单元的头部，一些层次还要将校验和等信息附加到数据单元的尾部，这个过程就叫做封装，如图 2-10 所示。

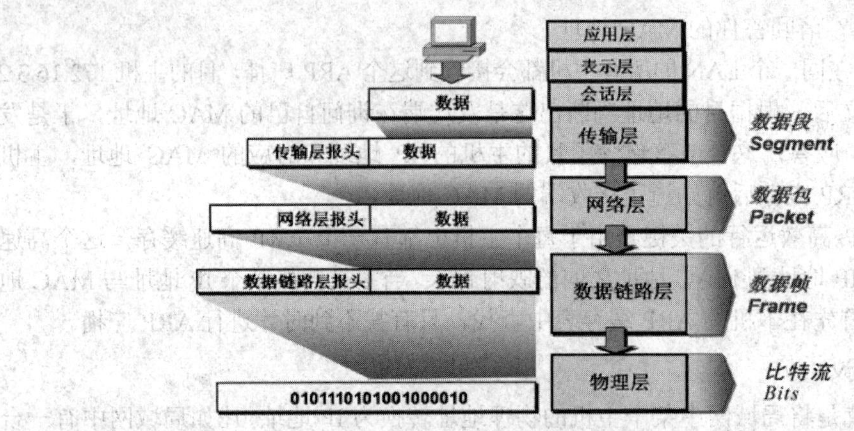

图 2-10　发送端数据封装过程

每层封装后的数据单元的叫法不同。在应用层、表示层、会话层的协议数据单元统统称为 Data(数据)，在传输层协议数据单元称为 Segment(数据段)，在网络层称为 Packet(数据包)，在数据链路层协议数据单元称为 Frame(数据帧)，在物理层称为 Bits(比特流)。

当数据到达接收端时，每一层读取相应的控制信息并根据控制信息中的内容向上层传递数据单元，在向上层传递之前去掉本层的控制头部信息和尾部信息(如果有的话)，此过程叫做拆封，如图 2-11 所示。

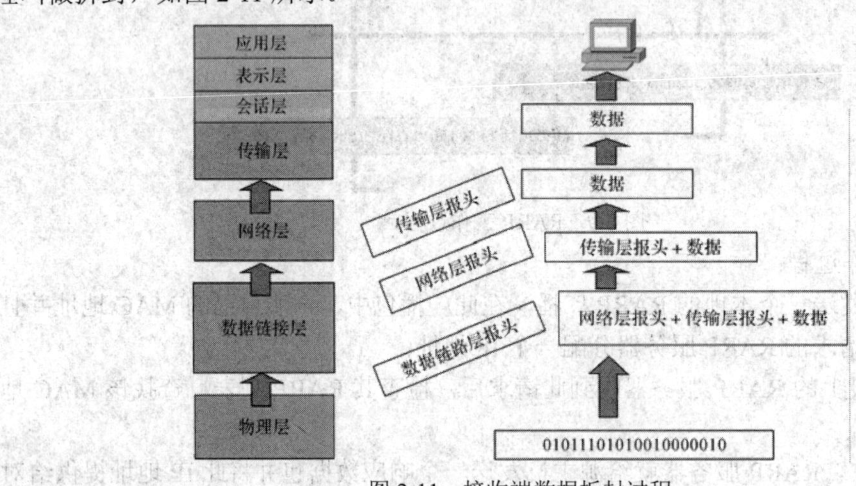

图 2-11　接收端数据拆封过程

2.6　IP 地址简介

IP 地址(Internet Protocol Address)是一种在 Internet 上给主机编址的方式，也称为网络协议地址。常见的 IP 地址，分为 IPv4 与 IPv6 两大类，目前广泛使用的是 IPv4。每台联网的电脑都需要有全局唯一的 IP 地址才能实现正常通信。

2.6.1　IP 地址构成

IPv4 地址是一个 32 位的二进制数，为方便书写和记忆，通常被分割为 4 个“8 位二进制数”(也就是 4 byte)，每 8 位二进制数用一组 0～255 之内的十进制数表示，数之间用句点分隔，如图 2-12 所示。

32bit 的二进制数

网络位	主机位

每 8bit 表示成一个十进制数

172	16	122	204
10101100	00010000	01111010	11001100

128 64 32 16 8 4 2 1

图 2-12　IP 地址构成

为了清晰地区分各个网段，我们对 IP 地址采用结构化的分层方案，方案将 IP 地址分为两部分：网络位和主机位。网络位用于唯一标识一个网段或者若干网段的聚合，同一网段中的网络设备有同样的网络地址。主机位用于唯一标识同一网段内的网络设备。

区分网络位和主机位需要借助地址掩码(netmask)，地址掩码由 32 位二进制数组成，32 位 IP 地址按位一一对应。IP 地址中网络位所对应的地址掩码位置 1，IP 地址中主机位所对应的地址掩码位置 0。

2.6.2　IPv4 地址分类

Internet 委员会定义了五种 IP 地址类型以适合不同容量的网络，即 A、B、C、D、E 类。在互联网中，经常使用的 IP 地址类型是：A、B、C 三类，D、E 类为特殊地址。具体分类如图 2-13 所示。

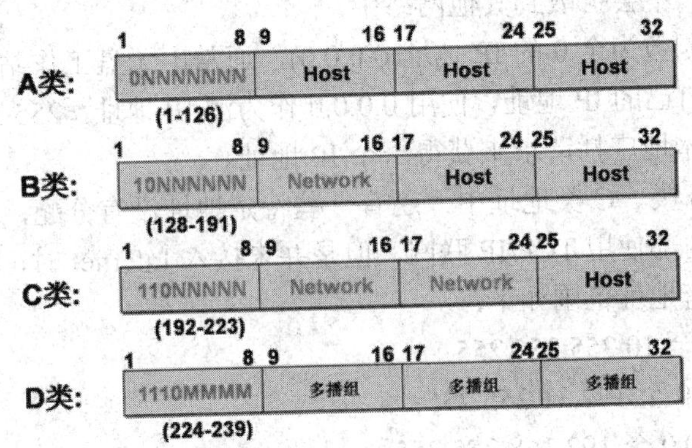

图 2-13　IP 地址分类

1. A 类地址

如果第一个 8 位位组中的最高位是 0，则该地址是 A 类地址。A 类地址第一组十进制数值范围是 1～126。A 类地址中前 8 位是网络位，后 24 位是主机位。

2. B 类地址

如果第一个 8 位位组的头两位是 10，则该地址是 B 类地址。B 类地址第一组十进制数值范围是 128～191。B 类地址中前 16 位是网络位，后 16 位是主机位。

3. C 类地址

如果第一个 8 位位组的头 3 位是 110，则该地址是 C 类地址。C 类地址第一组十进制数值范围是 192～223。C 类地址中前 24 位是网络位，后 8 位是主机位。

4. D 类地址

D 类地址以 1110 开始，第一组十进制数值范围是 224～239。D 类 IP 地址在历史上被叫做多播地址(Multicast Address)，即组播地址。在以太网中，多播地址命名了一组应该在这个网络中应用接收到一个分组的站点。

5. E 类地址

E 类地址以 1111 开始，第一组十进制数值范围是 240～254。E 类地址并不用于传统的 IP 地址，常用于实验或研究。

2.6.3 特殊的 IP 地址

IP 地址用于唯一标识一台网络设备，但并不是每一个 IP 地址都是可用的，一些特殊的 IP 地址被用于各种各样的用途，不能用于标识网络设备。

(1) 主机位的二进制数全为 0 的 IP 地址称为网络地址，用来标识一个网段。

(2) 主机位的二进制数全为 1 的 IP 地址称为广播地址，用于标识一个网络中的所有主机。

(3) 127.0.0.1 作为回环地址，常用于本机上软件测试和本机上网络应用程序之间的通信地址。

(4) 32 位二进制数为全 1 的 IP 地址(255.255.255.255)，称为本地广播地址，它只可以作为目的 IP 地址，表示该分组发送给与源主机属于同一个网络的所有主机，但是这类广播仅限于本地网络，不会扩散到其他网络中。

(5) 32 位二进制数为全 0 的 IP 地址(0.0.0.0)，通常由无盘工作站启动时使用。无盘工作站启动时不知道自己的 IP 地址，使用 0.0.0.0 作为源 IP 地址，255.255.255.255 作为目的 IP 地址，发送一个本地广播请求来获得一个 IP 地址。

(6) 在 A 类、B 类、C 类地址中，还有一些特定地址没有分配，这些地址被称为私有地址。当一些组织内部使用 TCP/IP 联网，但是并未接入 Internet 时，就可以把这些私有地址分配给主机。私有地址范围如下：

A 类：10.0.0.0 至 10.255.255.255；

B 类：172.16.0.0 至 172.31.255.255；

C 类：192.168.0.0 至 192.168.255.255。

2.7 子 网 划 分

2.7.1 可用主机 IP 地址数量的计算

每一个网段中都会有一些 IP 地址不能用作主机 IP 地址。下面我们来计算一下每个网段可用的 IP 地址。

计算公式：　2^N-2　(N 代表主机位数)

其中：主机位全 0 表示网络编号，主机位全 1 表示该网络中的广播。

如图 2-14 所示。B 类网段 172.16.0.0，有 16 位主机位，因此有 2^{16} 个(65536)IP 地址，去掉一个网络地址 172.16.0.0 和一个广播地址 172.16.255.255 不能用作标识主机，那么共有 $2^{16}-2$ 个可用地址。

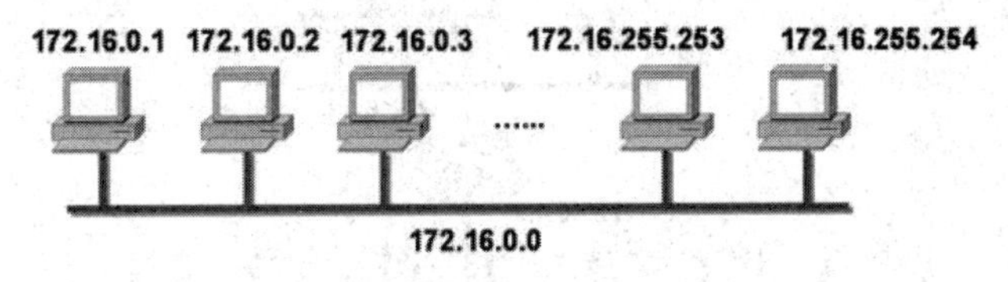

$$2^{16}-2=65534$$

图 2-14　主机数计算

依公式计算，A 类 IP 地址共有 $2^{24}-2$(16 777 214)个可用地址，C 类 IP 地址共有 2^8-2(254)个可用地址。

2.7.2　子网划分

依据可用主机 IP 地址数量的计算公式我们知道，每个 B 类网络可能有 65 534 台主机，它们处于同一广播域；而在同一广播域中有这么多节点是不可能的，网络会因为广播通信而饱和，结果造成 65 534 个地址大部分没有分配出去。因此，我们可以把基于每类的 IP 网络进一步分成更小的网络，即子网划分。每个子网分配一个新的子网网络地址，子网地址是借用基于每类的网络地址的主机部分创建的，如图 2-15 所示。

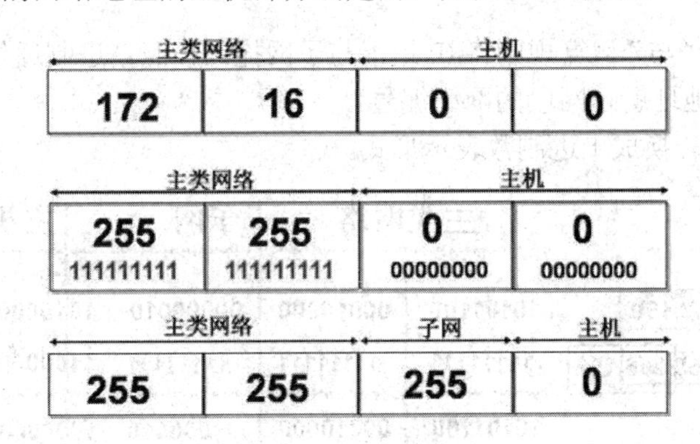

图 2-15　子网划分

IP 地址在没有相关子网掩码的情况下存在是没有意义的，通过使用子网掩码决定 IP 地址中哪部分为网络位，哪部分为主机位。缺省情况下，如果没有进行子网划分，A 类网络的子网掩码是 255.0.0.0，B 类网络的子网掩码是 255.255.0.0，C 类网络的子网掩码是 255.255.255.0。

划分子网后将原来地址中的主机位借位作为子网位来使用。如图 2-15 所示，172.16.0.0 作为 B 类网段时，172.16 是网络位(也可称为主类网络位)，0.0 是主机位，默认子网掩码是 255.255.0.0。现根据实际需要增加 8 位的子网位，自然主机位就减少 8 位，此时的子网掩码为255.255.255.0。增加了8位的子网位后B类网络172.16.0.0可以划分为多少个子网呢？

子网数的计算公式：2^n (n代表增加的子网位数)。

上例中增加了8位的子网位，可以划分 $2^8=256$ 个子网。划分出来不同的子网就相当于不同的逻辑网络，这些不同网络之间的通信通过路由器来完成，如图2-16所示。

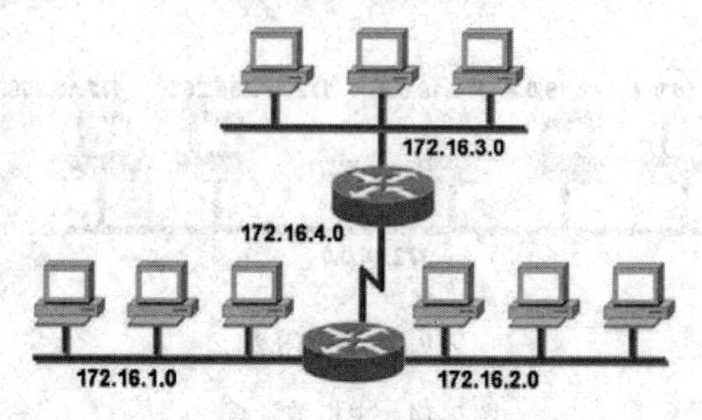

图2-16 子网间通信

2.7.3 IP地址的计算

IP地址的计算公式：IP地址与(^)子网掩码＝IP地址所处子网的网络编号。

图2-17给出了计算实例，步骤如下：

(1) 将IP地址172.16.2.160转换为二进制数。

(2) 将子网掩码255.255.255.192转换为二进制数。

(3) 因为子网掩码255.255.255.192转换为二进制数前26位为1，所以该IP地址的前26位为网络位，在子网掩码的1和0之间划一条竖线，竖线左侧为网络位(包含子网位)，竖线右侧为主机位。

(4) 按照二进制"与"运算规则将IP地址与子网掩码按照二进制逐位进行"与"运算，最终得到的就是IP地址所在网段的网络编号。

(5) 将网络编号转换成十进制数表示形式。

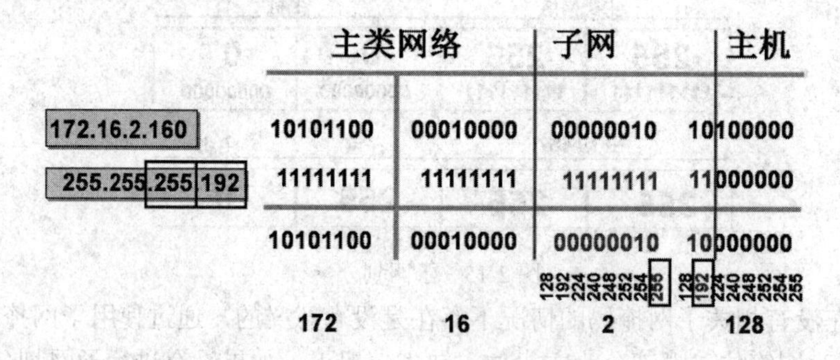

图2-17 IP地址计算实例

2.7.4 VLSM可变长子网掩码

把一个网络划分成多个子网，要求每一个子网使用不同的网络标识ID。但是每个子网的主机数不一定相同，而且相差很大，如果我们每个子网都采用固定长度子网掩码，而每个子网上分配的地址数相同，这就造成地址大量浪费。VLSM(Variable Length Subnet Mask，可变长子网掩码)规定了如何在一个进行了子网划分的网络中的不同部分使用不同的子网掩码，这对于网络内部不同网段需要不同大小子网的情况来说很有效。

例如：某公司有两个主要部门，即市场部和技术部，技术部又分为硬件部和软件部两个分部门。该公司申请到了一个完整的 C 类 IP 地址段：210.31.233.0，子网掩码 255.255.255.0。为了便于分级管理，该公司采用了 VLSM 技术，将原主网络划分成两级子网(未考虑全 0 和全 1 子网)。

市场部分得了一级子网中的第一个子网，即 210.31.233.0，子网掩码 255.255.255.192，该一级子网共有 62 个 IP 地址可供分配，用于主机使用。

技术部将所分得的一级子网中的第二个子网 210.31.233.128(子网掩码 255.255.255.192)又进一步划分成两个二级子网；其中第一个二级子网 210.31.233.128，子网掩码 255.255.255.224 划分给技术部的下属分部——硬件部，该二级子网共有 30 个 IP 地址可供分配；技术部的下属分部软件部分得了第二个二级子网 210.31.233.160，子网掩码 255.255.255.224，该二级子网共有 30 个 IP 地址可供分配。

VLSM 技术对高效分配 IP 地址(较少浪费)以及减少路由表大小都起到非常重要的作用。

习　题　2

一、选择题

1. TCP/IP 相对于 OSI 的七层网络模型，没有定义(　　)。

A. 物理层和链路层　　B. 链路层和网络层

C. 网络层和传输层　　D. 会话层和表示层.

2. 下列属于网络层的协议是(　　)。

A. IP　　B. TCP

C. ICMP　　D. ARP

3. 关于 ARP 说法正确的是(　　)。

A. ARP 请求报文是单播　　B. ARP 应答报文是单播

C. ARP 作用是获取主机的 MAC 地址　　D. ARP 属于传输层协议

4. 关于 TCP 说法正确的是(　　)。

A. TCP 是面向连接的

B. TCP 传输数据之前通过三次握手建立连接

C. TCP 传输数据完成后通过三次握手断开连接

D. TCP 有流量控制功能

5. 下面 IP 地址可能出现在公网的是(　　)。

A. 10.62.31.5　　B. 172.60.31.5

C. 172.16.10.1　　D. 192.168.100.1

2. 10.254.255.19/255.255.255.248 的广播地址是(　　)。

A. 10.254.255.23　　B. 10.254.255.255

C. 10.254.255.16　　D. 10.254.0.255

3. 在一个 C 类地址的网段中划分出 15 个子网，下列子网掩码比较合适的是(　)。

A. 255.255.255.240　　B. 255.255.255.248

C. 255.255.255.0　　D. 255.255.255.128

二、简答题

1. 常用的 TCP/IP 应用层协议有哪些？

2. TCP 和 UDP 有哪些区别？

3. 简述 TCP 的可靠性由哪些机制来实现。

4. 某主机 IP 地址为 172.16.2.160，掩码为 255.255.255.192，请计算该主机所在子网的网络地址和广播地址。

5. 若网络中 IP 地址为 131.55.223.75 的主机的子网掩码为 255.255.224.0；IP 地址为 131.55.213.73 的主机的子网掩码为 255.255.224.0，问这两台主机属于同一子网吗？

第3章

第3章　常见网络接口与线缆

❖ 学习目标：
- 了解一般的网络结构
- 掌握常见的光接口类型和基本特性
- 掌握常见局域网接口类型和基本特性
- 掌握常见广域网接口类型和基本特性
- 掌握目前城域网的主要技术和基本原理

3.1　局域网(LAN)

3.1.1　广播式 LAN 常用拓扑结构

如前面所述，局域网和广域网的区别主要有三个方面的特征：范围 、传输技术和拓扑结构。就范围来讲，LAN 覆盖的范围较小，通常是处于同一建筑、同一所大学或方圆几公里以内的专用网络；就传输技术而言，LAN 使用的传输技术是所有的机器连接到一条电缆上，通过广播的方式进行通信。广播式 LAN 有多种拓扑结构，多数网络使用以下三种：

(1) 总线型网络。总线型网络突出的例子就是以太网和令牌总线网。在这种网络中，任意时刻都只有一台机器是主站并可进行发送，其他机器则不能发送。当两台或更多机器都要发送信息时，就需要一种仲裁机制来解决冲突，这种机制可以是集中式的，也可以是分布式的。不同的网络使用的机制和实现方法不尽相同。

(2) 环网。环网突出的例子就是 IBM 令牌环网。在环网中，每个比特独自在网内传播而不必等待它所在的分组里的其他比特。它也需要某种机制来仲裁对网络的同时访问。

(3) 星型网。目前正迅速发展的交换式 LAN 采用了星型拓扑结构。

3.1.2　以太网的物理接口类型

以太网是一种基于总线型拓扑结构的网络，使用分布式仲裁机制来解决冲突，速度有 10 Mb/s、100 Mb/s 和 1000 Mb/s 三种。

IEEE 802.3 主要确定了以太网各项标准及规范。

以太网上的计算机任何时候都可以发送信息，但发送之前都需先检测网络是否空闲，即“侦听”，如果某时刻有两个或者更多的分组发生冲突，则检测到冲突欲发送数据的计算机就都需等待一段时间，即“回退”，然后再次试图发送，这就是以太网技术中的CSMA/CD(载波侦听多路访问/冲突检测)机制。

随着同一网络上的计算机数目的增加，以太网的效率会降低；同时，随着网络带宽的增大和电缆长度值的增大，在帧长度不变的条件下以太网的效率也会降低。

下面分别介绍三种以太网的物理接口。

1. 10M 以太网

10M 以太网即标准以太网，由 IEEE 802.3 定义。同一公共通信信道上的所有用户共享这个带宽，这个公共信道称为总线。在交换式 LAN 中，每个交换式端口都是一个以太网总线，采用星型拓扑结构。这种连接方式将有可能提供全双工的连接，此时，将提供 20 Mb/s 的总带宽。

根据 IEEE 802.3 的规定，10M 以太网目前广泛使用的线缆有：10Base-T 双绞线、10Base5 粗同轴电缆以及 10Base2 细同轴电缆。

(1) 10Base5 粗同轴电缆采用插入式分接头，表示的意思是：工作速率为 10 Mb/s，采用基带信号，最大支持段长为 500 m，最大段数为 100。10Base5 粗同轴电缆线径较粗，不易弯曲，安装非常不便。

(2) 10Base2 细同轴电缆接头采用工业标准的 BNC 连接器组成 T 型插座，使用灵活，可靠性高，价格便宜，但使用范围只有 200 m，且每一段内仅能使用 30 台计算机，段数最高为 30。

(3) 10Base-T 是目前使用最为广泛的一种以太网电缆标准。10Base-T 的物理介质是双绞线(Twisted Pair)，收发各由两条拧在一起并相互绝缘的铜线组成，两条线拧在一起可以减少线间的电磁干扰。

双绞线由 8 芯细线组成，利用细线外绝缘层上的颜色进行分组标识。通常利用单色和单色加上白色作为成对标识，也有利用色点成对进行标识的。双绞线根据其内部结构可分为屏蔽双绞线 STP 和非屏蔽双绞线 UTP，屏蔽双绞线比非屏蔽双绞线在结构上多了金属屏蔽护套，如图 3-1 所示。

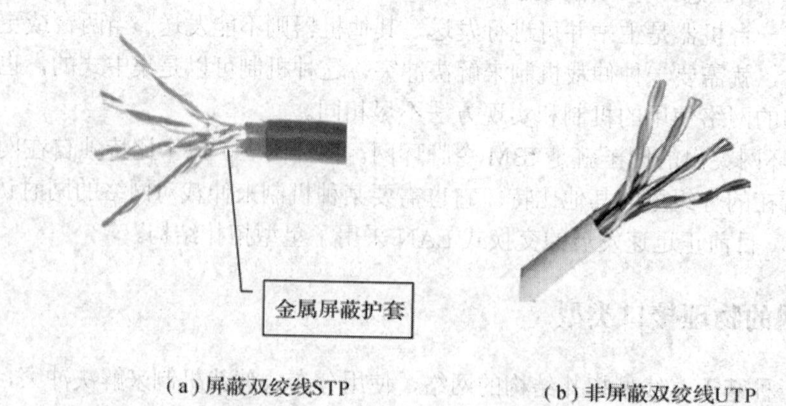

图 3-1　屏蔽双绞线和非屏蔽双绞线

双绞线的显著优势是易于扩展，维护简单，价格低廉。一个集线器用几根 10Base-T 电缆与计算机相连接就能构成一个简单的小型局域网。10Base-T 电缆的最大有效传输距离是距集线器 100m，即使是高质量的 5 类双绞线也只能达到 150m。

3 类到 6 类双绞线在塑料外壳内均有这样的四对线缆，区别主要在于类数越高的双绞线，单位长度内的绞环数越多，拧得越紧，这使得 5 类或者 6 类双绞线的交感更少并且在更长的距离上信号质量更好，更适用于高速计算机通信。双绞线连接器一般都使用 RJ-45 连接器，因其外观像水晶一样晶莹透亮而得名为“水晶头”，如图 3-2 所示。水晶头是网络连接中重要的接口设备，是一种能沿固定方向插入并自动防止脱落的塑料接头，主要用于连接网卡端口、集线器、交换机、路由器等。

网线的制作有两种国际标准：568A 和 568B。568A 的线序是绿白、绿、橙白、蓝、蓝白、橙、棕白、棕；568B 的线序是橙白、橙、绿白、蓝、蓝白、绿、棕白、棕，分别如图 3-3 所示。工程上常采用 568B 标准。

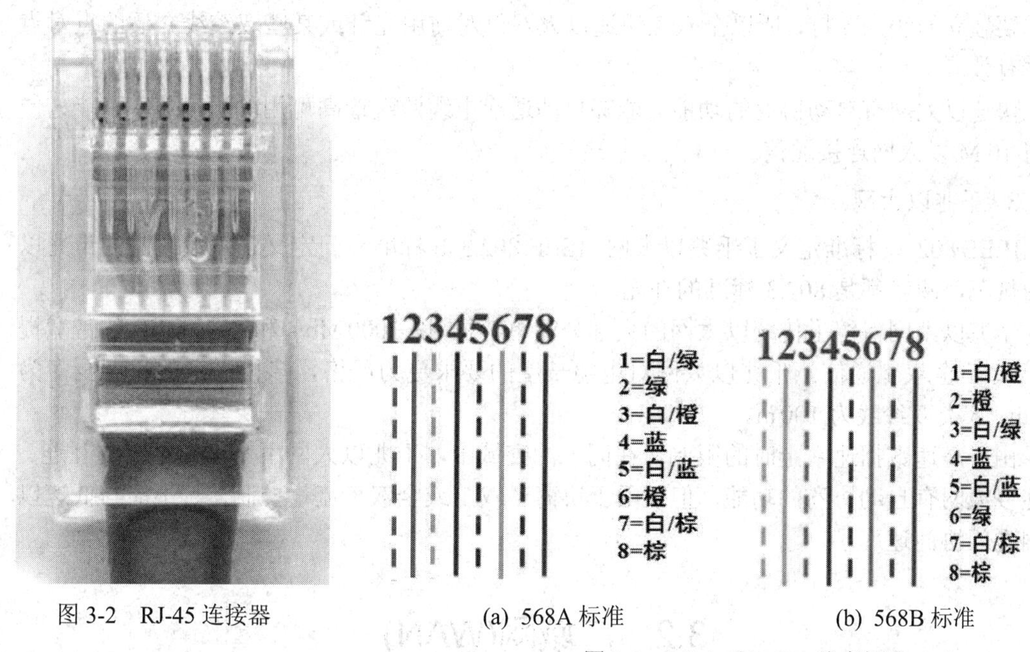

图 3-2　RJ-45 连接器

(a) 568A 标准　(b) 568B 标准

图 3-3　568A 和 568B 线序标准

在制作网线时，如果两端都使用 568B 或 568A 的标准，则该网线被称为直连网线，直连线用于连接不同类型的设备；如果一端使用 568A 而另一端使用 568B 的标准，则该网线被称为交叉网线，交叉线用于连接相同类型的设备，如图 3-4 所示(图中各线画法仅为说明两端的线序关系，实际双绞线的线芯都是成对拧绞在一起的)。

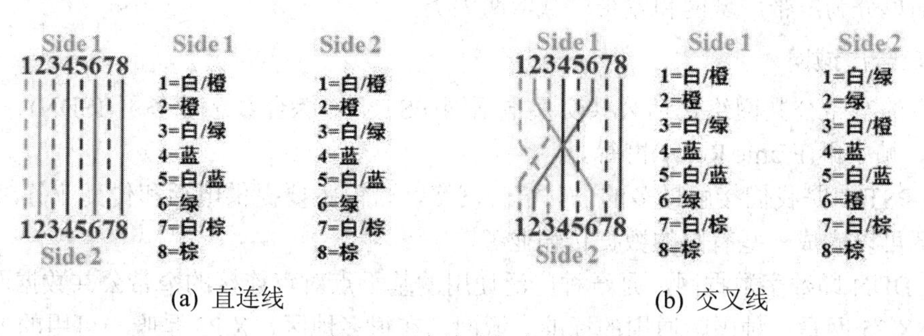

(a) 直连线　(b) 交叉线

图 3-4　直连线与交叉线

2. 快速以太网

快速以太网由 IEEE 802.3u 标准定义，快速以太网的速度是通过提高时钟频率和使用不同的编码方式获得的，其传输方案最常用的便是 100Base-T。100Base-T 又包括 100Base-TX 和 100Base-T4，100Base-T4 是一种 3 类双绞线方案，不支持全双工，目前最广泛使用的都是 100Base-TX，此方案需使用 5 类以上双绞线，时钟信号处理速率高达 125 MHz。本书后续内容中提到的快速以太网双绞线方案在不进行特殊说明的情况下均指 100Base-TX 方案。

100Base-TX 使用一对多模或者单模光纤，使用多模光纤的时候，计算机到集线器之间的距离最大可到 2 km，使用单模光纤时最大可达 10 km。

快速以太网提供全双工通信，总带宽达到 200 Mb/s。由于每个带宽为 100 Mb/s 的信道都需要独立的线来支持，所以全双工快速以太网仅对使用光纤或某些双绞线介质的点对点链路有效。

快速以太网有自动协商的功能，能够自动适应电缆两端最高可用的通信速率，能方便地与 10 M 以太网连接通信。

3. 千兆以太网

IEEE 802.3z 标准定义了千兆以太网，IEEE 802.3ab 标准专门定义了双绞线上的千兆以太网规范，两者都是 802.3 标准的补充。

千兆以太网保留了传统以太网的大部分简单特征，以 1000 Mb/s 和 2000 Mb/s 的带宽提供半双工/全双工通信。千兆以太网对电缆长度的要求更为严格，多模光纤的长度至多为 500 m，5 类双绞线为 100 m。

由于高速数据速率定时的限制，在同一冲突域中，千兆以太网不允许中继器的互连。千兆以太网有自动协商的功能，但仅限于协商半双工或全双工流量控制，且不能与低速以太网之间协商速率。

3.2　广域网(WAN)

3.2.1　广域网的类型

广域网是一种跨越大地域的网络。目前有多种公共广域网络，按其提供业务带宽的不同，可简单分为窄带广域网和宽带广域网两大类。

1. 窄带广域网

现有的窄带公共网络包括公共交换电话网(PSTN)、综合数字业务网(ISDN)、DDN、X.25 网、帧中继(Frame Relay)网等。

(1) PSTN 是我们接触最多的公共窄带网络，目前主要提供电话和传真业务，通过调制解调器可以完成一些有限的数据传输业务。

(2) DDN 即数字数据网，是一种广泛使用的基于点对点连接的窄带公共数据网络。

(3) X.25 网是一种国际通用的标准广域网，在很多地区，X.25 是唯一可用的 WAN 技术，在欧洲非常流行。其内置的差错纠正、流量控制和丢包重传机制，使之具有高度的可靠性，适于长途噪声线路；最大速率仅为 64 kb/s，使之可提供的业务非常有限；沿途每个节点都要重组包，使得数据的吞吐率很低，包时延较大。X.25 显然不适于传输质量好的信道。

(4) 帧中继网是一种应用很广的服务，采用 E-1 电路，速率可从 64kb/s 到 2Mb/s。其速率较快，减少了差错检测，充分利用了如今广域网连接中比较简洁的信令，中间节点的延迟比 X.25 网小得多。帧中继的帧长度可变，可以方便地适应 LAN 中的任何包或帧，提供了对用户的透明性。但帧中继容易受到网络拥挤的影响，对于时间敏感的实时通信没有特殊的保障措施，当线路受到噪声干扰时，将引起数据包的重传。

2. 宽带广域网

宽带广域网的类型有异步传输模式 ATM、光传输网络 SDH 等。

(1) ATM 为交换式 WAN 或 LAN 骨干网以及高速传输数据提供了通用的通信机制，它同时支持多种数据类型(语音、视频、文本等)。与传统 WAN 不同，ATM 是一种面向连接的技术，在开始通信之前，将首先建立端到端的连接。ATM 最突出的优势之一就是支持 QoS(Quality of Service，服务质量)。

(2) SDH 是目前应用最广的光传输网络，带宽宽，抗干扰性强，可扩展性较强。

3.2.2　窄带广域网接入方式

在窄带广域网接入方式中，我们将重点介绍 V.24、V.35、CE1/PRI 接口规程。

1. V.24 接口规程

在 V.24 接口规程的介绍中，将以 ZTE 系列路由器的常用接口为例从机械特性、电气特性、传输速率与传输距离、接口电缆四个方面来讲解，这几个方面也是其他规程的重要内容。

1) 机械特性

机械特性包括对接口的物理管脚数目、排列以及标准尺寸等方面的定义。V.24 接口规程的机械特性如图 3-5 所示。

DB50接头用于连接路由器

DB25接头用于外接终端

图 3-5　V.24 接口规程的机械特性

在 V.24 电缆接口中，如图 3-5 所示，路由器端使用 DB-50 专用插头，外接终端使用标准的 DB-25 接头，符合 EIA RS-232 接口标准，电缆可以工作在同步和异步两种方式下，所以既可以与普通的模拟 Modem、ISDN 终端适配器等以拨号方式进行异步连接，也可以连接基带 Modem 进行同步连接。异步工作方式下，封装链路层协议 PPP，支持网络层协议 IP 和 IPX，最高传输速率是 115 200 b/s；同步方式下，可以封装 X.25、帧中继、PPP、HDLC、SLIP 和 LAPB 等链路层协议，支持 IP 和 IPX，而最高传输速率仅为 64 000 b/s。

V.24 接口电缆分 DCE 和 DTE 两侧，分别对应数据电路端设备(网络侧)和数据终端设备(用户侧)。对应的 DCE 侧为插座(25 孔)，DTE 侧为插头(25 针)。通信的双方相对而言，路由器属于 DTE 侧设备，各种 Modem、ISDN 终端适配器等则属于 DCE 设备。

2) 电气特性

V.24 接口规程所规定的接口的电气特性需符合 EIA RS-232 电气标准，其电平定义如下：

(1) 在 TxD 和 RxD 数据上，逻辑 1 (Mark)为 −3～−15 V；逻辑 0 (Space)为 +3～+15 V。

(2) 在 RTS、CTS、DSR、STR 和 DCD 等控制线上，信号有效(接通、ON 状态、正电压)为 +3～+15 V；信号无效(断开、OFF 状态、负电压)为 −3～−15 V。

可以看出，RS-232 电平标准使用了比 TTL 电平高得多的电压值，在收发数据引脚上使用了负逻辑。RS-232 电平与普通 TTL 电平的这种区别，限制了其最大传输速率。

3) 传输速率与传输距离

V.24 接口电缆在同步工作方式下的最大传输速率是 64 000 b/s，在异步工作方式下的最大传输速率为 115 200 b/s。

V.24 接口电缆的传输速率与传输距离之间的对应关系如表 3-1 所示。

表 3-1　V.24 接口电缆的速率和传输距离

波特率(b/s)	最大传输距离(m)
2 400	60
4 800	60
9 600	30
19 200	30
38 400	20
64 000	20
115 200	10

表 3-1 为 IEEE(电气与电子工程师协会)提供的 V.24 接口电缆在异步方式下以各种波特率传输数据的标准传输距离，但在实际情况中，由于使用环境的差别，其传输距离的极限将不尽相同。

4) 接口电缆

符合 V.24 规程的接口电缆在通信、计算机系统中使用得非常广泛，从计算机串口到路由器的广域网口，都有它的身影，可以应用于 WAN 广域网接口、AUX 备份接口、8AS 八异步串行接口、Console 控制台接口，下面将重点介绍 3 种接口电缆。

(1) AUX 口(备份接口)电缆。对于 AUX 口，路由器作为 DTE 设备，采用标准 RS-232 电平，路由器端采用 RJ-45 插座，与 Modem 的 DB-25 或 DB-9 插座相连。连接电缆是一根 8 芯的屏蔽双绞线，一端压接的是 RJ-45 水晶插头；另一端分别是一个 DB-25(针)插头和一个 DB-9(针)插头，与 DCE 设备的 DB-25(孔)或 DB-9(孔)插座对应。AUX 口是一个标准异步口，通常用于连接 Modem 或 ISDN 终端适配器作为备份接口使用，也可以接一个 Modem 作为一个远程配置接口。

(2) 8AS——八异步串行接口电缆。八异步串口是 ZTE R2509/2511 以及华为公司其他中/高端路由器可选的接口，配合该接口的电缆俗称“8 爪鱼”，路由器端为一个 68 针的插头，外接端被分为 8 个标准 RS-232 异步串行口，如果与 8 个模拟 Modem 配合，连接 8 根电话线，就可以组建一个小型的接入服务网络，可以允许 8 个用户使用 Modem 通过 PSTN 拨号同时登录到本地路由器所在的局域网，或者经由此路由器访问外部的 Internet。

(3) Console 口(控制台接口)电缆。对于 Console 口，路由器作为 DCE 设备，采用标准 RS-232 电平，路由器端采用 RJ-45 插座，与计算机 25 芯或 9 芯串行口相连。连接电缆采用一根 8 芯的屏蔽双绞线，一端压接的是 RJ-45 水晶插头；另一端与计算机串口相连，分别有一个 DB-9(孔)和 DB-25(孔)RS-232 插头。Console 口是对路由器进行配置使用的主要接口。

2. V.35 接口规程

在 V.35 接口规程的介绍中，我们以 ZTE 系列路由器的常用接口为例，从其机械特性、电气特性、传输速率与传输距离、主要控制信号四个方面来进行学习。

1) 机械特性

V.35 接口电缆的特性严格遵照 EIA/TIA-V.35 标准。路由器端为 DB-50 接头，外接网络端为 34 针接头，也分 DCE 和 DTE 两种，对应的 DCE 侧为插座(34 孔)，DTE 侧为插头(34 针)。

V.35 接口电缆一般只用于同步方式传输数据，可以在接口封装 X.25、帧中继、PPP、SLIP、LAPB 等链路层协议，支持网络层协议 IP 和 IPX。V.35 电缆通常用于路由器与基带 Modem 的连接之中，此方式下，与使用 V.24 接口电缆相同，路由器总是处在 DTE 侧。

2) 电气特性

V.35 接口电缆的电气特性就其电平标准而言，同时符合 EIA-RS-232 电平和 V.35 电平标准。在 V.35 接口电缆上，不同功能定义的引脚的电气特性是不一样的，其中，控制信号电平符合 RS-232 电平，数据与时钟电平则符合 V.35 电平。

一般来说，V.35 电平的标准电压使用±0.5 V，RS-232 电平的电压使用±12 V，V.35 接口规程在考虑网络的速率和稳定性时采用了一个巧妙而折中的办法：对速率要求不是很高的控制信号使用幅值高的电平，对速率要求高的数据采用幅值低的电平。

3) 传输速率与传输距离

V.35 接口电缆同步方式下传输的最高速率是 2 048 000 b/s(2 Mb/s)。

与 V.24 接口规程不同，V.35 接口电缆的最高传输速率主要受限于广泛的使用习惯，虽然在理论上 V.35 接口电缆速率可以超过 2～4M 或者更高，但就目前来说，没有网络运营商在 V.35 接口上提供这种带宽的服务。V.35 接口电缆的传输距离如表 3-2 所示。

表 3-2　V.35 接口电缆的速率和传输距离

波特率/(b/s)	最大传输距离/m
2400	1250
4800	625
9600	312
19 200	156
38 400	78
56 000	60
64 000	50
2 048 000	30

表 3-2 为 IEEE 提供的 V.35 接口电缆在同步工作方式下各种传输速率和标准传输距离的对应关系，但在实际情况中，由于使用环境的差别，其传输距离的极限将不尽相同。

4) 主要控制信号

V.24 及 V.35 接口规程中有几个常见且重要的控制信号，其含义说明如下。

(1) 数据终端准备 DTR(Data Terminal Ready)：用于说明并控制数据终端准备的状态；

(2) 数据准备 DSR(Data Set Ready)：主要用于说明并控制传输设备之间的协商信息；

(3) 数据载体检测 DCD(Data Carrier Detect)：用于表明设备检测当前的链路状态；

(4) 请求发送 RTS(Request To Send)：用于表明设备请求发送数据；

(5) 清除发送 CTS(Clear To Send)：用于表明设备请求清除数据。

无论是在 V.24 还是 V.35 接口规程中，这些控制信号对应的引脚都遵从 RS-232 电平标准。

3. CE1/PRI 接口

CE1/PRI 接口在华为和中兴系列路由器中较常见。在华为系列路由器 R4001 或各种中高端路由器的接口配置中，CE1/PRI 接口可以承载 CE1 和 PRI 这两种不同接口规程的数据传输任务。

1) CE1 封装

CE1 封装的主要特征如下：

(1) 大多数用于与 DDN 节点机的连接，最多可支持同时划分 31 个 64K 的逻辑接口，按照实际需要，也可以通过捆绑多个时隙作为一个接口使用(Channel-Group)，这样可以灵活地配置每条连接的带宽(带宽是 64K 的整数倍)。

(2) 可以使用的时隙范围为 1～31(因为时隙 0 用于系统同步，不能用于数据传输)。

(3) 每一个逻辑接口特性均与同步串口相同，支持 PPP、帧中继、LAPB 和 X.25 等链路层协议，支持 IP 和 IPX 等网络层协议。

2) PRI 封装

PRI 封装的主要特征如下：

(1) 主要用于作为 ISDN 用户的接入服务，PRI 接口最多可以同时接入 30 个 ISDN 单 B

用户，或者 15 个双 B 用户。

(2) 在 1～31 时隙中，可使用的有 30 个(0 时隙同样用于系统同步，15 时隙用作 D 信道传输信令，不能随便使用)。

(3) 只能捆绑出一个接口(PRI-Group)，PRI-Group 的逻辑特性与 ISDN 拨号口相同，支持 PPP 链路层协议和 IP/IPX 等网络层协议。

路由器 CE1/PRI 接口端均为 DB-15(针式)连接器，在网络端分别是 BNC 头或 RJ-45 水晶头连接器。

3.2.3　宽带接入方式

ATM (Asynchronous Transfer Mode，异步传输模式)接口是 ZTE 系列高端路由器才具有的特殊接口，用以连接基于 ATM 传输技术的宽带网络。ATM 接口一般使用带宽 155 Mb/s(OC-3)或 622M(OC-12)的单/多模光纤作为传输介质，具有带宽宽(还可以成倍扩展)、传输距离远、不易受电磁干扰等多方面的优点，发展潜力巨大。ATM 接口在 ZTE 系列高端路由器中以可选模块的方式出现。

3.3　城域网(MAN)

城域网(Metropolitan Area Network，MAN)是在一个城市范围内所建立的计算机通信网，属宽带局域网。由于采用具有有源交换元件的局域网技术，网中传输时延较小，它的传输媒介主要采用光缆，传输速率在 100 Mb/s 以上。MAN 的一个重要用途是用作骨干网，通过它将位于同一城市内不同地点的主机、数据库、LAN 等互相连接起来，这与 WAN 的作用有相似之处，但两者在实现方法与性能上有很大差别。

目前我国逐步完善的城市宽带城域网已经给我们的生活带来了许多便利，高速上网、视频点播、视频通话、网络电视、远程教育、远程会议等这些我们正在使用的各种互联网应用，背后正是城域网在发挥着巨大的作用。建设局域网或广域网包括资源子网和通信子网两个方面，而城域网的建设主要集中在通信子网上，其也包含两个方面：一是城市骨干网，它与我国的骨干网相连；二是城市接入网，它把本地所有的联网用户与城市骨干网相连。

谈到城域网就不得不提构成城域网的三大功臣：SDH 传输平台、OTN 传输平台、PTN 传输平台。

3.3.1　基于 SDH 传输平台的城域网

1. SDH 概述

SDH(Synchronous Digital Hierarchy，同步数字体系)根据 ITU-T 的建议定义，是为传输不同速率的数位信号提供相应等级的信息结构，包括复用方法和映射方法以及相关同步方法组成的一个技术体制。

SDH 是一种将复接、线路传输及交换功能融为一体并由统一网管系统操作的综合信息传输网络，是美国贝尔通信技术研究所提出来的同步光网络(SONET)。国际电报电话咨询委员会(CCITT)(现 ITU-T)于 1988 年接受了 SONET 概念并重新命名为 SDH，使其成为不仅适用于光纤也适用于微波和卫星传输的通用技术体制。它可实现网络有效管理、实时业务监控、动态网络维护、不同厂商设备间的互通等多项功能，能大大提高网络资源利用率，降低管理及维护费用，实现灵活可靠和高效的网络运行与维护，因此 SDH 对通信世界的今天作出了不可磨灭的贡献。

2. SDH 基本原理

SDH 采用的信息结构等级称为同步传输模块 STM-*N*(Synchronous Transport Mode，*N* = 1，4，16，64，256)，最基本的模块为 STM-1，4 个 STM-1 同步复用构成 STM-4，16 个 STM-1 或 4 个 STM-4 同步复用构成 STM-16，4 个 STM-16 同步复用构成 STM-64，甚至 4 个 STM-64 同步复用构成 STM-256；SDH 采用块状的帧结构来承载信息，每帧由纵向 9 行和横向 270 × *N* 列字节组成，每个字节含 8bit，整个帧结构分成段开销(Section Over Head，SOH)区、STM-*N* 净负荷区和管理单元指针(AU PTR)区 3 个区域，其中段开销区主要用于网络的运行、管理、维护及指配以保证信息能够正常灵活地传输，它又分为再生段开销(Regenerator Section Over Head，RSOH)和复用段开销(Multiplex Section Over Head，MSOH)；净负荷区用于存放真正用于信息业务的比特和少量的用于通道维护管理的通道开销字节；管理单元指针用来指示净负荷区内的信息首字节在 STM-*N* 帧内的准确位置以便接收时能正确分离净负荷。SDH 的帧传输时按由左到右、由上到下的顺序排成串行码流依次传输，每帧传输时间为 125 μs，每秒传输 1/125 × 1 000 000 帧，对 STM-1 而言，每帧比特数为 8 bit × (9 × 270 × 1) = 19 440 bit，则 STM-1 的传输速率为 19 440 × 8000 = 155.520 Mb/s；而 STM-4 的传输速率为 4 × 155.520 Mb/s = 622.080 Mb/s；其 STM-*N* 接口与速率对应关系如表 3-3 所示。

表 3-3　STM-*N* 接口与速率对应关系

速率等级	标准速率	常见形式
STM-1	155.520 Mb/s	155 Mb/s
STM-4	622.080 Mb/s	622 Mb/s
STM-16	2488.320 Mb/s	2.5 Gb/s
STM-64	9953.28 Mb/s	10 Gb/s
STM-256	39 813.12 Mb/s	40 Gb/s

3. 基于 SDH 城域网案例介绍

基于 SDH 光传输的城域网、广域网宽带以及电话业务接入在目前的生产生活中是很常见的，铁路信息系统中就经常使用这样的组网结构，如图 3-6 所示为某铁路局电务段信息系统改造后的宽带与电话接入组网图，它完成了不同车站之间的电话通信、宽带上网等业务的接入工作，其原理是利用各个车站的 ONU(Optical Network Unit) 光网络单元提供的 E1 电路接口和 SDH 光传输产品提供的 E1 接口对接，然后通过光传输产品将电信号转换成光信号，并完成到核心车站电务段的信号传输与信号汇聚功能，从而实现各个车站广域网宽带接入功能。

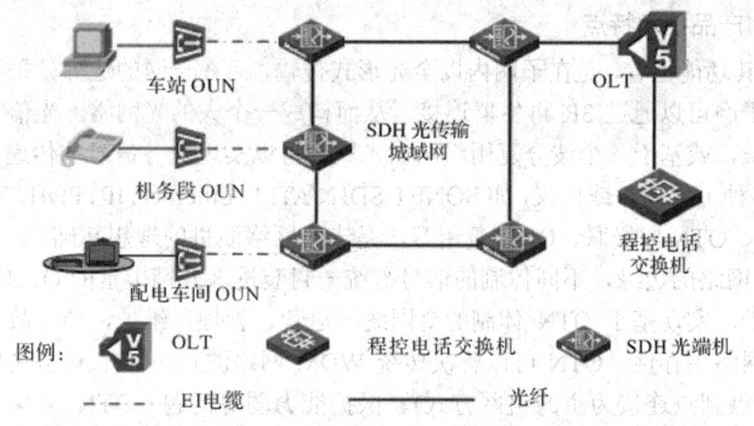

图 3-6　某铁路局电务段信息系统改造项目宽带与电话接入示意图

3.3.2　基于 OTN 传输平台的城域网

1. OTN 概述

OTN(光传输网，Optical Transport Network)是以波分复用技术为基础、在光层组织网络的传输网，是下一代的骨干传输网。

OTN 是通过 G.872、G.709、G.798 等一系列 ITU-T 的建议所规范的新一代数字传输体系和光传输体系，它将解决传统 WDM 网络波长/子波长业务调度能力差、组网能力弱、保护能力弱等问题。

OTN 跨越了传统的电域(数字传输)和光域(模拟传输)，是管理电域和光域的统一标准。OTN 处理的基本对象是波长级业务，它将传输网推进到真正的多波长光网络阶段。由于结合了光域和电域处理的优势，OTN 可以提供巨大的传输容量、完全透明的端到端波长/子波长连接以及电信级的保护，是传输宽带大颗粒业务的最优技术。

OTN 出现之前，主要采用 WDM(波分复用)技术实现大容量的传输，但 WDM 只是物理层面的标准(只针对系统中传输信号的波段、频率间隔等做了规定，而对信号的帧结构没有统一的标准)，这使得 WDM 系统中同时传输多种体制的信号(如 STM-64、10GbE 等)，这些信号的性能、帧结构、开销等各不相同，不能方便地进行统一的调度、运营、管理和维护。

随着网络的演进，各种业务对 WDM 系统全网的统一运营、管理、维护的要求越来越高，运营商和系统制造商一直在不断地考虑改进业务传输技术的问题。1998 年，国际电信联盟电信标准化部门(ITU-T)正式提出了 OTN 的概念，与此同时各大通信设备提供商也开始了 OTN 产品的研发工作，如图 3-7 所示为中兴 ZXONE 8700 智能 OTN 产品。

图 3-7　中兴 ZXONE 8700 智能 OTN 产品

2. OTN 产品技术特点

OTN 从其功能上看，是在子网内以全光形式传输，而在子网的边界处采用光→电→光转换，各个子网可以通过 3R 再生器连接，从而构成一个大的光网络。光信号的处理可以基于单个波长，或基于一个波分复用组。在光域内可以实现业务信号的传递、复用、路由选择，支持多种上层业务或协议，如 SONET/SDH、ATM、Ethernet、IP、PDH、Fibre Channel、GFP、MPLS、OTN 虚级联、ODU 复用等，是未来网络演进的理想基础。

在 OTN 网络的边缘，不同体制的信号被统一封装进入开销丰富的 OTN 的帧结构中，并以此为基础，实现基于 OTN 体制的全网统一运营、管理、维护，便于故障定位，能够提供很好的网络生存性。OTN 可以解决传统 WDM 网络波长/子波长业务调度能力弱、组网能力弱(以点到点连接为主的组网方式)、保护能力弱等问题。OTN 解决了 SDH 基于 VC-12/VC4 的交叉速率偏小、调度较复杂、不适应高速业务传输的问题。

3. OTN 基本原理

在实际操作过程中，为了能够合理地利用单模光纤在 1.55 pm 低损耗区产生的宽带资源，就需要根据不同的频率以及波长将光纤的低损耗区划分成多个光波道，而且需要在每个光波道建立载波即所谓的光波，同时利用分波器在发送端合并各种不同规定波长的信号，将这些合并起来的信号集体传入一个光纤中，　进行信号传输。传输到接收端时，再利用一个光解复用器将这些合并到一起的具有不同波长、不同光波的信号分解成最初的状态，从而实现了在一根光纤中可以传输多种不同信号的功能，OTN 基本原理如图 3-8 所示。

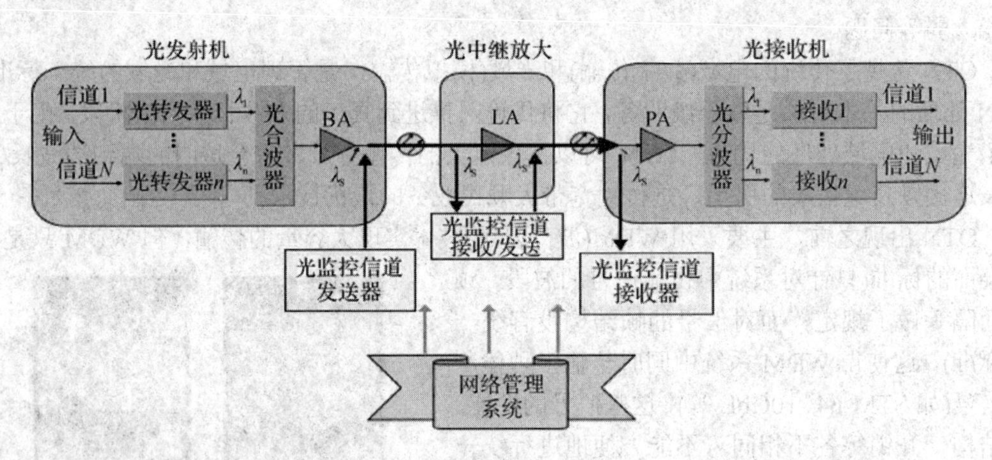

图 3-8　OTN 系统基本原理图

4. OTN 接口规范

ITU-T G.872 规范的光传输网定义了以下两种接口：域间接口(IrDI)、域内接口(IaDI)。OTN IrDI 接口在每个接口终端应具有 3R 处理功能(数据再生、重定时、重整形)。光传输模块 n(OTM-n)是支持 OTN 接口的信息结构，定义了以下两种结构：全功能的 OTM 接口、简化功能的 OTM 接口。简化功能 OTM 接口在每个接口终端应具有 3R 处理功能，以支持 OTN IrDI 接口。

ITU-T G.872 规范的光通路层结构需要进一步分层，以支持 ITU-TG.872 定义的网络管理和监控功能。

(1) 全功能(OCh)或简化功能(OChr)的光通路，在 OTN 的 3R 再生点之间应提供透明网络连接。

(2) 完全或功能标准化光通路传输单元(OTUk/OTUkV)，在 OTN 的 3R 再生点之间应为信号提供监控功能，使信号适应在 3R 再生点之间进行传输。

5. 基于 OTN 产品的城域网应用

随着每年全球 IP 流量接近 30%的激增，未来 5 年我国干线网流量年增长率将高达 60%～70%，而 5 年后干线网络带宽要求将是当前的 10～15 倍左右，那么光缆资源问题就会凸显出来，在这样的大前提下，有运营商提出了光纤资源优化项目。

所谓光纤优化就是在纤芯资源不足的情况下能够利用现有的光纤资源开通更多的业务，在已经耗尽的光纤资源下选择可暂时中断业务的光纤，将其扩容成更多的纤芯，可开通更多的业务；原有的基站网络全部由传输设备组成，由于很多机房建设时间较长，机房之间光缆的纤芯利用率较高，那么各机房之间的光缆纤芯就成为了开通业务最基础的资源。

目前，要解决机房之间纤芯资源不足的问题，主要有两种方案，具体如下：

一是部署光缆，部署光缆可以增加可用纤芯，从而解决现有光缆纤芯资源不足的情况，部署光缆的限制条件较多，其中投资是较为重要的限制点，而且施工周期长。如果作为中长期网络可持续发展和新建机房的需求，部署光缆可以说是最佳选择。

二是基于 OTN 技术的纤芯资源优化，目前机房之间的光缆纤芯利用率较高，其原因多数是因为在现有机房中已经有多种设备部署，如传统的 MSAP 设备、用于宽带接入的 OLT 设备、传统的基站传输网设备等，这些设备占据了大部分的纤芯资源，部分机房之间出现光缆纤芯资源紧张的问题，在此前提下，可以采用组建 OTN 网络的方案，对现有光缆纤芯资源进行逻辑扩容，从而解决机房之间光缆纤芯资源紧缺问题。

吉林省某运营商西环二级干线共计包括长春、公主岭中继、四平、白泉中继、辽源、梅河中继、通化、白山站点，主要负责各地市 OLT 汇聚、SDH 干线传输、交换干线业务、核心网干线业务的承载工作，由于光缆纤芯资源日渐匮乏，原有 SDH 10G 网络拓扑其中 OLT 业务、交换干线业务、核心网业务全部由 SDH 10G 环承载，原网络拓扑如图 3-9 所示。

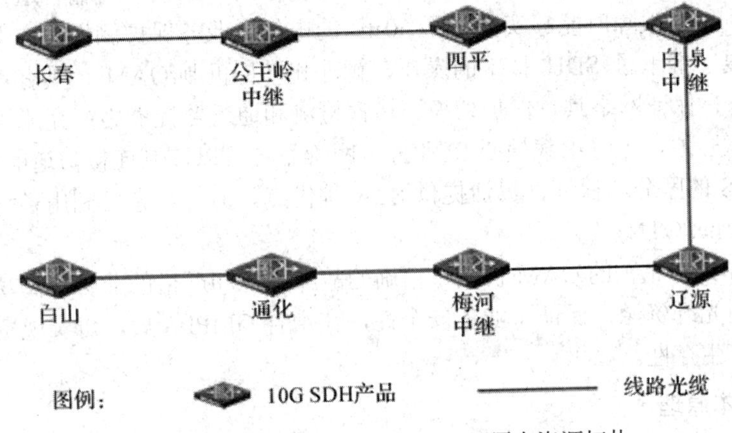

图 3-9　吉林省某运营商 SDH 西环原有资源拓扑

经研究决定搭建新的 OTN 网络以取代原有的 SDH 传输城域网承载，线路光缆纤芯利用原有的 SDH 10G 环线路光缆纤芯进行替换割接，新组 OTN 网示意图如图 3-10 所示。完成设备入网和业务割接之后，OLT 业务、交换干线业务、核心网业务由 OTN 产品承载，原 OLT、交换、核心网业务使用的纤芯资源另作安排。

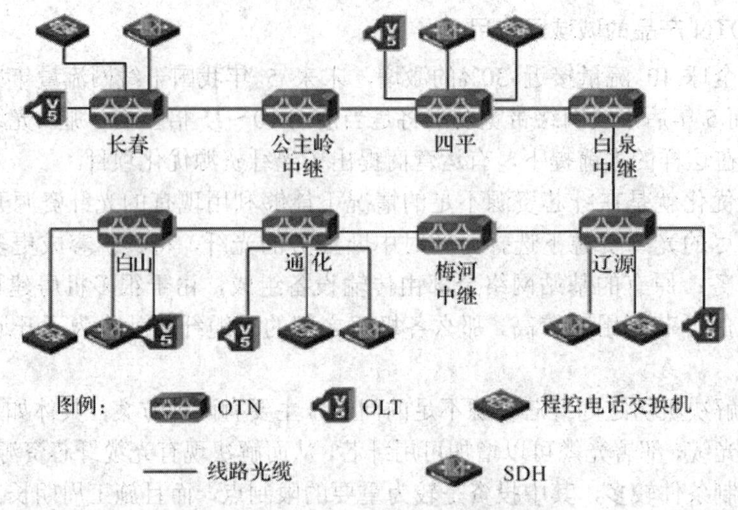

图 3-10　新建 OTN 网络业务承载示意图

3.3.3　基于 PTN(分组传输网)传输平台的城域网

1. PTN 概述

PTN (Packet Transport Network) 是一种以分组作为传输单位，以承载电信级以太网业务为主，兼容 TDM、ATM 和 FC 等业务的综合传输技术。PTN 技术基于分组的架构，继承了 MSTP(基于 SDH 的多业务传输体系)的理念，融合了 Ethernet 和 MPLS 的优点，在 SDH 逐渐走向迟暮的时代，PTN 成为新一代分组承载的技术选择，作为今日之星续写一个新的辉煌。

PTN 支持多种基于分组交换业务的双向点对点连接通道，具有适合各种粗细颗粒业务、端到端的组网能力，提供了更加适合 IP 业务特性的“柔性”传输管道；具备丰富的保护方式，遇到网络故障时能够实现基于 50 ms 的电信级业务保护倒换，实现传输级别的业务保护和恢复；继承了 SDH 技术的操作、管理和维护机制(OAM)，具有点对点连接的完美 OAM 体系，保证网络具备保护切换、错误检测和通道监控能力；完成了与 IP/MPLS 多种方式的互联互通，无缝承载核心 IP 业务；网管系统可以控制连接信道的建立和设置，实现了业务 QoS 的区分和保证，灵活提供 SLA 等优点。另外，它可利用各种底层传输通道(如 SDH/Ethernet/OTN)。

总之，PTN 具有完善的 OAM 机制、精确的故障定位和严格的业务隔离功能，最大限度地管理和利用光纤资源，保证了业务安全性，在结合 GMPLS 后，可实现资源的自动配置及网状网的高生存性。

2. PTN 基本原理

PTN 核心技术基于 T-MPLS 技术，T-MPLS(Transport MPLS)是一种面向连接的分组传输技术，在传输网络中，将客户信号映射进 MPLS 帧并利用 MPLS 机制(例如标签交换、标签堆栈)进行转发，同时它增加传输层的基本功能，例如连接和性能监测、生存性(保护恢复)、管理和控制面(ASON/GMPLS)。总体上说，T-MPLS 选择了 MPLS 体系中有利于数据业务传输的一些特征，抛弃了 IETF(Internet Engineering Task Force)为 MPLS 定义的繁复的控制协议族，简化了数据平面，去掉了不必要的转发处理。T-MPLS 继承了现有 SDH 传输网的特点和优势，同时又可以满足未来分组化业务传输的需求。T-MPLS 采用与 SDH 类似的运营方式，这一点对于大型运营商尤为重要，因为他们可以继续使用现有的网络运营和管理系统，减少对员工的培训成本。由于 T-MPLS 的目标是成为一种通用的分组传输网，而不涉及 IP 路由方面的功能，因此 T-MPLS 的实现要比 IP/MPLS 简单，包括设备实现和网络运营方面。T-MPLS 最初主要是定位于支持以太网业务，但事实上它可以支持各种分组业务和电路业务，如 IP/MPLS、SDH 和 OTH 等。T-MPLS 是一种面向连接的网络技术，使用 MPLS 的一个功能子集。

总体来看，T-MPLS 着眼于解决 IP/MPLS 的复杂性，在电信级承载方面具备较大的优势；PBT 着眼于解决以太网的缺点，在设备数据业务承载上成本相对较低。在标准方面，T-MPLS 走在前列，PBT 即将开展标准化工作。在芯片支持程度上，目前支持 Martini 格式 MPLS 的芯片可以用来支持 T-MPLS，成熟度和可商用度更高；而 PBT 技术需要多层封装，对芯片等硬件配置要求较高，所以已经逐渐被运营商和厂商所抛弃。当前，T-MPLS 在沃达丰和中国移动等世界顶级运营商中得到大规模应用。在 T-MPLS 的基础上推出了更具备协议优势和成本优势的 MPLS-TP(MPLS Transport Profile)标准，MPLS-TP 标准可以在 T-MPLS 标准上平滑升级，可能成为 PTN 的最佳技术体系。

3. PTN 接口规范

以下接口介绍全部以中兴 ZXCTN9000 系列产品为例。

(1) 业务接口：业务接口类型对照表见表 3-4。

表 3-4 业务接口类型对照表

接口名称	接口类型
GE 电接口	RJ-45
GE 光接口	LC(采用 SFP 光模块)
10GE 光接口	LC(采用 XFP 光模块)
STM-64 光接口	LC(采用 XFP 光模块)
STM-1/4 光接口	LC(采用 SFP 光模块)
STM-4 光接口	LC(采用 SFP 光模块)
E1 接口(75 Ω)	弯式 PCB 焊接插座
E1 接口(120 Ω)	弯式 PCB 焊接插座
STM-1 光接口	LC(采用 SFP 光模块)
10GE 光接口	LC(采用 SFP+光模块)

(2) Console 调试接口。Console 口用于连接后台管理终端，在后台管理终端上通过超级终端对 ZXCTN 9000 进行操作与维护。Console 口为 RJ-45 插座，与后台管理终端的 COM

口之间通过串行电缆连接。串行电缆连接 ZXCTN 9000 的一端为 RJ-45 插头，连接后台管理终端的一端为 DB-9 插头。

(3) 网管接口。ZXCTN 9000 对外提供 1 路 Qx 接口，用于远程管理设备。Qx 接口支持静态路由和 OSPF/IS-IS 协议配置。Qx 接口位于主控板的面板上，采用以太网电接口，接口类型为 RJ-45，接口速率为自适应。

(4) 告警输入/输出接口。告警输入/输出接口的功能是提供外部告警信号输入，实现外部告警(烟雾、门警、火警、温度)信号的输入，提供两路告警信号输出，两路级联，支持实时的分级声光告警的输出和控制。

4. 基于 PTN 组网的城域网应用场景介绍

随着近年来通信事业的发展，接入终端对带宽、IP 化的要求逐步提高，SDH 产品在分组数据的处理能力上越发地捉襟见肘，而以分组交换为基础的 PTN 产品逐渐得到了全球运营商的青睐，我国运营商从 2010 年 5 月就开始了集采以及测试工作，经过一段时间的磨合，中国移动在 2015 年对 PTN 产品的投资规模超过 200 亿元，同时中国电信和中国联通也对 PTN 技术进行了积极的研究与测试。

1) Backhaul 场景

随着 4G 移动通话与数据业务的深入发展，4G 网络对传输也有了更高的要求，PTN 在这一领域作出了非常大的贡献。Backhaul 可以翻译成回程，也叫回程线路，在现有的无线通信中，backhaul 指的是基站和基站控制器之间的链接(一般用户先接入基站，基站再与基站控制器通信，然后进入核心网)；在无线技术中，Backhaul 指的是从信元站点向交换机传输语音和数据流量的功能。移动网络的 RAN 层传输网络，通常被称为 Mobile Backhaul Transport Network，指通过多种物理媒介在基站(BS)和基站控制器(BSC)之间建立一个安全可靠的电路传输手段。所有的客户终端通过 RAN 接入移动网络、获得移动业务，因此 Backhaul 的网络质量直接影响运营商是否能够快速响应业务发展的需求，是否能够提供更加可靠的网络业务，是否能够进一步降低网络建设成本，是否能够降低网络的运行维护成本，从而进一步影响运营成绩。Backhaul 场景示意如图 3-11 所示。

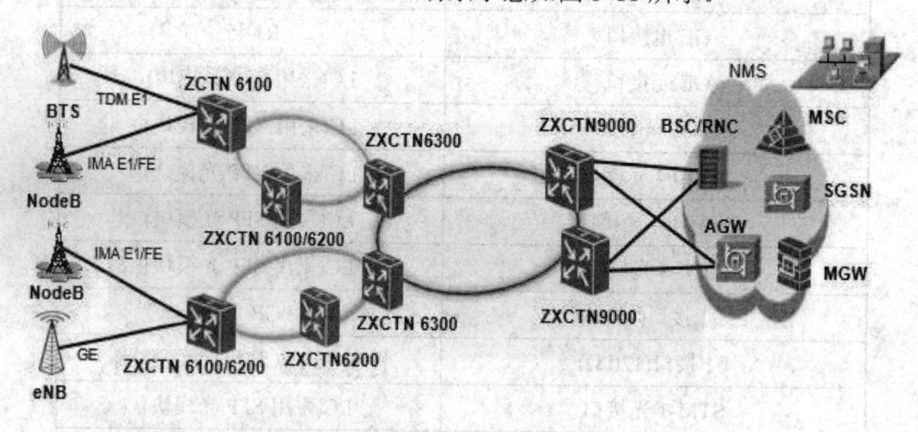

图 3-11　backhaul 场景示意图

2) 作为 IP/MPLS 网关场景

Backhaul 网络采用 MPLS-TP 承载，核心网采用 IP/MPLS 承载，PTN 设备作为 MPLS-TP

网络和 IP/MPLS 城域核心网之间的网关设备实现了两者之间的互通，适合作为汇聚层与核心层 IP/MPLS 网络之间互通的节点，通过支持 VRRP 协议保护，实现双归属方式，确保作为网关应用时业务承载的可靠性，其场景示意图如图 3-12 所示。

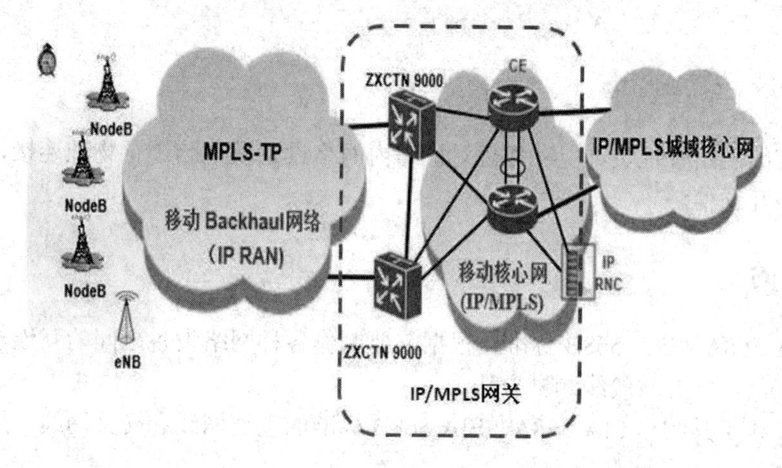

图 3-12　PTN 产品作为 IP/MPLS 网关场景示意图

3) 城域以太网 FMC 场景

FMC 有多种含义，主要是指 Fixed Mobile Convergence，即固定网络与移动网络融合，基于固定和无线技术相结合的方式提供通信业务。FMC 关注的是独立于接入技术的网络和业务能力，并不一定指网络物理层面的融合。FMC 关注融合的网络能力和支撑标准，这些标准可以支持一系列连续的服务，而这些服务可以通过固定、移动、公共或私有的网络提供。

在城域以太网 FMC 场景应用中，PTN 产品支持统一承载 2G/3G、VPN 大客户、IPTV、VoIP 以及宽带业务，支持 MPLS Tunnel 1 + 1 / 1：1、TE FRR、MPLS-TP 环网等多种网络保护技术，支持端到端 H-QoS，完全满足城域以太网 FMC 场景需求。其应用示意如图 3-13 所示。

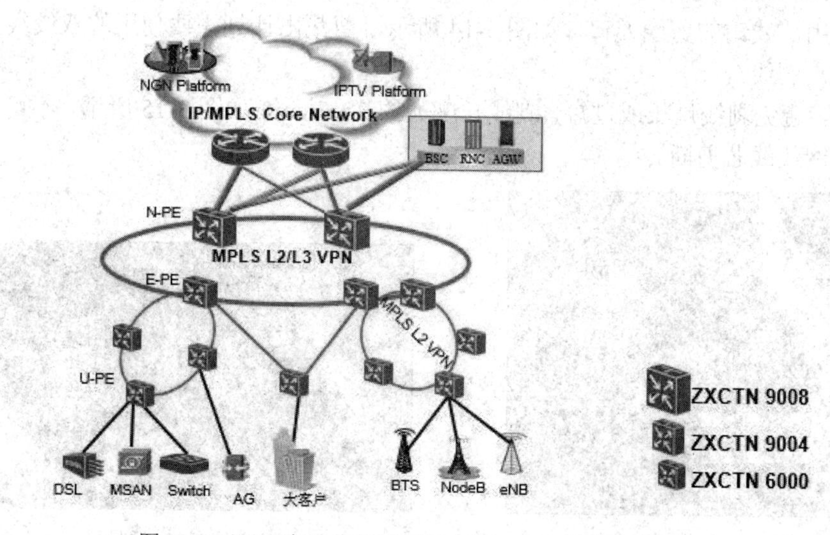

图 3-13　PTN 产品作为城域以太网 FMC 应用场景示意图

实训项目 1：网线制作

一、项目背景

你是学校的网络管理员，现在你想对机房内网络设备及电脑进行物理连接，使局域网设备之间能相互通信。

二、实训目的

掌握 EIA 568A、EIA 568B 标准，根据需要制作各种网络设备之间的互连双绞线，学习使用测试工具，掌握双绞线测试方法。

使用双绞线工具制作 EIA 568A、EIA 568B 标准的直连网线和交叉网线，用于网络设备之间互连。

三、实施步骤

(一) 实验工具

双绞线 RJ-45 夹线钳若干，双绞线测试工具若干，双绞线若干，RJ-45 水晶接线头若干。

(二) 具体任务

(1) 制作直连网线：两端都按 EIA 568B 标准排列线序。

(2) 制作交叉网线：一端按 EIA 568A 标准排列，另一端按 EIA 568B 标准排列。

(三) 网线制作步骤

第一步：剪断。

首先利用压线钳的剪线刀口，如图 3-14 所示，剪裁出计划需要使用的双绞线长度。

第二步：剥线。

剥线时，避免剥线过长或过短，剥线长度大约 2～3 cm，如图 3-15 所示，不可太用力，否则容易把网线线芯剪断。

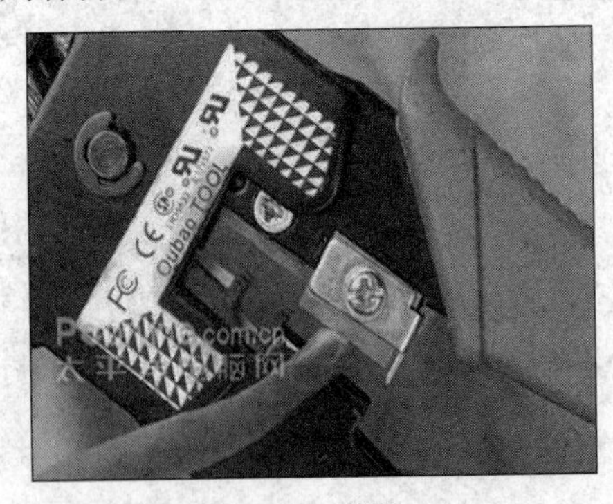

图 3-14　剪断

图 3-15　剥线

第三步：排序。

抽出外套层，露出 4 对电缆，按 568B 或 568A 标准将线的序号排好，最后理直，如图 3-16 所示。

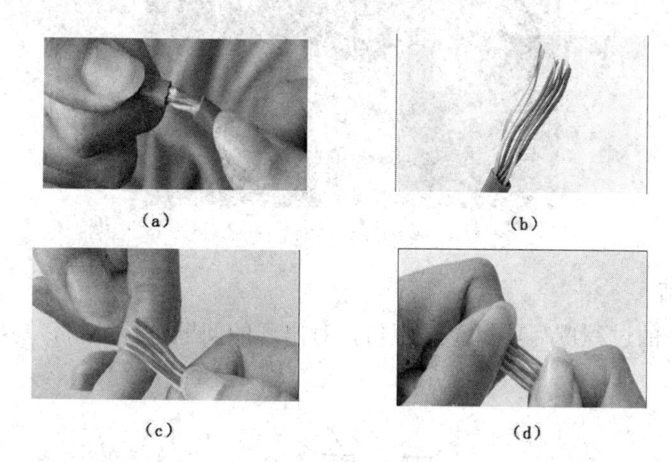

图 3-16　排序

第四步：剪齐。

剪齐时注意要把 8 根线都理直后水平插入刀口，使得露在保护层外的网线长度为 1.5cm 左右再剪齐，如图 3-17 所示。

第五步：插入。

如图 3-18 所示，左手手指掐住线，右手拿水晶头，弹簧片朝下，把网线插入水晶头，注意务必要把外层的皮插入水晶头内，否则水晶头容易松动；然后检查水晶头末端线的插入情况，保证每根线都要能紧紧地顶在水晶头的末端。

图 3-17　剪齐

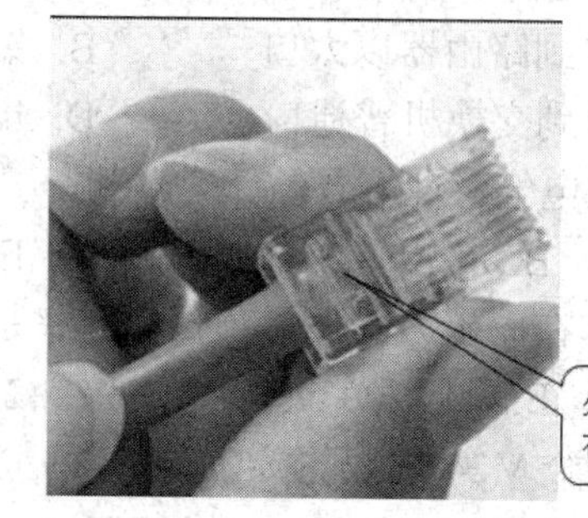

图 3-18　插入

第六步：压制。

把水晶头完全插入压线钳的压线口，用力压紧，能听到“咔嚓”声，可使用压线钳重复压制多次，以保证压实。

双绞线的另一头重复上述步骤。

第七步：测试。

用测线仪测试网线和水晶头连接是否正常，如果两组序号为 1、2、3、4、5、6、7、8 的指示灯依次点亮，如图 3-19 所示，则表示双绞线制作成功。

图 3-19　测试

(四) 项目总结

根据网线制作的过程撰写项目总结报告，对出现的问题进行分析，写出解决问题的方法和体会。

习　题　3

一、选择题

1. 在以太网中，双绞线使用(　　)与其他设备连接起来。

A. BNC 接口　　B. AUI 接口　　C. RJ-45 接口　　D. RJ-11 接口

2. 快速以太网是由(　　)标准定义的。

A. IEEE802.4　　B. IEEE802.3u　　C. IEEE802.1q

D. IEEE802.3i　　E. IEEE802.1d

3. 在以下设备互连时应该使用交叉网线的是(　　)。

A. 交换机普通口到路由器以太口　　B. 集线器级连口到交换机级连口

C. 交换机普通口到交换机普通口　　D. 集线器普通口到集线器级连口

4. v.24 接口规程电气特性符合(　　)标准。

A. V.35　　B. X.21　　C. EIA/TIA RS232　　D. EIA/TIA RS422

5. V.24 接口工作在同步方式下最高传输速率是(　　)。

A. 64 000 b/s　　B. 115 200 b/s　　C. 2 048 000 b/s　　D. 4 096 000 b/s

6. 在路由器上符合 V.24 规程的接口有(　　)。

A. AUX 口　B. Serial 口　C. Consol 口　D. Ethernet 口　E. 异步串行口

二、简答题

1. 以太网的物理接口速度有哪三种？

2. 广域网按其提供业务带宽的不同，可简单分为几大类？分别是什么？

3. 简述 SDH 的工作原理。

4. 简述 OTN 的工作原理。

5. 简述 PTN 的工作原理。

第 4 章　网络互联设备

第 4 章

❖ 学习目标：

- 了解中继器、集线器的工作原理
- 掌握网桥及交换机的特点
- 掌握路由器的工作原理
- 熟悉 Cisco 交换机、路由器型号及功能

4.1　中继器(Repeater)

在网络中，每一网段的传输媒介(例如细缆、粗缆、双绞线、光纤)均有其最大的有效传输距离，超过介质所能够承受的最大长度，传输介质中的数据信号就会衰减。

中继器是最简单的网络互连设备，它工作在 OSI 模型的物理层，用于扩展 LAN 网段的长度，延伸信号传输的范围，可加大线缆的传输距离，中继器可以连接不同类型的线缆，如图 4-1 所示。

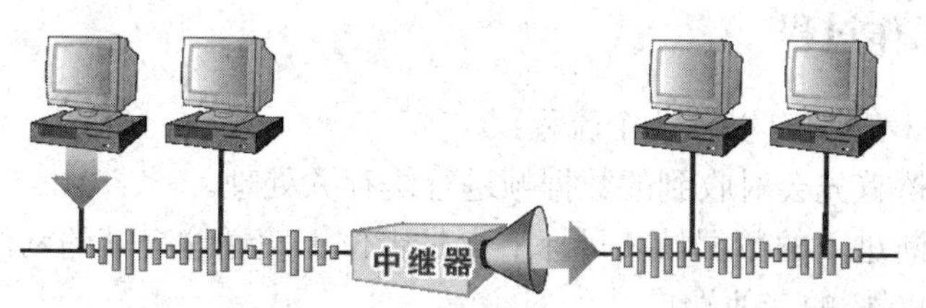

图 4-1　中继器

中继器工作于 OSI 的物理层，是局域网上所有节点的中心，它的作用是放大信号，补偿信号衰减，支持远距离的通信。

中继器的工作原理就是重发 bit，将所收到的 bit 信号进行再生和还原并传给每个与之相连的网段。中继器是一个没有鉴别能力的设备，它会精确地再生所收到的 bit 信号，包括错误信息，并且再生后传给每个与之相连网段，而不管目标计算机是否在该网段上。中继器的优点是速度快且时延很小。

4.2　集线器(Hub)

集线器其实是一个具有多个端口的中继器，也属于物理层的设备。集线器可以集中网络连接，也可以重发 bit 信号。

最常用的集线器是连接以太网中计算机的集线器，线缆从各 PC 的网口(NIC)连接到中心集线器的端口上，如图 4-2 所示，集线器一般有 8～24 个端口。

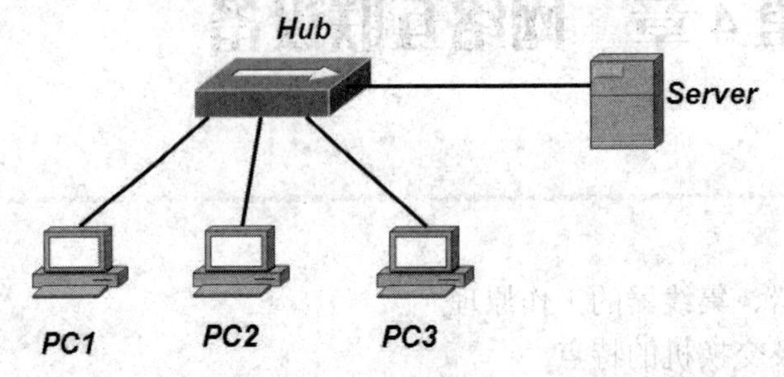

图 4-2　集线器

集线器是一条广播总线，组成的网络物理上是星型拓扑结构，而逻辑上仍然是总线型，是共享型。集线器的所有端口在一个冲突域和广播域内。

4.3　网桥(Bridge)

当有多个 LAN 或一个 LAN 由于通信距离受限无法覆盖所有的节点而不得不使用多个局域网时，需要将这些局域网互连起来，以实现局域网之间的通信，这时候可以使用网桥，网桥属于数据链路层的设备。

最常见的网桥分为透明网桥和源站选路网桥。

4.3.1　网桥的工作过程

网桥的工作过程主要有以下几个流程：

(1) 缓存：网桥首先会对收到的数据帧进行缓存并处理。

(2) 过滤：判断进入的数据帧其目标节点是否位于发送这个帧的网段中，如果是，网桥就不把帧转发到网桥的其他端口。

(3) 转发：如果数据帧的目标节点位于另一个网络，网桥就将数据帧发往正确的网段。

(4) 学习：每当数据帧经过网桥时，网桥首先在网桥表中查找该数据帧的源 MAC 地址，如果该地址不在网桥表中，则把该 MAC 地址和其所对应的网桥端口信息加入网桥表中。

(5) 扩散：如果在表中找不到目标地址，则按扩散(洪泛 Flodding)的办法将该数据发送给与该网桥连接的除发送该数据的网段外的所有网段。

4.3.2　网桥的特点

网桥的特点如下：

优点：

(1) 能够过滤通信量。

(2) 可以扩大网络的范围，增加局域网上工作站的最大数目。

(3) 可以使用不同的物理层。

(4) 提高了网络的可靠性。

缺点：

(1) 比集线器的数据传输时延大。

(2) 网桥没有流量控制功能。

(3) 网桥中可能会产生较大的广播风暴。

4.4 交换机(Switch)

交换机采用数据交换的原理，它可以让多对端口同时发送或接收数据，每个端口独占整个带宽，通过在节点之间或虚电路之间创建临时逻辑连接，使得整个网络的带宽得到最大化的利用。

4.4.1 交换机的特点

交换机有以下几个显著的特点：

(1) 工作在数据链路层的二层交换机，一个交换机就是一个广播域。

(2) 支持虚拟局域网(VLAN)技术的交换机，可以进行广播域的隔离。

(3) 二层交换机的每个端口是一个独立的冲突域。

4.4.2 交换机分类

交换机从不同角度，其分类方式也不同。

(1) 按照管理方式，交换机分为可管理与不可管理。

(2) 按照交换方式，交换机分为直通式、存储转发、碎片隔离。

(3) 按照交换技术，交换机分为二层交换、三层交换、四层交换。

4.5 路由器(Router)

当两个不同类型的网络彼此相连时，必须使用路由器，路由器工作在 OSI 参考模型的第三层，因此可以连接不同的网络，可以识别网络层的信息，不仅具有传输数据包的能力，还具有路径选择的能力。

4.5.1 路由器的功能

1. 路径选择

路由器具有在相邻的路由器节点之间进行路径选择(即路由)的功能，通过最佳的路径来传输数据包。

2. 隔离广播

路由器每一个端口都是独立的广播域，所以可以阻止广播风暴。

3. 数据包转发

所有数据包在通过路由器转发时，必须使用相同的寻址机制。

4.5.2 路由器的基本工作原理

与交换机转发帧相比较，路由器是通过数据包中的网络层地址(IP 地址)来转发数据包的，不对 MAC 地址进行操作；因此，在用路由器连接的网络上，源节点不需要知道目的节点的 MAC 也能够找到它。

在路由器的内存中有一个路由表(Routing Table)，其中记录的是不同网络数据包 IP 地址与路由器物理端口号之间的对应关系。路由器根据路由表来转发数据包。如果包中的目的地址与源地址在同一个网段内，路由器就将数据流限制在该网段内，不转发数据包；如果目标地址在另一个网段，路由器就把包发送到与目标网段相对应的物理端口上。

4.5.3 路由器分类

路由器从不同角度其分类不同：

(1) 按照结构，可以分为模块化结构的路由器和非模块化结构的路由器。

(2) 按照网络位置，可以分为核心路由器、接入路由器(边缘路由器)。

(3) 按照网络功能，可以分为通用路由器、专用路由器(如 VPN 路由器、宽带接入路由器)。

(4) 按照处理能力，可以分为线速路由器、非线速路由器。

4.5.4 路由器的特点

路由器的主要特点如下：

(1) 路由器每个端口是一个广播域。

(2) 通常情况下，中端路由器采用模块化结构，处于网络的核心、具有线速处理能力；低端路由器则相反。

4.6 Cisco 交换机

4.6.1 Cisco 交换机产品简介

Cisco 的交换机产品以“Catalyst”为商标，包含 1900、2800、2900、3500、4000、5000、5500、6000、8500 等十多个系列。

1. Cisco 交换机的分类

Cisco 交换机可以分为两类：一类是固定配置交换机，包括 3500 及以下的大部分型号，比如 1924 是 24 口 10 Mb/s 以太交换机，带两个 100 Mb/s 上行端口，除了有限的软件升级之外，这些交换机不能扩展；另一类是模块化交换机，主要指 4000 及以上的机型，网络设计者可以根据网络需求，选择不同数目和型号的接口板、电源模块及相应的软件。

2. Cisco 交换机的命名

选择设备时，许多人对长长的产品型号感到很难掌握，其实，Cisco 对产品的命名有一定规规。就 Catalyst 交换机来说，产品命名的格式如下：

Catalyst NNXX [-C] [-M] [-A/-EN]

命名格式中各项说明如下：

(1) NN 是交换机的系列号；

(2) XX 对于固定配置的交换机来说是端口数，对于模块化交换机来说是插槽数；

(3) 有 -C 表明带光纤接口，-M 表示模块化；

(4) -A 和 -EN 分别是指交换机软件是标准板或企业版。

目前，网络集成项目中常见的 Cisco 交换机有以下几个系列：1900/2900 系列、3500 系列、6500 系列，它们分别使用在网络的低端、中端和高端。下面分别介绍这几个系列的产品。

4.6.2 Cisco 低端交换机

Cisco 交换机中 1900 系列和 2900 系列是典型的低端产品。在低端交换机市场上，Cisco 并不占特别的优势，因为 3COM、ZTE 等公司的产品具有更好的性价比。

1. 1900 交换机系列

1900 系列交换机适用于网络末端的桌面计算机接入，它提供 12 或 24 个 10 Mb/s 端口及两个 100 Mb/s 端口，其中 100 Mb/s 端口支持全双工通信，可提供高达 200 Mb/s 的端口带宽，机器的背板带宽是 320 Mb/s。

带企业版软件的 1900 系列还支持 VLAN 和 ISL Trunking，最多可划分 4 个 VLAN，但一般情况下，低端的产品对这项功能的要求不多。某些型号的 1900 带 100BaseFX 光纤接口，如 C1912C、C1924C 带一个百兆 TX 口和一个百兆 FX 口，C1924F 带两个 100BaseFX 接口。

1900 系列的主要型号如下：

(1) C1912：12 口 10BaseTX，2 口 100BaseTX，1 个 AUI 口；

(2) C1912C：12 口 10BaseTX，1 口 100baseTX，1 个 AUI 口，1 个 100BaseFX 口；

(3) C1924：24 口 10BaseTX，2 口 100BaseTX，1 个 AUI 口；

(4) C1924C：24 口 10BaseTX，1 口 100BaseTX，1 个 AUI 口，1 个 100BaseFX 口；

(5) C1924F：24 口 10BaseTX，1 个 AUI 口，1 个 100BaseFX 口。

2. 2900 交换机系列

如果在网络中，有些桌面计算机对速度要求更高的话，那么 2900 系列可能更加适合。与 1900 相比，2900 系列产品的最大特点是速度增加，它的背板速度最高达 3.2G，最多 24 个 10/100 Mb/s 自适应端口，所有端口均支持全双工通信，使桌面接入的速度大大提高。除了端口的速率之外，2900 的其他许多性能也比 1900 系列有了显著的提高，比如，2900 的 MAC 地址表容量是 16K，可以划分 1024 个 VLAN，支持 ISL Trunking 协议等。

2900 系列的产品线很长，其中有些是普通 10/100BaseTX 交换机，如 C2912、C2924

等；有些是带光纤接口的，如 C2924C 带两个 100BaseFX 口；有些是模块化的，如 C2924M 带两个扩展槽，扩展槽的插卡可以放置 100BaseTX 模块、100BaseFX 模块，甚至可以插 ATM 模块和千兆以太接口卡(GBIC)。

2900 系列产品的详细情况如下：

(1) C2912-XL：12 口 10/100BaseTX 自适应；

(2) C2912MF-XL：2 个扩展槽，12 口 100BaseFX；

(3) C2924-XL：24 口 10/100BaseTX 自适应；

(4) C2924C-XL：22 口 10/100BaseTX 自适应，2 口 100BaseFX；

(5) C2924M-XL：2 个扩展槽，24 口 10/100BaseTX 自适应。

(6) 在 2900 系列中，有两款产品比较独特，一是 C2948G，二是 C2948G-L3。

➢ 2948G 的性能价格比还不错，它使用的软件和 Catalyst 5000/5500 一样，有 48 个 10/100 Mb/s 自适应以太网端口和两个千兆以太网端口，24G 背板带宽，带可热插拔的冗余电源，有一系列容错特征和网管特性。

➢ C2948G-L3 在 C2948G 的基础上增加了三层交换的能力，最大三层数据包吞吐量可达 10 Mb/s。

不过，总的来说，2900 系列交换机一般用在网络的低端，千兆和路由的能力并不是很重要，所以两款 2948 在实际项目中使用得不多。

4.6.3　Cisco 中端交换机

在 Cisco 交换机中端产品中，3500 系列使用广泛，最有代表性。

1. C3500 系列交换机的基本特性

C3500 系列交换机的主要基本特性如下：

(1) 背板带宽高达 10 Gb/s。

(2) 转发速率 7.5 Mb/s。

(3) 可支持 250 个 VLAN。

(4 支持 IEEE 802.1Q 和 ISL Trunking。

(5) 有管理特性，C3500 实现了 Cisco 的交换集群技术，可以将 16 个 C3500、C2900、C1900 系列的交换机互连，并通过一个 IP 地址进行管理。利用 C3500 内的 Cisco Visual Switch Manager(CVSM)软件还可以方便地通过浏览器对交换机进行设置和管理。

(6) C3500 全面支持千兆接口卡(GBIC)：目前 GBIC 有 3 种 1000BaseSX，适用于多模光纤，最长距离 550 m；1000BaseLX/LH，多模/单模光纤都适用，最长距离 10 km；1000BaseZX 适用于单模光纤，最长距离 100 km。

2. C3500 系列交换机的型号

C3500 系列交换机主要有 4 种型号：

(1) Catalyst 3508G XL：8 口 GBIC 插槽；

(2) Catalyst 3512 XL：12 口 10/100M 自适应，2 口 GBIC 插槽；

(3) Catalyst 3524 XL：24 口 10/100M 自适应，2 口 GBIC 插槽；

(4) Catalyst 3548 XL：48 口 10/100M 自适应，2 口 GBIC 插槽。

4.6.4　Cisco 高端交换机

下面我们介绍 Cisco 高端交换机。对于企业数据网来说，C6000 系列替代了原有的 C5000 系列，是最常用的产品。

Catalyst 6000 系列交换机为园区网提供了高性能、多层交换的解决方案，专门为需要千兆扩展、可用性高、多层交换的应用环境设计，主要面向园区骨干连接等场合。Catalyst 6000 系列是由 Catalyst 6000 和 Catalyst 6500 两种型号的交换机构成，都包含 6 个或 9 个插槽型号，分别为 6006、6009、6506 和 6509，其中尤以 6509 使用最为广泛，所有型号支持相同的超级引擎、相同的接口模块，保护了用户的投资。

C6000 系列交换机的主要特性如下：

1. 端口密度大

C6000 系列支持多达 384 个 10/100BaseTX 自适应以太网口，192 个 100BaseFX 光纤快速以太网口以及 130 个千兆以太网端口(GBIC 插槽)。

2. 速度快

C6500 的交换背板可扩展到 256 Gb/s，多层交换速度可扩展到 150 Mb/s。C6000 的交换背板带宽 32 Gb/s ，多层交换速率 30 Mb/s。支持多达 8 个快速/千兆以太网口利用以太网通道技术(Fast Ether Channel，FEC，或 Gigabit Ether Channel，GEC)连接，在逻辑上实现了 16 Gb/s 的端口速率，还可以跨模块进行端口聚合实现。

3. 多层交换

C6000 系列的多层交换模块可以进行线速的 IP、IPX 和 IP-multicast 路由。

4. 容错性能好

C6000 系列带有冗余超级引擎、冗余负载均衡电源、冗余风扇、冗余系统时钟、冗余上连、冗余交换背板(仅对 C6500 系列)等，实现了系统的高可用性。

4.7　Cisco 路由器

4.7.1　Cisco 路由器产品简介

思科公司的产品被网络用户广泛使用，了解它们的典型产品及其特性可对网络设备有大致的认识，以下主要对 Cisco1800 系列、Cisco2600 系列 Cisco 2800 系列、Cisco 3700 系列模块化和固定配置的路由器产品进行简单介绍。

首先以“S26-C-12007XK”“CD26-BHP-12.0.7 ”这两个产品型号为例介绍 Cisco 产品型号名的字母含义：数字 26 代表 Cisco2600 系列路由器，前面的字母不同其含义不同，例如，S——预装机箱，无独立介质包装，SF——预装机箱，无独立介质包装，SW——软盘介质，CD——光盘介质；中间的字母代表不同版本，不同版本下所支持的协议不同，如：A——Enterprise 版本，B——包含 IP/IPX/Apple Talk/DecNet 协议，C——IP Only 版本等，如果同时支持多个版本，则相应有多个字母；后面的数字表示版本号。

4.7.2 Cisco 1800 系列

Cisco 1800 系列集成多业务路由器是 Cisco 1700 系列模块化和固定配置路由器的下一代产品。Cisco 1801、1802、1803、1811 和 1812 集成路由器采用了固定的配置，而 Cisco 1841 集成路由器则采用了模块化的配置。与上一代的 Cisco 1700 系列路由器相比，固定配置路由器专为宽带、城域以太网和无线的安全连接而设计。

Cisco 1800 系列固定配置路由器可以为分支机构和小型办公室提供安全的宽带接入和多种并发服务，提供集成化的 ISDN 基本速率接口(BRI)、模拟调制解调器和用于冗余 WAN 链路和负载平衡的以太网备用端口，利用多个天线为同时进行的 802.11a/b/g 操作提供安全的无线 LAN。

Cisco 1800 系列还可提供安全功能，包括状态化检测防火墙、IP 安全(IPSec)VPN(三重数据加密标准[3DES]或者高级加密标准[AES])、入侵防范系统(IPS)，通过实施网络准入控制(NAC)和安全访问策略，提供支持 VLAN 和可选的以太网供电(PoE)的 8 端口 10/100 M 可管理交换机，通过基于 Web 的工具和 Cisco IOS 软件提供简便的部署和远程管理功能。Cisco 1800 系列固定配置路由器如图 4-3 所示。

图 4-3　Cisco 1800 系列固定配置路由器

Cisco 1801、1802 和 1803 路由器可以通过基于基本电话服务的非对称 DSL/ADSL (Cisco1801)、基于 ISDN 的 ADSL(Cisco 1802)或者对称高速 DSL/G.SHDSL(Cisco 1803)提供高速 DSL 宽带接入，同时利用集成的备用 ISDN S/T BRI 确保可靠的网络连接。Cisco 1811 和 1812 不仅可以通过两个 10/100 BASE-T 快速以太网端口提供高速宽带或者以太网接入，还能够通过一个 V.92 模拟调制解调器(Cisco 1811)或者 ISDN S/T BRI 接口(Cisco 1812)提供集成的备用 WAN 连接。

Cisco 1800 系列固定配置路由器可以为中小企业 SMB(SMB-Small Medium Business)和企业小型分支机构提供功能强大的网络基础设施。它们可以提供对互联网、企业网络或者其他远程办公室的访问，同时利用集成的 Cisco IOS 软件安全特性和功能保护关键的数据。它们还让企业可以用同一个设备提供多种过去通常由多个设备分别执行的服务(集成化路由器可以提供冗余连接、LAN 交换机、防火墙、VPN、IPS、无线技术和服务质量[QoS])，从而大幅度地降低成本。Cisco IOS 软件为这种灵活性提供了有力的支持，它可以利用公认的、标准的互联网和专用 WAN 联网软件，提供业界安全性最高、扩展能力最强和功能最丰富的网络支持。

4.7.3 Cisco 2600 系列

Cisco 2600 模块化访问路由器系列可为远程分支机构提供新的通用性、集成性和强大功能，如图 4-4 所示。

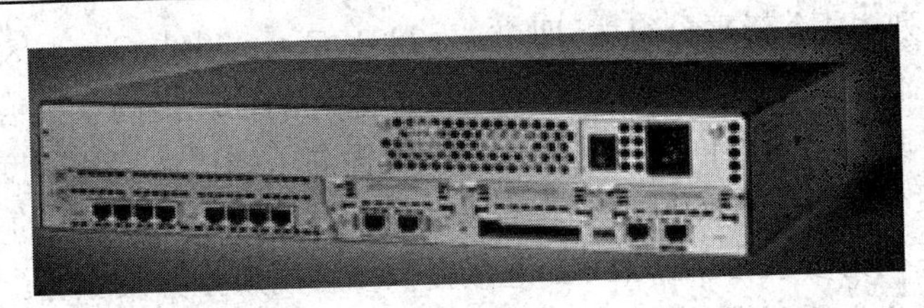

图 4-4　Cisco 2600 系列固定配置路由器

Cisco 2600 系列路由器可使用 Cisco 1600 和 Cisco 3600 系列的接口模块，提供了高效率、低成本的解决方案，同时它还支持多业务语音/数据集成、办公室拨号服务、企业外部网/VPN 访问等应用。

Cisco 2600 系列具有单或双以太局域网接口，两个 Cisco 广域网接口卡插槽、一个 Cisco 网络模块插槽以及一个新型高级集成模块(AIM)插槽。

Cisco 2600 系列具有以下优点，支持 Cisco 网络端到端解决方案。

1. 多业务集成

Cisco 2600 系列将 Cisco 2500 系列的通用性、集成性和强大功能进一步扩展到较小的远程分支机构。

2. 投资保护

Cisco 2600 系列支持对模块组件进行现场投资升级，所以客户能轻而易举地更新他们的网络接口，而无需对整个远程分支机构进行全面升级。

3. 降低了成本

Cisco 2600 系列将 CSU/DSU，ISDN 网络终端(NTI)设备以及远程分支机构布线室中的其他设备集成到一台很小的设备中，提供一种节省空间的解决方案，使用网络管理软件(比如 Cisco Works 和 Cisco View)可对此方案进行远程管理。

4.7.4　Cisco 2800 系列集成多业务路由器

模块化 Cisco 2800 系列集成多业务路由器是思科公司推出的一个全新的集成多业务路由器系列，它进行了专门的优化，可安全、线速地同时提供数据、话音和视频服务，重新定义了最佳大型企业和中小型企业的路由。Cisco 2800 系列的独特集成系统架构能提供最高的业务灵活性和投资保护，如图 4-5 所示。

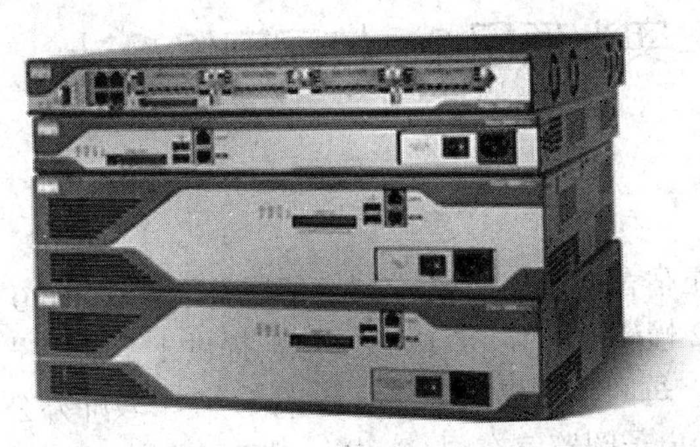

图 4-5　Cisco 2800 系列

Cisco 2800 系列由 4 个新平台组成，即 Cisco 2801、Cisco 2811、Cisco 2821 和 Cisco 2851。与相似价位的前几代思科路由器相比，Cisco 2800 系列的性能提高了五倍，安全性和语音性能提高了十倍，具有全新内嵌服务选项，且大大提高了插槽性能和密度，同时保持了对目前 Cisco 1700 系列和 Cisco 2600 系列现有 90 多种模块中大多数模块的支持。

Cisco 2800 系列为多条 T1/E1/xDSL 连接提供多种高质量并发服务。该系列路由器提供了内嵌加密加速和主板语音数字信号处理器(DSP)插槽；入侵保护和防火墙功能；集成化呼叫处理和语音留言；用于多种连接需求的高密度接口以及充足的性能和插槽密度，以便用于未来网络扩展和高级应用。

4.7.5 Cisco 3700 系列应用服务路由器

Cisco 3700 系列应用服务路由器(Application Service Router) 是一系列全新的模块化路由器，如图 4-6 所示。它可实现新的电子商务应用在集成化分支机构访问平台中的灵活、可扩展的部署。Cisco 3700 系列支持 Cisco AVVID，Cisco AVVID 是一种覆盖整个企业的、基于各种标准的网络体系结构，它可为将各种商业和技术战略组合成一个聚合模型奠定基础。

图 4-6　Cisco 3700 系列应用服务路由器

总之，Cisco 3700 系列提供了一个针对分支机构应用和服务的模块化集成和整合而优化的访问平台。模块化 Cisco 3700 系列应用服务路由器充分利用了 Cisco 1700、2600 和 3600 系列路由器针对 WAN 访问、语音网关和拨号等应用，配备了可选的网络模块(NM)、WAN 接口卡(WIG)和高级集成模块(AIM)。此外，Cisco 3725 和 Cisco 3745 这两个 Cisco 3700 平台引进一种新的、可提供更广泛接口的高密度服务模块(HDSM)，其中配备 4 个 NM 插槽的 Cisco 3745 路由器取消了在每一对相邻 NM 插槽之间的中心导轨，因此可以采用两个 HDSM。

实训项目 2：校园网络设计

一、项目背景

现有某学校，有学生宿舍 4 幢，每幢 6 层，每层有学生寝室 20 间，每间寝室提供一个信息节点；教师宿舍 2 幢(108 户)，共 18 层，每户提供 1 个信息节点；教学楼 2 幢，有 7 层，每层有 10 间教室，每间教室提供 1 个信息节点；4 个教师办公室，每间办公室提供 2 个信息节点；图书馆和电子阅览室在同一幢楼，共有 4 间电子阅览室，每间电子阅览室需要 40 个节点；图书馆各办公室需要 10 个信息节点；综合楼共 10 层，每层需要 20 个节点。要求校园网主干用 1000M 光纤，100M 交换到桌面。学校平面图如图 4-7 所示。

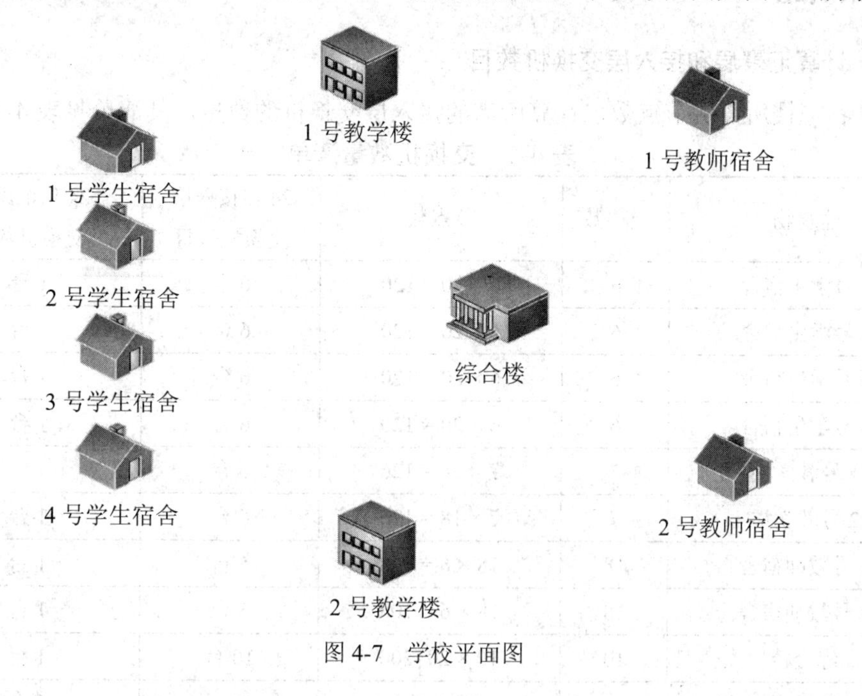

图 4-7　学校平面图

二、方案设计

根据学校各楼宇之间的平面分布，中心机房可设置在综合楼，由于该楼有 10 层，可设置在中间楼层部分，比如，4～6 楼中的某一层均可；其余各幢楼的汇聚层交换机通过光纤与中心机房的核心交换机相连；各幢楼的汇聚层交换机和接入层交换机均放在各幢楼的配线间中，配线间设置在中间楼层，所以设计的网络拓扑结构如图 4-8 所示。

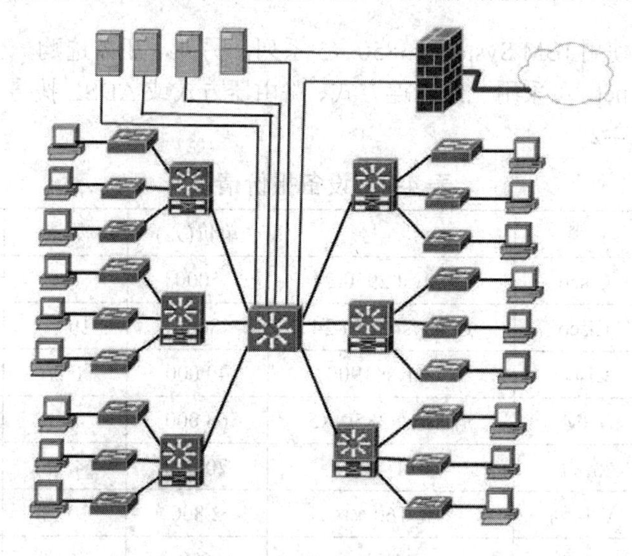

图 4-8　网络拓扑结构

三、方案实施

(一) 计算汇聚层和接入层交换机数目

根据各幢楼所需的节点数，计算所需的接入层交换机的数量，其清单见表 4-1。

表 4-1　交换机数量清单

建筑物	楼层数	节点数	24 口接入层交换机数目	24 口汇聚层交换机数目
1 号学生宿舍	6	6 × 20 = 120	6 台	1 台
2 号学生宿舍	6	6 × 20 = 120	6 台	1 台
3 号学生宿舍	6	6 × 20 = 120	6 台	1 台
4 号学生宿舍	6	6 × 20 = 120	6 台	1 台
1 号教学楼	7	7 × 18 = 126	6 台	1 台
2 号教学楼	7	7 × 18 = 126	6 台	1 台
1 号教师宿舍	18	18 × 6 = 108	5 台	1 台
2 号教师宿舍	18	18 × 6 = 108	5 台	1 台
综合楼	10	10 × 20=200	10 台	1 台
图书馆和电子阅览室		4 × (40 + 10) = 200	10 台	1 台
总计	—	—	66 台	10 台

(二) 设备的选择

接入层交换机可选择使用 Cisco Catalyst 2950-24，汇聚层可使用 Cisco Catalyst 3550-24 交换机，核心层可选择使用 Cisco Catalyst 4503(3 个插槽)，配备 6 个千兆模块和 32 个 100M 以太网端口。

服务器可选择使用 IBM System x3850 X5 系列，另外，还需选购一台硬件防火墙，以保护内网访问 Internet，可采用光纤直连方式、路由器方式或 ADSL 拨号方式接入 Internet。

设备报价见表 4-2。

表 4-2　设备报价清单

设　备	品牌	型　号	单价(元)	数量	总价格(元)
接入层交换机	Cisco	Catalyst 2950-24	5000	66 台	330 000
汇聚层交换机	Cisco	Catalyst 3550-24	8000	10 台	8000
核心层路由器	Cisco	Catalyst 1900	40 000	1 台	40 000
服务器	IBM	System x3850 X5	68 000	4 台	288 000
空调	格力		20 000	4 台	80 000
主机柜	V 科创	高 160 ㎝	2 800	10 台	28 000
配线架	安普	24 口	650	76 个	49 400

续表

设　备	品牌	型　号	单价(元)	数量	总价格(元)
水晶头	联想同方	CT-RJ45	130	20 个	2 600
光纤	耐斯龙	GYXY	18	20 000 m	360 000
防火墙	思科	ASA5505-BUN-K9	2 500	1 台	2 500
双绞线	安普	AMP-4025	650	50 箱	32 000
总计					1 220 500
安装费用		总计的 15%			183 075
共计					1 403 575

(三) 网络软件平台

(1) Windows XP/7 操作系统。

(2) 预配置的 TCP/IP 协议栈。

(3) Microsoft SQL Server 企业版或个人版(推荐安装)。

(四) 配置网络平台

(1) 安装并配置了 TCP/IP 协议。

(2) 以思科网络的网络设备为主，同时兼容其他厂家 SNMP 设备。

(3) 为思科网络的网络设备提供齐全的设备管理和功能管理。

(五) 项目总结

根据项目校园网络设计撰写项目总结报告，对出现的问题进行分析，写出解决问题的方法和体会。

习　题　4

一、选择题

1. 在 OSI 参考模型中，网桥实现互连的层次为(　　)。

A. 物理层　　B. 数据链路层

C. 网络层　　D. 高层

2. 下面(　　)网络互连设备和网络层关系最密切。

A. 中继器　　B. 交换机

C. 路由器　　D. 网关

3. 当网桥收到一帧但不知道目的节点在哪个网段时，它必须(　　)。

A. 再输入端口上复制该帧　　B. 丢弃该帧

C. 将该帧复制所有端口　　D. 生成校验

4. 下面哪种网络设备用来连异种网络(　　)。

A. 集线器　　B. 交换机

C. 路由器　　D. 网桥

5. 企业 Intranet 要与 Internet 互联，必需的互连设备是（　　）。

A. 中继器　　　　B. 调制解调器

C. 交换器　　　　D. 路由器

二、简答题

1. 集线器的功能主要体现在 OSI 的第几层，有什么功能？

2. 路由器的功能主要体现在 OSI 的第几层，有什么功能？

第 5 章　以太网交换机原理及基本配置

❖ 学习目标：

- 了解以太网的发展、相关标准及基本概念
- 掌握以太网 802.3 帧结构和 MAC 地址
- 掌握交换机的工作原理
- 学会交换机的基本配置

5.1　以太网发展历史及现状

5.1.1　以太网发展历史

以太网(Ethernet)技术由 Xerox 公司于 1973 年提出并实现，最初以太网的速率只有 2.94 Mb/s。二十世纪八十年代，以太网成为被普遍采用的网络技术，它采用碰撞检测的载波侦听多路访问(CSMA/CD)介质访问控制(MAC)机制，并采用电气和电子工程师协会(IEEE)制定的 802.3 LAN 标准，管理各个网络节点设备在网络总线上发送信息。它是一种世界上应用最广泛、最为常见的网络技术，广泛应用于世界各地的局域网和企业骨干网。

以太网发展的几个主要历史阶段见表 5-1。

表 5-1　以太网发展主要历史阶段

时　间	名　称	速　率	主要传输介质
20 世纪 80 年代	以太网	10 Mb/s	同轴电缆 3 类双绞线
20 世纪 90 年代中期	快速以太网	100 Mb/s	5 类双绞线
20 世纪 90 年代中后期	千兆以太网	1000 Mb/s	超 5 类双绞线 光　纤

5.1.2　以太网发展现状

以太网技术目前应用最多的是千兆以太网，它突破了原有 LAN 应用的局限性，并被广泛地应用于运营商城域网中，而且以太网已经开始迈向广域网的应用时代，包括 10 G 以太网以及更高速率(40 G)以太网。

万兆以太网技术与千兆以太网类似，仍然保留了以太网帧结构，通过不同的编码方式或波分复用提供 10 Gb/s 传输速度，所以就其本质而言，10G 以太网仍是以太网的一种类型。

万兆以太网的特性如下：

(1) 万兆以太网不再支持半双工数据传输，所有数据传输都以全双工方式进行，极大地扩展了网络的覆盖区域，而且标准大大简化。

(2) 万兆以太网不仅可以为企业骨干网服务，也可以对广域网以及其他长距离网络应用提供最佳支持。

(3) 万兆以太网采用了更先进的纠错和恢复技术，确保了数据传输的可靠性。

5.2 以太网相关标准

以太网以其高度灵活、相对简单、易于实现的特点，成为当今最重要的一种局域网建网技术。虽然其他网络技术也曾经被认为可以取代以太网的地位，但是绝大多数的网络管理人员仍然把以太网作为首选的网络解决方案。为了使以太网更加完善，解决所面临的各种问题和局限，一些业界主导厂商和标准制定组织不断地对以太网规范作出修订和改进。

美国电器和电子工程师协会(IEEE)在 1980 年 2 月组成了一个 802 委员会，该委员会制定了一系列局域网方面的标准，即 802.3 协议簇，制定的以太网主要标准如下：

(1) IEEE 802.2 为 以太网 LLC(逻辑链路控制)标准。

(2) EEE 802.3 为以太网标准，包含以下内容：

① IEEE 802.3u 为 100M 以太网标准。

② IEEE 802.3z 为 1000M 以太网标准。

③ IEEE 802.3ab 为 1000M 以太网运行在双绞线上的标准。

5.3 以太网帧结构

5.3.1 以太网 802.3 帧结构

以太网 802.3 的帧结构如图 5-1 所示。

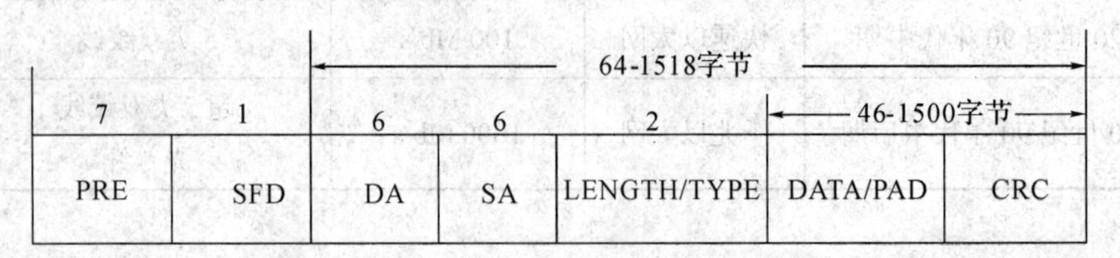

图 5-1 以太网 802.3 的帧结构

(1) 前导 PRE(Preamble)：先导字节，7 个 10101010，被用作同步。

(2) 帧定界符开始 SFD(Start of Frame Delimiter)：特殊模式 10101011 表示帧的开始。

(3) 目的地址 DA(Destination Address)：说明一个帧要去哪儿。

① 若第一位是 0，这个字段指定了一个特定站点。

② 若第一位是 1，该目的地址是一组地址，帧被发送往由该地址规定的预先定义的一组地址中的所有站点。每个站点的接口知道它自己的组地址，当它见到这个组地址时会作出响应。

③ 若所有的位均为 1，该帧将被广播至所有的站点。

(4) 源地址 SA(Source Address)：说明一个帧来自哪儿。

(5) LENGTH/TYPE：数据和填充字段的长度(值≤1500) / 报文类型(值 > 1500)。

(6) DATA/PAD：DATA 是数据字段，PAD 是填充字段。数据字段至少是 46 个字节(或更多)。若没有足够的数据，额外的 8 位位组被填充到数据中以补足差额。

(7) CRC：校验字段，使用 32 位循环冗余校验码的错误检验。

5.3.2 以太网帧结构

在图 5-1 中，若 LENGTH/TYPE 字段值 > 1500 时，说明该字段是 TYPE，且是以太网帧格式，以太网帧格式如图 5-2 所示。

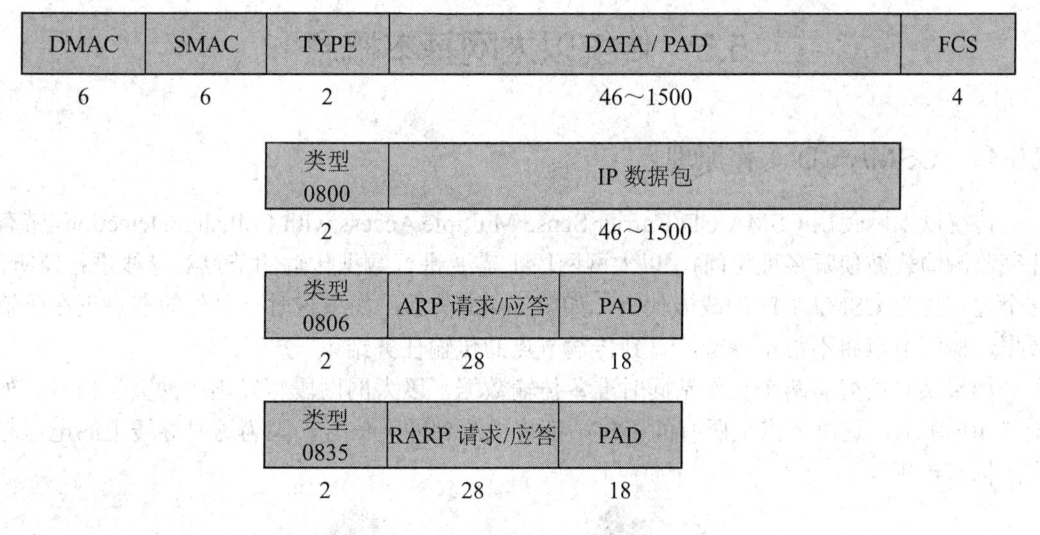

图 5-2　以太网帧结构

在图 5-2 中：

(1) 当类型(TYPE)是 0800 时，表明数据是 IP 数据包。

(2) 当类型(TYPE)是 0806 时，表明数据是 ARP 请求/应答。

(3) 当类型(TYPE)是 0835 时，表明数据是 RARP 请求/应答。

5.4 MAC 地址

在图 5-2 中 SMAC 和 DMAC 说明一个帧从哪儿来要到哪儿去。MAC 地址占用了 6 个字节，共 48 位二进制数，它通常转换成 12 位的十六进制数表示，如图 5-3 所示。

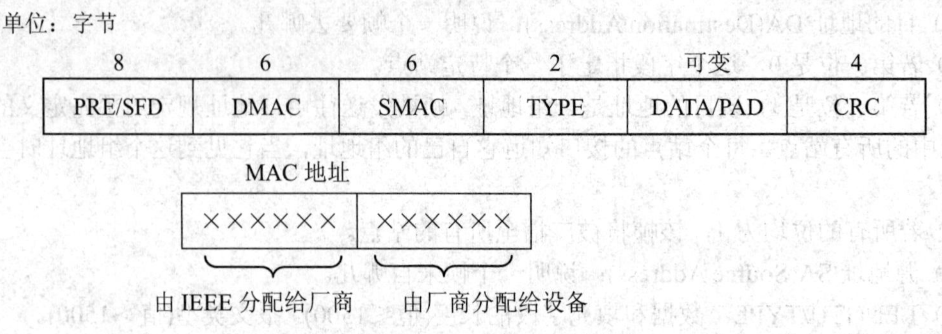

图 5-3　MAC 地址结构

为了确保 MAC 地址的唯一性，它一般烧入 NIC(网络接口控制器)中，由 IEEE 对这些地址进行管理。每个地址由两部分组成，分别是供应商代码和序列号。供应商代码代表 NIC 制造商的名称，它占用 MAC 的前 6 位十二进制数字，即 24 位二进制数字。序列号由设备供应商管理，它占用剩余的 6 位地址，即最后的 24 位二进制数字。如果供应商设备用完了所有的序列号，他必须申请另外的供应商代码。例如目前 ZTE 的 GAR 产品 MAC 地址前 6 位为 00d0d0，锐捷网络 MAC 地址前 6 位是 00-D0-F8。

5.5　传统以太网基本概念

5.5.1　CSMA/CD 工作原理

传统以太网使用 CSMA/CD(Carrier Sense Multiple Access with Collision Detection，带有冲突监测的载波侦听多址访问)。以太网网段上需要进行数据传输的节点对导线进行监听，这个过程称为 CSMA/CD 的载波侦听，如图 5-4(a)所示，如果这时有另外的节点正在传输数据，监听节点将不得不等待，直到传输节点的传输任务结束。

如果某时恰好有两个工作站同时准备传输数据，以太网网段将发出“冲突”信号，如图 5-4(b)所示，这时节点上所有的工作站都将检测到冲突信号，因为这时导线上的电压超出了标准电压。

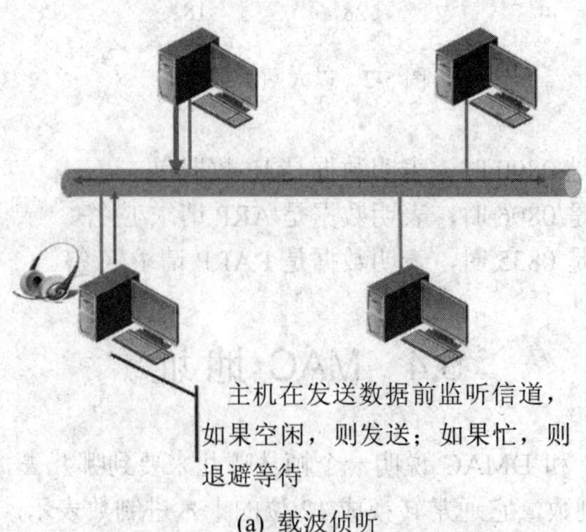

(a) 载波侦听

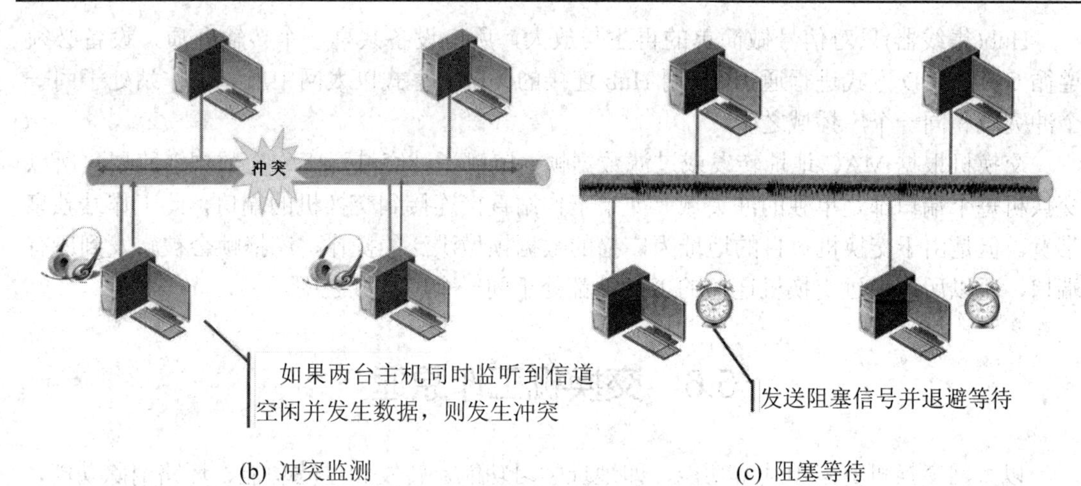

(b) 冲突监测　　　　(c) 阻塞等待

图 5-4　传统以太网 CSMA/CD 机制

冲突产生后，这两个节点都将立即发出拥塞信号，如图 5-4(c)所示，以确保每个工作站都检测到这时以太网上已产生冲突，然后网络进行恢复，在恢复的过程中，导线上将不传输数据。当两个节点将拥塞信号传输完毕，并过了一段随机时间后，这两个节点便开始启动随机计时器。第一个随机计时器到期的工作站将首先对导线进行监听，当它监听到没有任何信息在传输时，便开始传输数据。当第二个工作站随机计时器到期后，也对导线进行监听，当监听到第一个工作站已经开始传输数据后，就只好等待了。

在 CSMA/CD 方式下，在一个时间段，只有一个节点能够在导线上传输数据。如果其他节点想传输数据，必须等到正在传输数据的节点的数据传送结束后才能开始传输数据。以太网之所以称作共享介质就是因为节点共享同一传输介质这一事实。

5.5.2　传统以太网工作机制

如图 5-5 所示，传统式以太网的集线器 Hub 工作在物理层，只能简单地再生、放大信号；交换式以太网的 Switch 工作在数据链路层，根据 MAC 地址转发或过滤数据帧。

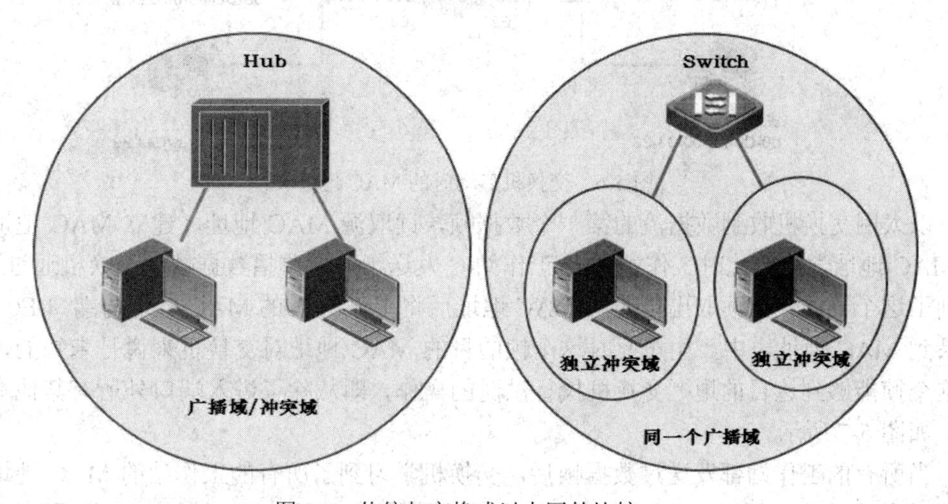

图 5-5　传统与交换式以太网的比较

Hub(集线器)只对信号做简单的再生与放大，所有设备共享一个传输介质，设备必须遵循 CSMA/CD 方式进行通信。使用 Hub 连接的传统共享式以太网中所有工作站处于同一个冲突域和同一个广播域之中。

交换机根据 MAC 地址转发或过滤数据帧，隔离了冲突域，工作在数据链路层，所以交换机每个端口都是单独的冲突域。如果工作站直接连接到交换机的端口，此工作站独享带宽。但是由于交换机对目的地址为广播的数据帧做洪泛的操作，广播帧会被转发到所有端口，所以所有通过交换机连接的工作站都处于同一个广播域之中。

5.6 交换机工作原理

以太网交换机有三项基本功能，即地址学习功能、转发和过滤功能、环路消除功能，本节介绍前两个基本功能。

在交换机中必须有一张 MAC 地址和端口对应关系的表，这张表就是 MAC 地址表，它是一个反映存储地址到端口映射关系的数据库，以太网的交换机就是基于目标 MAC 地址作出转发决定的。

5.6.1 交换机的地址学习功能

以太网交换机与终端设备相连，交换机的端口收到帧后，会读取帧的源 MAC 地址字段，然后与接收端口关联并记录到 MAC 地址表中。由于 MAC 地址表是保存在交换机的内存之中的，所以当交换机启动时 MAC 地址表是空的，如图 5-6 所示。

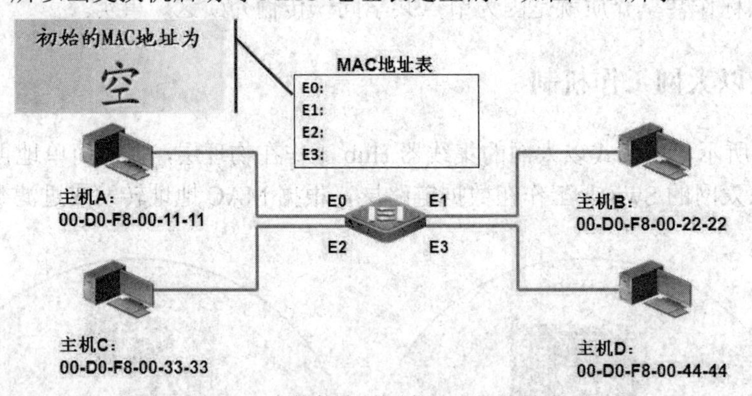

图 5-6　交换机启动时的 MAC 地址表

以太网交换机收到数据流的第一个数据帧，读取源 MAC 地址，建立 MAC 地址表，即 MAC 地址学习。此时工作站 A 给工作站 C 发送了一个单播数据帧，交换机通过 E0 口收到了这个数据帧，读取出帧的源 MAC 地址后将工作站 A 的 MAC 地址与端口 E0 关联，记录到 MAC 地址表中，由于此时这个帧的目的 MAC 地址对交换机来说是未知的，为了让这个帧能够到达目的地，交换机执行洪泛的操作，即从除了进入端口外所有其他端口转发，如图 5-7 所示。

当所有的工作站都发送过数据帧后，交换机学习到了所有的工作站的 MAC 地址与端口的对应关系并记录到 MAC 地址表中，最终建立起完整的 MAC 地址表，如图 5-8 所示。

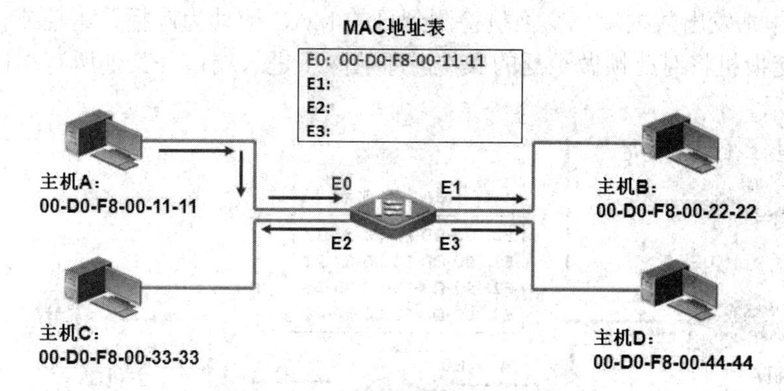

图 5-7　MAC 地址表的学习过程

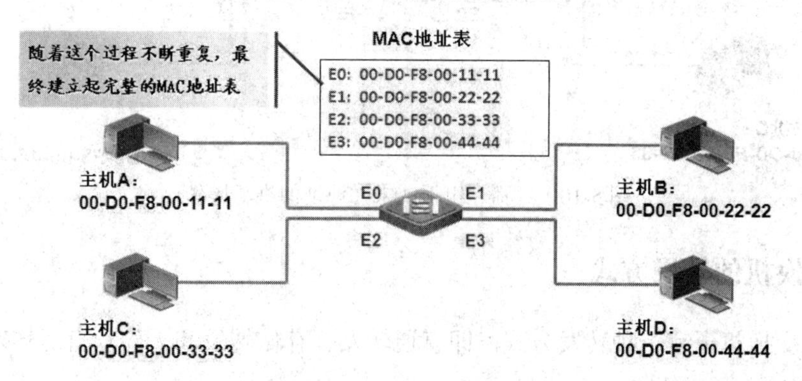

图 5-8　MAC 地址表的建立

5.6.2　交换机的转发和过滤功能

交换机的第二项功能是数据帧的转发和过滤功能，当工作站 A 给工作站 C 发送了一个单播数据帧时，交换机检查到了此帧的目的 MAC 地址已经存在于 MAC 地址表中，并和 E2 端口相关联，交换机将此帧直接向 E2 端口转发，即做转发决定；对其他的端口并不转发此数据帧，即做所谓的过滤操作，如图 5-9 所示。

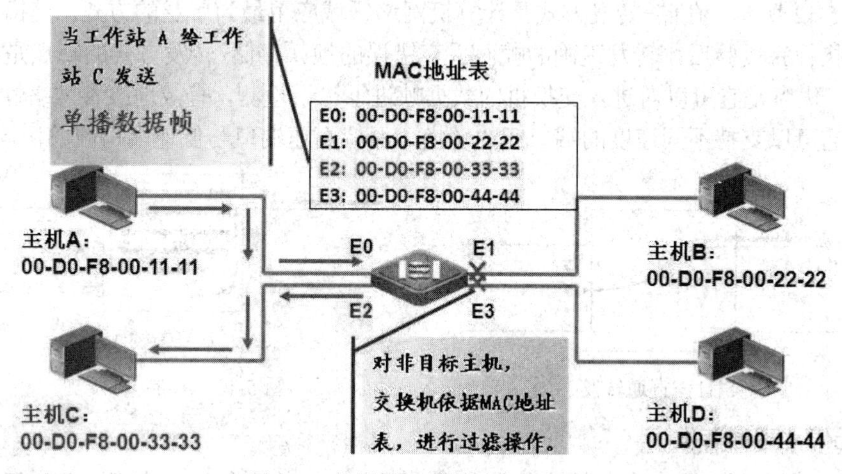

图 5-9　单播数据帧的转发和过滤

当 A 工作站发出数据帧，交换机检测到目的 MAC 地址为广播、组播或目的 MAC 地址未知时，交换机将对此帧做洪泛的操作，即从除了进入端口外其他所有端口进行转发，如图 5-10 所示。

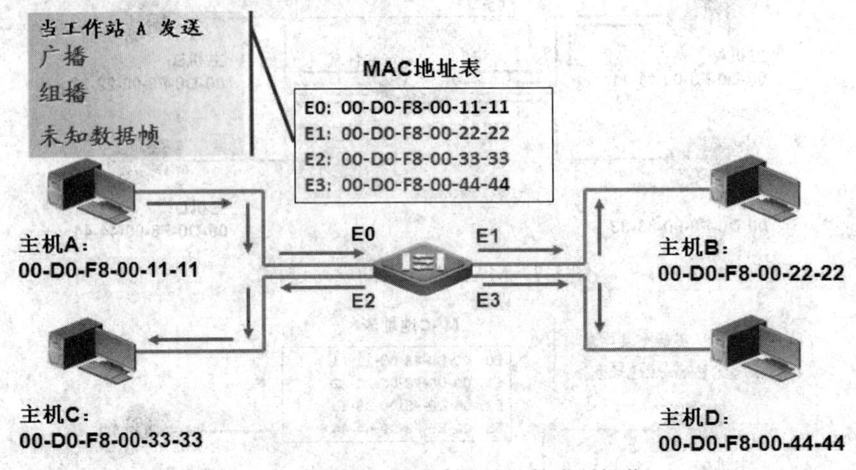

图 5-10　广播、组播或未知地址的洪泛操作

5.6.3　交换机的转发方式

在二层交换机上有三种转发方式，即直通转发、存储转发和无碎片直通转发。

1. 直通转发

如图 5-11 所示，直通转发就是交换机收到帧头(通常只检查 14 个字节)后立刻察看目的 MAC 地址并进行转发，它的优点是由于数据帧不需要存储，延迟非常小，所以交换速度非常快。缺点是由于数据包内容并没有被交换机保存下来，所以无法检查所传送的数据包是否有误，不能提供错误检测能力；因为没有缓存，不能将具有不同速率的输入/输出端口直接接通并容易丢帧。

2. 存储-转发

如图 5-12 所示，存储-转发方式是计算机网络领域应用最为广泛的方式。交换机接收完整的帧，执行完校验后，转发正确的帧而丢弃错误的帧。存储-转发方式的缺点是数据处理时延时大，优点是它可以对进入交换机的数据帧进行错误检测，有效地改善网络性能；尤其重要的是它可以支持不同速度的端口间的转换，保持高速端口与低速端口间的协同工作。

图 5-11　直通转发　　　　图 5-12　存储-转发

3. 无碎片直通转发

如图 5-13 所示，无碎片直通转发是介于前两者之间的一种解决方案。它检查数据帧的

长度是否够 64 个字节，如果小于 64 个字节，则丢弃该帧；如果大于 64 个字节，则依据目的 MAC 地址转发该帧。这种方式不提供数据帧的全部校验，但数据处理速度比存储-转发方式快，比直通式慢。

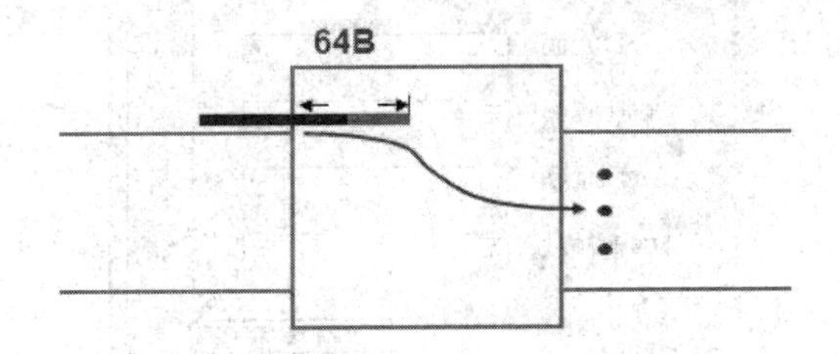

图 5-13　无碎片直通转发

交换机无论采取哪种转发方式，它们的转发策略都是基于交换机的 MAC 地址表进行数据帧的转发。

5.7　交换机配置

5.7.1　交换机的配置方法

交换机的配置方法有多种，如通过控制台端口(Console 口)对交换机进行配置、通过 Telnet 对交换机进行远程配置、通过 Web 对交换机进行远程配置、通过 SNMP 管理工作站对交换机进行远程配置等。

1. 通过控制台端口(Console 口)对交换机进行配置

交换机的初次配置必须通过交换机的 Console 口，在远程访问不可行时进行灾难恢复、故障排除和口令恢复等也需采用。

通过设备商交付的交换机随机反转线将计算机的 COM 口和交换机的 Console 口连接起来，如图 5-14 所示。

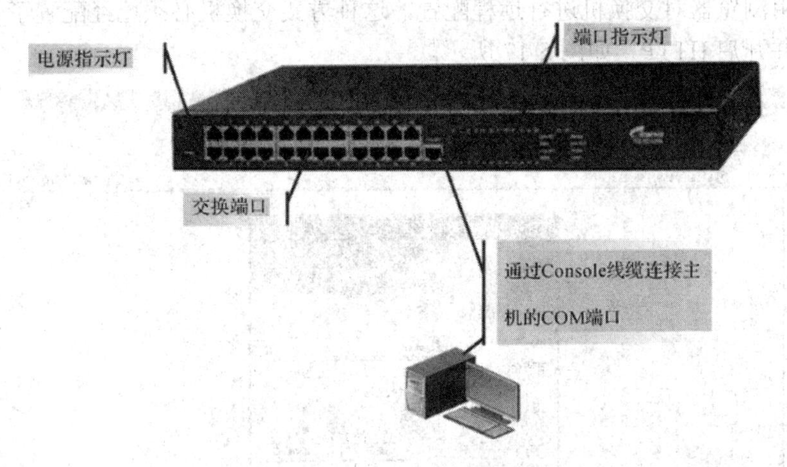

图 5-14　通过 Console 口对交换机进行配置

在计算机上使用超级终端工具就可以配置交换机，COM 口的属性配置如图 5-15 所示。

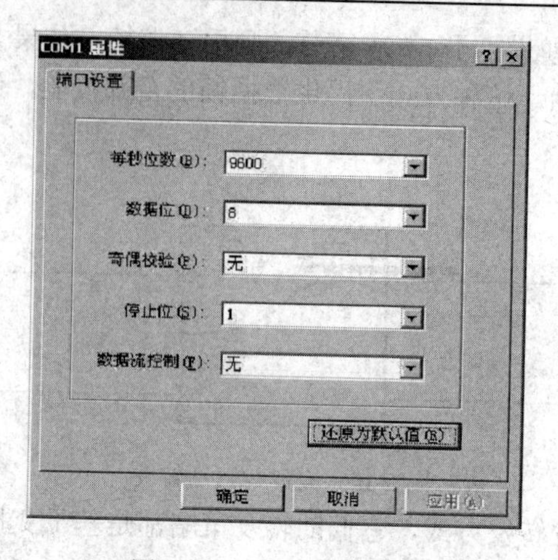

图 5-15　COM 属性配置

2. 通过 Telnet 对交换机进行远程配置

通过 Telnet 对交换机进行远程配置，交换机必须之前已经配置了管理 IP 地址(如 192.168.1.1)、远程登录密码等并开启 Telnet，可以使用 Windows 自带的 Telnet 连接工具，登录后界面和 Console 口连接是一致的，如图 5-16 所示。

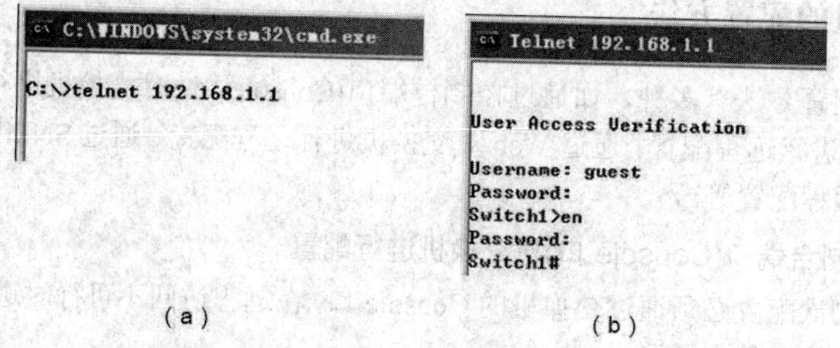

图 5-16　通过 Telnet 对交换机进行远程配置

3. 通过 Web 对交换机进行远程配置

可以使用浏览器对交换机进行远程配置，这种方式交换机必须已经配置了管理 IP 地址、密码等并开启 HTTP，如图 5-17 所示。

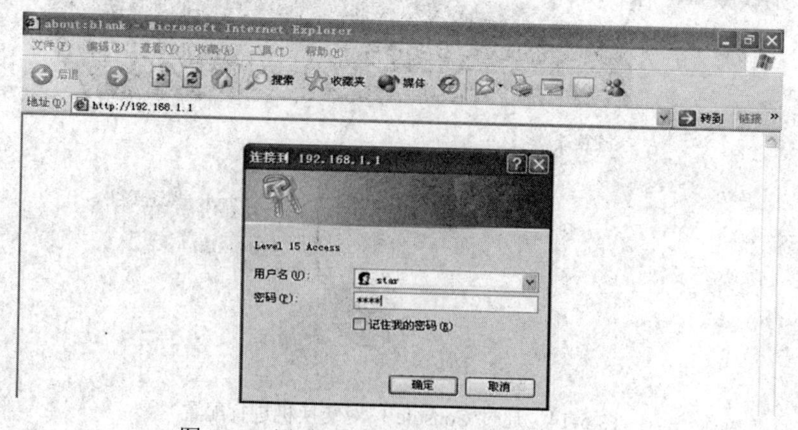

图 5-17　通过 Web 对交换机进行远程配置

登录后的界面如图 5-18 所示，在输入框中输入 CLI 命令，点击“Conmand”按钮。

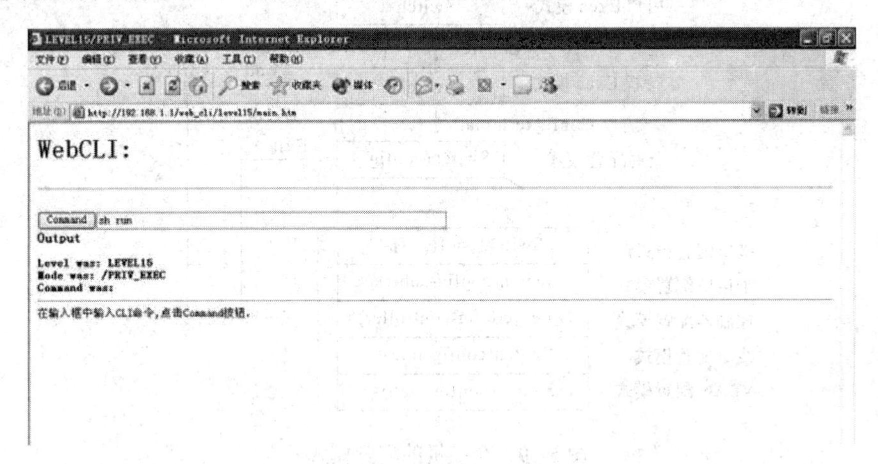

图 5-18　通过 Web 登录后的界面

4. 通过 SNMP 管理工作站对交换机进行远程配置

通过 SNMP 管理工作站对交换机进行远程配置，交换机必须已经配置了管理 IP 地址等并设置了 SNMP，该方式需要网络管理软件配合使用，这里不做详细介绍。

5.7.2　交换机的配置文件

交换机必须依靠操作系统(不同厂家的交换机，操作系统不同)和配置文件才能运行，网络工程师和网络管理员通过创建配置文件来定义所需要的交换机功能。每台交换机都包含两个配置文件，即启动配置文件和运行配置文件。

1. 启动配置文件

启动配置文件(Startup-Config)存储在 NVRAM 中，因为 NVRAM 具有非易失性，即使交换机关闭后，文件仍保持完好，每次交换机启动后或重新加载时，都会将启动配置文件加载到交换机的内存中，该配置文件一旦被加载到交换机的内存中，就被识别为运行配置(Running-Config)。

2. 运行配置文件

在交换机的配置结束后，欲将交换机的最近更新内容保存下来，在确保当前配置准确的前提下，可以将 RAM 中的运行配置文件复制到 NVRAM 中，也就是说，当我们修改了 RAM 中的运行配置文件相关参数之后，我们可以通过使用命令(如 copy running-config startup-config)将运行配置文件保存到启动交换机配置文件中。

怎么配置运行配置文件或者初始参数文件涉及很多内容，我们将在后面的学习内容中予以介绍。

5.7.3　交换机的命令行 CLI

在命令行 CLI 界面，根据要使用的交换机的功能，可进入交换机操作系统中不同的配置模式，如图 5-19 所示是以 Cisco IOS 为例，说明了交换机的各种配置模式。

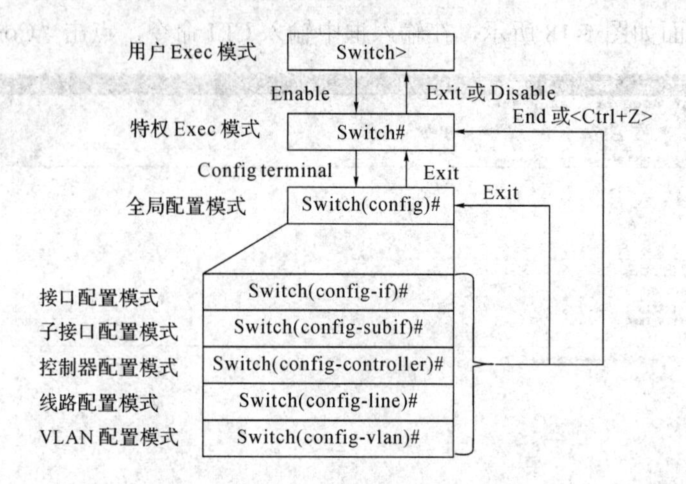

图 5-19　交换机的配置模式

为方便用户对交换机进行配置和管理，交换机根据功能和权限将命令分配到不同的模式下，一条命令只有在特定的模式下才能执行。

每个 IOS 命令都有其特定的格式和语法，基本的 Cisco IOS 命令结构如图 5-20 所示。

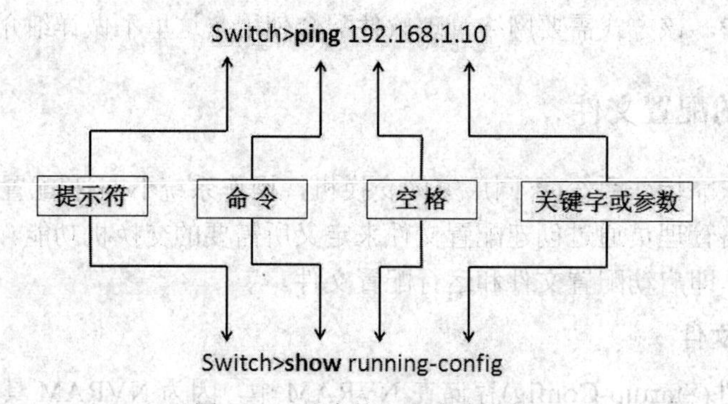

图 5-20　基本的 IOS 命令结构

表 5-2 列出了 IOS 的几个约定。

表 5-2　IOS 约　定

序号	约定	说　明
1	黑体字	表示命令，精确显示输入内容
2	*斜体字*	表示参数由用户输入值
3	<*x*>	方括号包含可选内容(关键字或参数)
4	|	表示在可选的或必填的关键字或参数中进行选择
5	<*x* | *y*>	方括号中以垂直线分割关键字或参数表示可选
6	{*x* | *y*}	大括号中以垂直线分割关键字或参数表示必填

交换机 IOS 命令的特点如下。

1. 退出各种命令

退出各种命令模式的方法如下：

(1) 在特权模式下，使用 Disable 或 Exit 命令返回用户模式。

(2) 在用户模式和特权模式下，使用 Exit 命令退出交换机。

(3) 在其他命令模式下，使用 Exit 命令返回上一模式。

(4) 在用户模式和特权模式以外的其他命令模式下，使用 End 命令或按<Ctrl + Z>返回到特权模式。

2. 帮助功能

利用在线帮助功能，可以方便地得到命令提示：

(1) 在任意命令模式的提示符下输入问号(?)，可显示该模式下的所有命令。

(2) 在字符或字符串后面输入问号(?)，可显示以该字符或字符串开头的命令。

(3) 在字符串后面按<Tab>键，如果以该字符串开头的命令或关键字是唯一的，则将其补齐，并在后面加上一个空格。

(4) 在命令、关键字、参数后输入问号(?)，可以列出下一个要输入的关键字。

(5) 如果输入不正确的命令、关键字或参数，回车后用户界面会用显示“^”符号提供错误隔离。

3. 简写命令

交换机允许把命令和关键字缩写成能够唯一标识该命令或关键字的字符或字符串。

例如，可以把 config terminal 命令缩写成：

Switch #**conf t**

又如，可以把 show interfaces 命令缩写成：

Switch #**show int**

4. 使用历史命令

(1) “上”方向键：使用该操作可在历史命令表中浏览前一条命令，即从最近的一条记录开始，重复使用该操作可以查询更早的记录。

(2) “下”方向键：使用该操作可在历史命令表中回到最近的一条命令，重复使用该操作可以查询更近的记录。

5.7.4　交换机的基本配置

1. 配置主机名

命令如下：

Switch(Config) #**hostname** *<name>*

2. 配置交换机控制口令

(1) 控制台口令：用于限制人员通过控制台连接访问交换机，命令如下：

Switch (config) #**line console** *0*

Switch (config-line) #**password** *<123>*

Switch (config-line) #**login**

(2) 配置特权口令和特权加密口令：用于限制人员执行交换机的特权模式。

可使用 enable password 和 enable secret 命令来配置特权口令和特权加密口令都为

123(可自定)，命令如下：

```
Switch (config) #enable password <123>
Switch (config) #enable secret <123>
```

(3) VTY 口令：用于限制人员通过 Telnet 访问交换机，命令如下：

```
Switch (config) #line vty 0 4
Switch (config-line) #password <123>
Switch (config-line) #login
```

3. 配置交换机的管理 IP 地址

只有这样，才可能通过 Telnet、Web 等方式对交换机进行远程配置，命令如下：

```
Switch(config) #interface vlan <vlan-id>
Switch(config-if) #ip address <ip-address> <mask>
Switch(config-if) #no shutdown
```

4. 配置交换机的空闲时间

如果用户登录到一台交换机以后，没有进行任何键盘操作或空闲超过系统默认的规定时间，如 10 min，交换机则自动注销此次登录，这就是空闲时间。该值可以通过控制台端的口令进行修改，命令如下：

```
Switch (config) #line console 0
Switch (config-line) #exec-timeout <0～35791>
```

5.7.5 管理交换机的配置文件

1. 查看配置文件

(1) 查看指定的文件：

```
Switcht #more config.text
```

(2) 查看 RAM 里当前生效的配置信息：

```
Switch #show running-config
```

2. 保存配置文件

命令如下：

```
Switch #write [memory]
Switch #copy running-config startup-config
```

3. 删除交换机中的所有配置

命令如下：

```
Switcht #erase startup-config
```

> 注意：
>
> 提交命令后，交换机将提示确认：
>
> Erasing the nvram filesystem will remove all configuration files! Continue? [confirm]
>
> 要确认并删除启动配置文件，则按〈Enter〉键，若按其他任何键则终止该过程。

4. 使交换机恢复为其原始配置

命令如下：

Switcht #**reload**

> 注意:
> 提交命令后，交换机将出现提示，询问是否保存所做的更改，若要放弃更改，则输入 no。
> Proceed with reload? [confirm]

5. 查看保存在 NVRAM 里面的配置文件

命令如下：

Switcht #**show startup-config**

实训项目 3：交换机的基本配置

一、项目背景

你是学校的网络管理员，现在你想在自己的办公室对学校中心设备间的交换机进行配置，使你在自己的办公室里就可以远程登录到交换机上对它进行维护管理。

二、方案设计

Telnet 远程登录，是通过连接计算机与交换机的网络进行登录的方式。要想实现 Telnet 远程登录，用一根网线连接计算机的网口和交换机的一个网口，而且在登录之前必须对交换机设置管理 IP 地址和登录密码等参数，所以设计的网络拓扑结构如图 5-21 所示。

根据实际情况可使用实体设备或 Packet Tracer 模拟器完成。

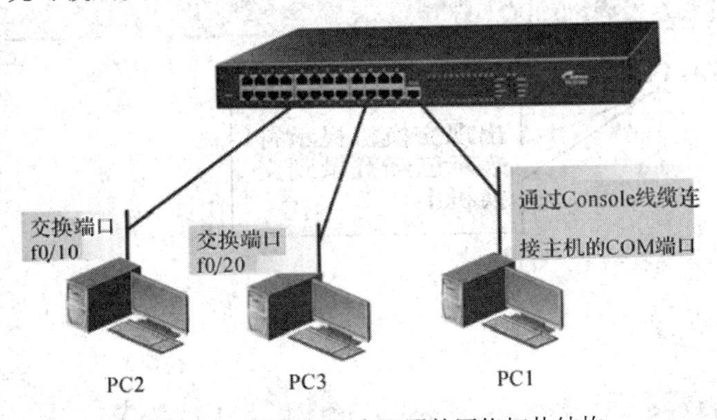

图 5-21　交换机基本配置的网络拓扑结构

三、方案实施

(一) 物理连接

(1) 计算机 PC1 的串口(COM 口)是 9 针的，交换机的 Console 是 RJ-45 标准的，也就是我们常说的水晶头，需要使用一个 DB-9 的转换器，用一条反转线，一头插入转换器的 RJ-45 口，一头插入 Console 口。

(2) 使用直连线将 PC2 与 PC3 分别连接到交换机的 10 端口和 20 端口。

(二) 规划设计

完成交换机的名称、管理 IP、各种口令的规划和 PC 的 IP 地址，见表 5-3。

表 5-3　规 划 表

序号	规 划 名 细	具 体 内 容
1	交换机的名称	jjtc
2	交换机的 Console 口令	abc
3	交换机的特权口令	abc
4	交换机的 VTY 口令	abc
5	交换机的管理 IP	192.168.1.1/24
6	PC1 的 IP 地址	192.168.1.2/24
7	PC2 的 IP 地址	192.168.1.10/24
8	PC3 的 IP 地址	192.168.1.20/24

(三) 使用超级终端

在 PC1 中打开计算机中的超级终端，在“新建连接”处随意输入一个用户名，然后选择计算机连接的端口，一般都选 COM1，在 COM1 属性里单击“还原为默认值”，单击“确定”，此时在超级终端的窗口中就出现交换机的提示符，表示已登录到交换机上了，如图 5-22 所示。

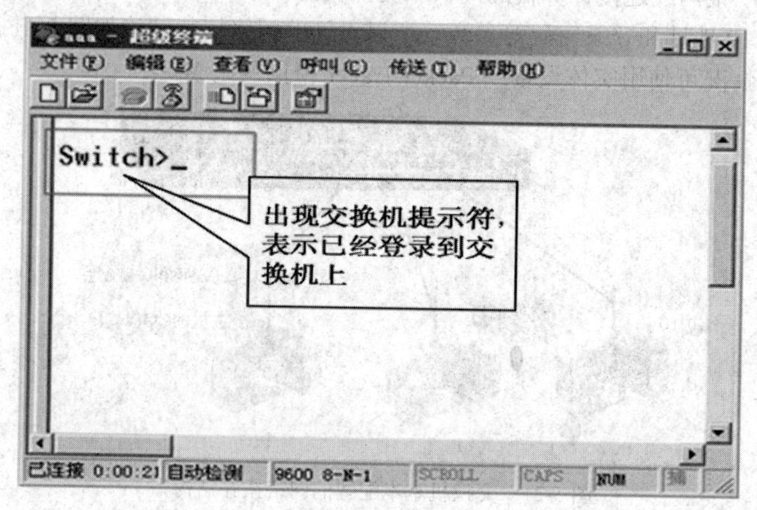

图 5-22　使用超级终端登录到交换机

(四) 交换机的基本配置

1. 交换机的命名。

为交换机命名为 jjtc，命令如下：

Switch>**enab**
Switch #**configure ter**
Switch(config) #**hostname** *jjtc*
jjtc (config) #**exit**

2. 设置交换机的 Console 口令。

命令如下：

jjtc (config) #**line console** *0*
jjtc (config-line) #**password** *abc*
jjtc (config-line) #**login**

3. 设置交换机的特权口令。

命令如下：

jjtc (config) #**enable password** *123*

4. 设置交换机的 VTY 口令。

命令如下：

jjtc (config) #**line vty** *0 4*
jjtc (config-line) #**password** *abc*
jjtc (config-line) #**login**

5. 分配交换机的管理 IP。

命令如下：

jjtc (config) #**interface vlan** *1*
jjtc (config-if) #**ip address** *192.168.1.1 255.255.255.0*
jjtc (config-if) #**no shutdown**

6. 查看交换机的状态信息。

(1) 显示交换机系统及版本信息：

jjtc #**show version**

(2) 显示当前运行的配置参数：

jjtc #**show running-config**

(3) 显示交换机端口的状态：

jjtc #**show interfaces**

(4) 显示交换机 10 端口的状态：

jjtc #**show interface fastethernet** 0/10

7. 保存交换机的状态配置文件。

命令如下：

Switch #**write [memory]**
Switch #**copy running-config startup-config**

(五) 项目测试

1. 设置 PC1、PC2、PC3 的 IP 地址。

在 PC1 中打开“网络连接”→“本地连接”→“属性”，如图 5-23 所示。

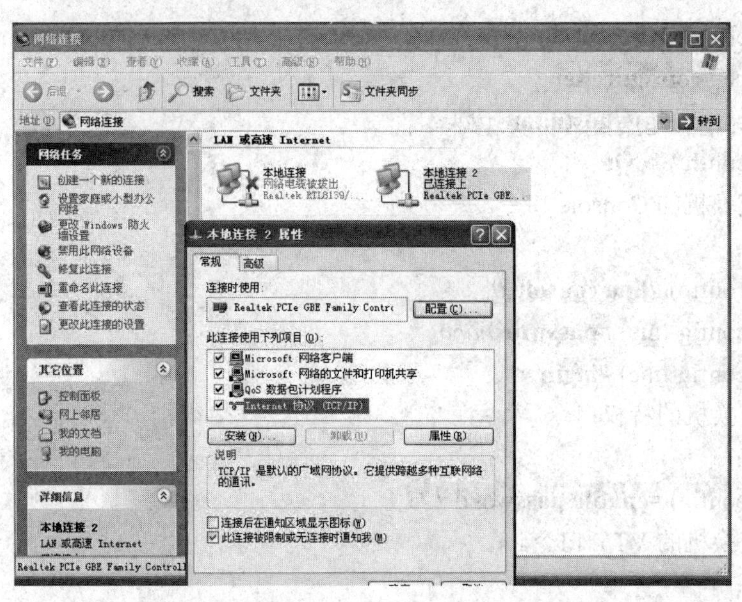

图 5-23　本地连接属性

选择“Internet 协议(TCP/IP)”→“属性”→“使用下面的 IP 地址”，如图 5-24 所示，设置 PC1 的 IP 地址为：192.168.1.2，子网掩码为：255.255.255.0。

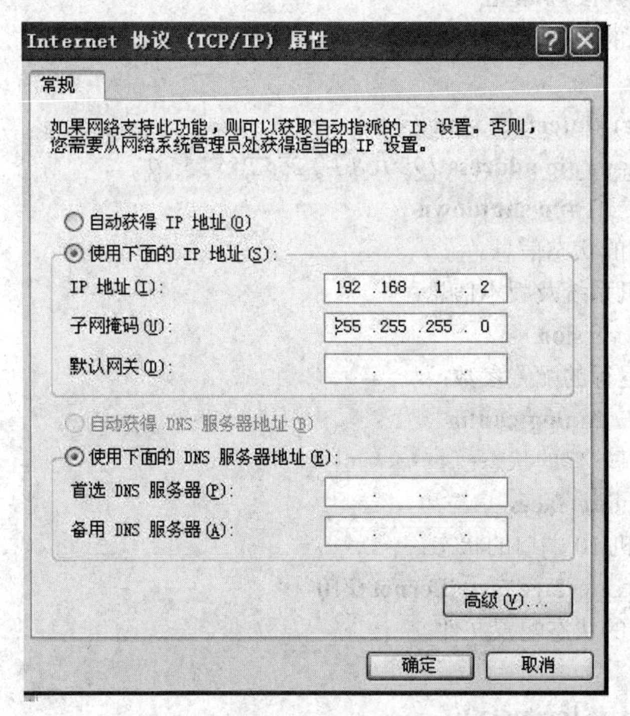

图 5-24　Internet 协议(TCP/IP)属性

PC2、PC3 的 IP 地址设置步骤与 PC1 相同，只是其 IP 地址分别为：192.168.1.10 和 192.168.1.20。

2. 网络通信测试。

测试 PC2 与 PC3 的网络通信状态，如图 5-25 所示。

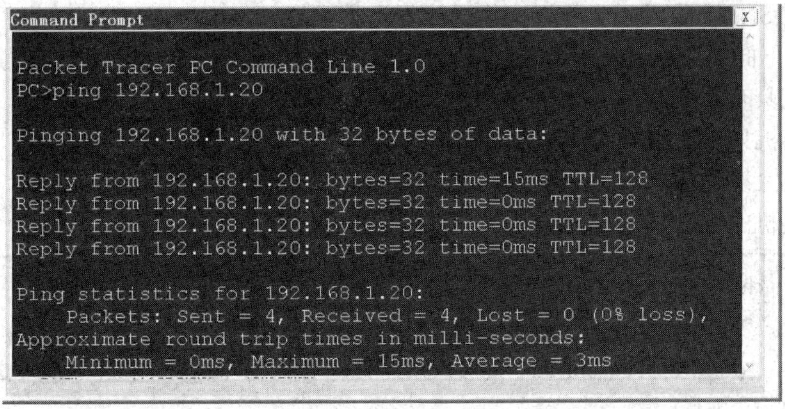

```
Command Prompt

Packet Tracer PC Command Line 1.0
PC>ping 192.168.1.20

Pinging 192.168.1.20 with 32 bytes of data:

Reply from 192.168.1.20: bytes=32 time=15ms TTL=128
Reply from 192.168.1.20: bytes=32 time=0ms TTL=128
Reply from 192.168.1.20: bytes=32 time=0ms TTL=128
Reply from 192.168.1.20: bytes=32 time=0ms TTL=128

Ping statistics for 192.168.1.20:
    Packets: Sent = 4, Received = 4, Lost = 0 (0% loss),
Approximate round trip times in milli-seconds:
    Minimum = 0ms, Maximum = 15ms, Average = 3ms
```

图 5-25　网络通信测试

3. 交换机远程登录测试。

在 PC2 或 PC3 上使用 Telnet 命令远程登录到交换机，如图 5-26 所示。

```
Command Prompt

Packet Tracer PC Command Line 1.0
PC>telnet 192.168.1.1
Trying 192.168.1.1 ...Open


User Access Verification

Password:
jjtc>
```

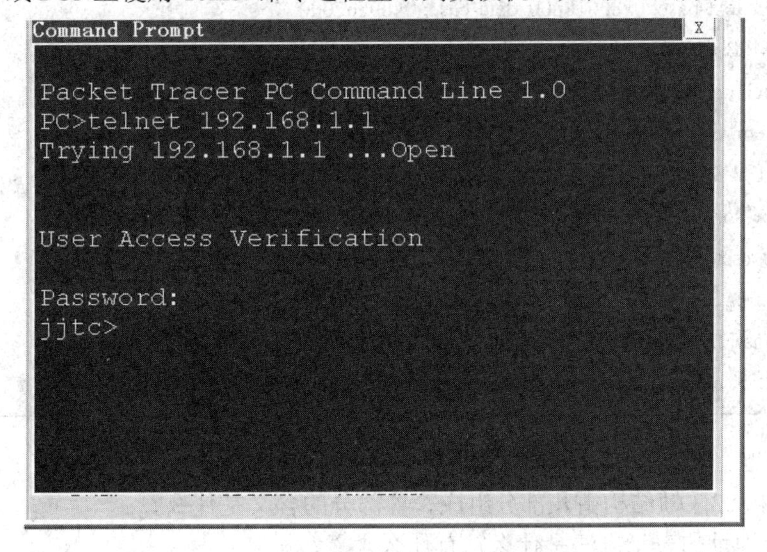

图 5-26　远程登录到交换机

(六) 项目总结

根据项目实施的过程撰写项目总结报告，对出现的问题进行分析，写出解决问题的方法和体会。

习　题　5

一、选择题

1. 如果要对一台刚拆箱的新交换机进行配置，可以采用的是(　　)。

A. 通过控制台端口(Console 口)对交换机进行配置

B. 通过 Telnet 对交换机进行远程配置

C. 通过 Web 对交换机进行远程配置

D. 通过 SNMP 管理工作站对交换机进行远程配置

2. 通过下面的命令可以得出的结论是(　　)。

A. 系统具有 32 KB 的 NVRAM

B. 交换机只有 24 个 10/100M 的端口

C. 系统上次重新启动的时间是 2005 年 5 月 18 日

D. 交换机的型号是 WS-C2950-24

```
Switch#show version
Cisco Internetwork Operating System Software
IOS (tm) C2950 Software (C2950-I6Q4L2-M), Version 12.1(22)EA4, RELEASE SOFTWARE(fc1)
Copyright (c) 1986-2005 by cisco Systems, Inc.
Compiled Wed 18-May-05 22:31 by jharirba
Image text-base: 0x80010000, data-base: 0x80562000
ROM: Bootstrap program is is C2950 boot loader
Switch uptime is 25 seconds
System returned to ROM by power-on
Cisco WS-C2950-24 (RC32300) processor (revision C0) with 21039K bytes of memory.
Processor board ID FHK0610Z0WC
Last reset from system-reset
Running Standard Image
24 FastEthernet/IEEE 802.3 interface(s)
63488K bytes of flash-simulated non-volatile configuration memory
```

二、简答题

1. 以太网 802.3 帧结构由几部分组成？各部分的含义是什么？

2. MAC 地址的表示方法是什么？有什么含义？

3. 以太网 CSMA/CD 机制的原理是什么？

4. 交换机的主要功能有哪些？

5. 交换机的转发有哪几种方式？它们有何特征？

6. 什么是交换机的空闲时间？它的取值范围是多少？

第 6 章

第 6 章　虚拟局域网技术

❖ 学习目标：

- 了解 VLAN 的产生及其划分方式
- 掌握 VLAN 的工作原理
- 学会 VLAN 的配置
- 掌握 GVRP 协议原理
- 学会 GVRP 的基本配置

6.1　VLAN 协议原理

6.1.1　广播域的困扰

如前所述，最早期的传统局域网使用的是集线器(Hub)，所有的端口处于同一个冲突域。所以传统的局域网是一个扁平的网络，一个局域网属于同一个冲突域。任何一台主机发出的报文都会被同一冲突域中的所有其他机器接收到。虽然采用了 CSMA/CD 冲突检测机制，但是，这仅仅是降低了冲突的可能，而不能杜绝冲突的产生。

后来，组网时使用网桥(二层交换机)代替集线器(Hub)，每个端口可以看成是一根单独的总线，冲突域缩小到每个端口，使得网络发送单播报文的效率大大提高，极大地改善了二层网络的性能。但是网络中所有端口仍然处于同一个广播域。根据二层交换机的工作原理，所有数据帧的转发都是依据 MAC 和 PORT 的映射表即 MAC 地址表，在目的 MAC 未知的情况下，交换机将采取泛洪的机制来保证数据的交互，所以，未知目的帧都将引起交换机在传递报文的时候要向所有其他端口复制，发送到网络的各个角落。另外，交换机在收到广播报文的时候，也将采取泛洪的方式向所有其他端口复制。如图 6-1 所示，某台主机发送 ARP 报文请求服务器 A 的 MAC 地址，该报文是广播报文，因此交换机会把该报文向所有其他端口转发。随着网络规模的扩大，网络中的复制报文越来越多，这些报文占用的网络资源也越来越多，严重影响了网络性能。

也就是说二层交换机可以隔离冲突域，但不能限制广播域。

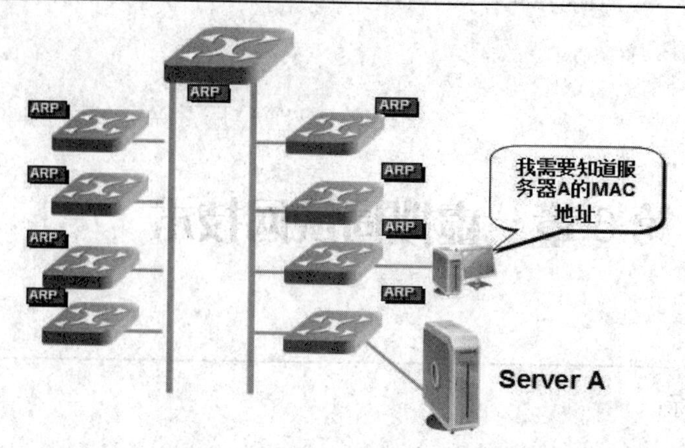

图 6-1　使用二层交换机的局域网

还有一种报文也将引起此类问题，就是组播报文。目前的交换机大都采用了 IGMP Snooping 技术来保证组播帧在交换机各端口之间的正确发送。但是对于广播帧和未知目的帧，网桥的工作机制是没有办法解决的。

总之，组播、广播和未知目的帧都可能导致全局的泛洪。我们所能做的就是尽量地减小广播域的大小，以此来降低广播报文和未知目的帧的数量，尽量避免因为泛洪而造成的问题。

6.1.2　如何分割广播域

分割广播域一个好的办法就是物理上的隔离，如图 6-2 所示，只有使用交换机同一广播域的主机连接在一起。物理上的隔离实际上是减少了 LAN 的规模，能够有效地降低广播帧和未知目的帧的数量，降低泛洪的可能性。但是，这必然引起投资的增加，我们需要更多的交换机，布线也更加复杂，同时会增加管理的难度。

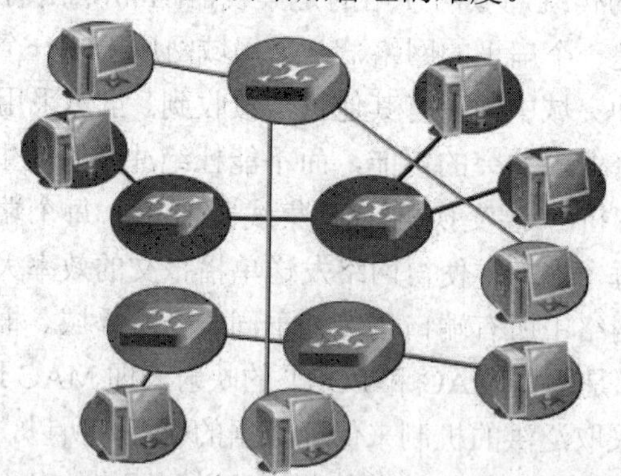

图 6-2　在物理上隔开二层网络

另一个办法就是通过路由器对 LAN 进行分段(隔离广播域)。用路由器替换中心节点交换机，使得广播报文的发送范围大大减小。这种方案解决了广播风暴的问题，但使用路由器是在网络层上分段将网络隔离，网络规划复杂，组网方式不灵活，投资成本高，也在一定程度上增加了管理维护的难度。

通过以上分析，物理上隔离广播域和使用路由器对 LAN 分段都是不实际的。

作为替代的 LAN 分段方法，虚拟局域网(Virtual Local Area Network)技术被引入到网络解决方案中来，用于解决大型的二层网络环境面临的问题。

6.1.3 VLAN 概念

Virtual Local Area Network(虚拟局域网)，简称 VLAN，是一种通过将局域网内的设备逻辑地划分成一个个网段从而实现虚拟工作组的技术。划分 VLAN 的主要作用就是隔离广播域。

VLAN 逻辑上把网络资源和网络用户按照一定的原则进行划分，把一个物理上实际的网络划分成多个小的逻辑的网络，这些小的逻辑的网络形成各自的广播域，也就是虚拟局域网 VLAN。

如图 6-3 所示，一个企业中的几个部门共同使用一个中心交换机，但是各个部门属于不同的 VLAN，形成各自的广播域，广播报文不能跨越这些广播域传送，从而达到物理上隔离的效果。

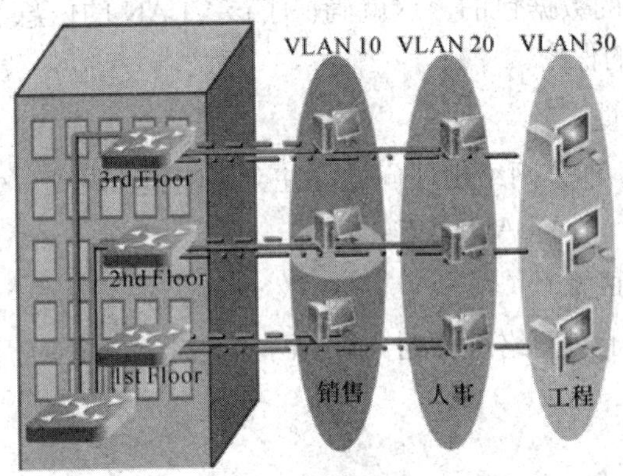

图 6-3　VLAN 在网络中的应用示意

VLAN 将一组位于不同物理网段上的用户在逻辑上划分在一个局域网内，在功能和操作上与传统 LAN 基本相同，可以提供一定范围内终端系统的互联。VLAN 与传统的 LAN 相比，具有以下优势：

1. 减少移动和改变的代价

当一个用户从一个位置移动到另一个位置时，他的网络属性不需要重新配置，而是动态地完成，这种动态管理给网络管理者和使用者都带来了极大的好处。一个用户，无论他到哪里，他都能不做任何修改地接入网络，当然，并不是所有的 VLAN 定义方法都能做到这一点。

2. 虚拟工作组

使用 VLAN 的最终目标就是建立虚拟工作组模型。例如在企业网中，同一个部门的用户就好像在同一个 LAN 上一样，很容易互相访问，交流信息；同时，所有的广播包也都限制在该虚拟 LAN 上，而不影响其他 VLAN 的用户。一个人如果从一个办公地点换到另外一个地点，但他仍然在该部门，那么该用户的配置无需改变；同时，如果一个人虽然办公地点没有变，但他更换了部门，那么只需网络管理员更改一下该用户的配置即可。VLAN 的目标就是建立一个动态的组织环境。

3. 不受设备限制

只要网络设备支持 VLAN 技术，用户可以不受到物理设备的限制，VLAN 用户可以处于网络中的任何地方。

VLAN 对用户的应用是不产生影响的，VLAN 的应用解决了许多大型二层交换网络产生的问题，好处是显而易见的。

4. 限制广播包，提高带宽的利用率

VLAN 技术有效地解决了广播风暴带来的性能下降问题。一个 VLAN 形成一个小的广播域，同一个 VLAN 成员都在由所属 VLAN 确定的广播域内。当一个数据包没有路由时，交换机只会将此数据包发送到所有属于该 VLAN 的其他端口，而不是所有的交换机的端口。这样就将数据包限制到了一个 VLAN 内，在一定程度上可以节省带宽。

5. 增强通信的安全性

一个 VLAN 的数据包不会发送到另一个 VLAN 中去，这样其他 VLAN 用户的网络上是收不到任何该 VLAN 的数据包的，这就确保了该 VLAN 的信息不会被其他 VLAN 的人窃听，从而实现了信息的保密。

6. 增强网络的健壮性

当网络规模增大时，部分网络出现问题往往会影响整个网络，引入 VLAN 之后，可以将一些网络故障限制在一个 VLAN 之内。

7. 降低管理维护的成本

由于 VLAN 是逻辑上对网络进行划分，组网方案灵活，配置管理简单，降低了管理维护的成本。

6.1.4 VLAN 划分方式

1. 基于端口划分 VLAN

基于端口划分 VLAN 的方法是根据以太网交换机的端口来划分。

下面我们举例说明。如图 6-4 所示，交换机的端口 1 为 VLAN 1，端口 2 为 VLAN 2，端口 3、端口 4 为 VLAN 3。当然，这些属于同一 VLAN 的端口可以不连续，如何配置由管理员决定。

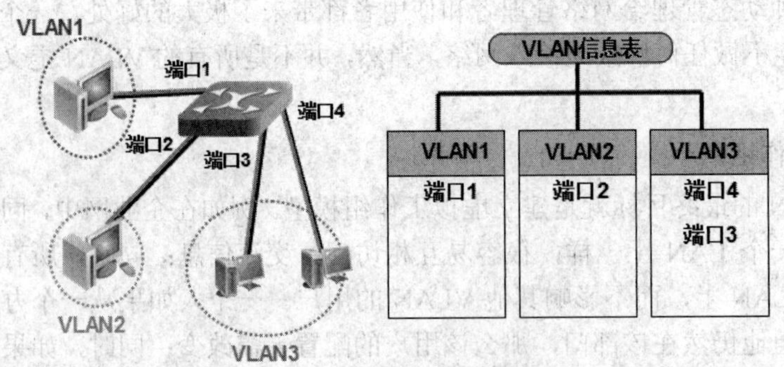

图 6-4　基于端口划分 VLAN 的实例

图 6-4 中端口 1 被指定属于 VLAN 1，端口 3 和端口 4 被指定属于 VLAN 3。那么，

连接在端口 1 的主机就属于 VLAN 1，连接在端口 2 的主机就属于 VLAN 2，连接在端口 3 和端口 4 的主机就属于 VLAN 3。交换机维护一张 VLAN 映射表，这个 VLAN 表记录了端口和 VLAN 的对应关系。

如果有多个交换机的话，也可以指定交换机 1 的 1～6 端口和交换机 2 的 1～4 端口为同一 VLAN，即同一 VLAN 可以跨越数个以太网交换机。

根据端口划分是目前定义 VLAN 的最常用的方法。这种划分方法的优点是定义 VLAN 成员时非常简单，只要将所有的端口都指定一下就可以了。它的缺点是如果 VLAN A 的用户离开了原来的端口，到了一个新的交换机的某个端口，那么就必须重新配置这个端口。

2. 基于 MAC 地址划分 VLAN

基于 MAC 地址划分 VLAN 的方法是根据每个主机的 MAC 地址来划分的，即对所有主机都根据它的 MAC 地址配置主机属于哪个 VLAN，如图 6-5 所示，交换机维护一张 VLAN 映射表，这个 VLAN 表记录着 MAC 地址和 VLAN 的对应关系。这种划分 VLAN 方法的最大优点就是当用户物理位置移动时，即从一个交换机换到其他的交换机时，VLAN 不用重新配置，所以，可以认为这种根据 MAC 地址的划分方法是基于用户的 VLAN。

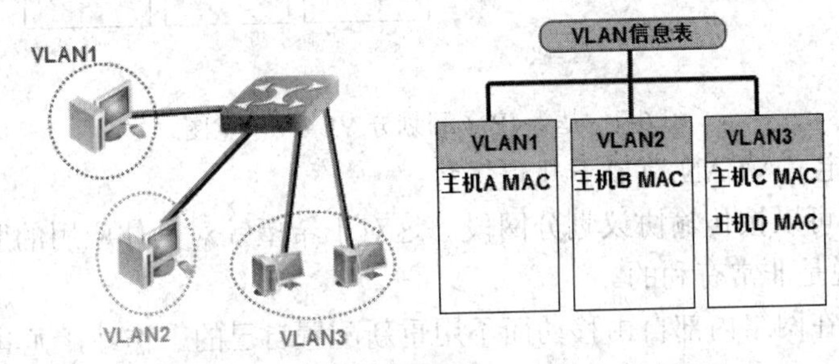

图 6-5　基于 MAC 地址划分 VLAN 示意图

这种方法的缺点是初始化时，所有的用户都必须进行配置，如果用户很多，配置的工作量很大。此外这种划分的方法也导致了交换机执行效率的降低，因为在每一个交换机的端口都可能存在很多个 VLAN 组的成员，这样就无法限制广播包。另外，对于使用笔记本电脑的用户来说，他们的网卡可能经常更换，这样，VLAN 就必须不停地配置。

3. 基于协议划分 VLAN

基于协议划分 VLAN 是根据二层数据帧中协议字段进行 VLAN 的划分。如果一个物理网络中既有 Ethernet Ⅱ又有 LLC 等多种数据帧通信的时候，可以采用这种 VLAN 的划分方法，如图 6-6 所示。

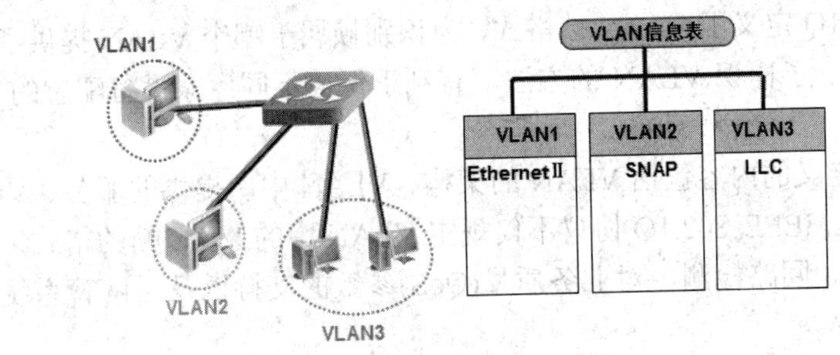

图 6-6　基于协议划分 VLAN 示意图

目前一个 VLAN 可以配置多种协议类型划分。

4. 基于 IP 子网划分 VLAN

基于 IP 子网的 VLAN 根据报文中的 IP 地址决定报文属于哪个 VLAN，同一个 IP 子网的所有报文属于同一个 VLAN。这样可以将同一个 IP 子网中的用户划分在一个 VLAN 内。

如图 6-7 所示，交换机根据 IP 地址划分了 VLAN。主机设置的 IP 地址处于 10.1.1.0 地址段的同属于一个 VLAN 1，处于 10.2.1.0 地址段的主机处于 VLAN 2，处于 10.3.1.0 地址段的主机属于 VLAN 3。

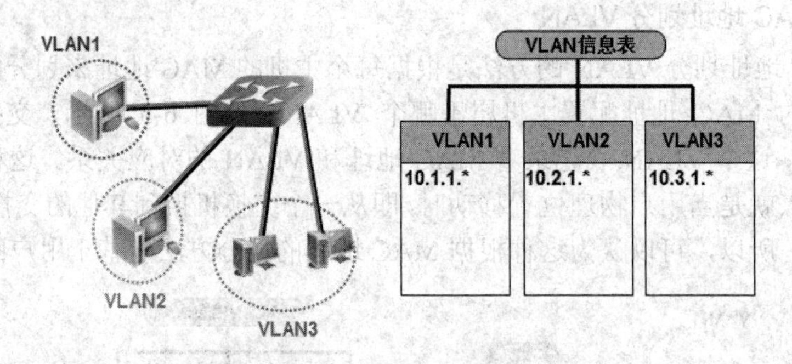

图 6-7　基于 IP 子网划分 VLAN 示意图

利用 IP 子网定义 VLAN 有以下几点优势：

(1) 这种方式可以按传输协议划分网段。这对于希望针对具体应用的服务来组织用户的网络管理者来说是非常有利的。

(2) 用户可以在网络内部自由移动而不用重新配置自己的工作站，尤其是使用 TCP/IP 的用户。

这种方法的缺点是效率低，因为检查每一个数据包的网络层地址是很费时的。同时由于一个端口也可能存在多个 VLAN 的成员，对广播报文也无法有效抑制。

6.1.5　VLAN 帧格式

目前，实现 VLAN 功能的技术有很多，因此极可能给用户造成设备不兼容的问题，导致用户的投资浪费。中兴系列交换机，均采用的是 IEEE 组织定义的 802.1Q 协议来实现 VLAN 功能。

IEEE 802.1Q 是 VLAN 的正式标准，定义了同一个物理链路上承载多个子网的数据流的方法。IEEE 802.1Q 定义了 VLAN 帧格式，为识别帧属于哪个 VLAN 提供了一个标准的方法。这个格式统一了标识 VLAN 的方法，有利于保证不同厂家设备配置的 VLAN 可以互通。

IEEE 802.1Q 定义的内容包括 VLAN 的架构、VLAN 中所提供的服务、VLAN 实施中涉及的协议和算法。IEEE 802.1Q 协议不仅规定 VLAN 中的 MAC 帧的格式，而且还制定诸如帧发送及校验、回路检测，对业务质量(QoS)参数的支持以及对网管系统的支持等方面的标准。

图 6-8 所示是 IEEE 802.1Q 的帧结构示意图。

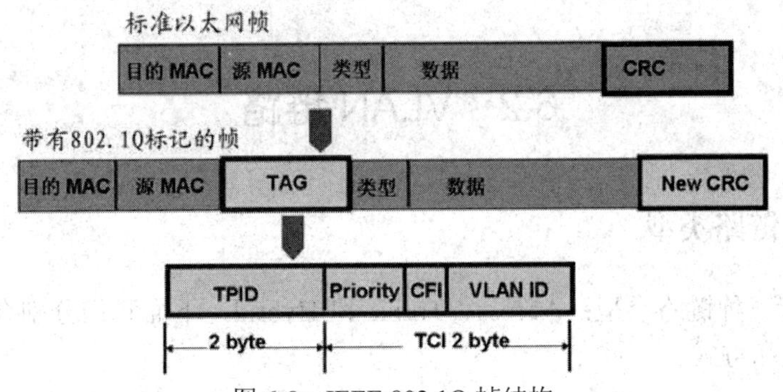

图 6-8　IEEE 802.1Q 帧结构

我们看到 802.1Q 帧是在普通以太网帧的基础上，在源 MAC 地址和类型字段之间插入一个 4 byte 的 TAG 字段，这就是 802.1Q 标签头。

这 4 byte 的 802.1Q 标签头包含了 2 byte 的标签协议标识(TPID)和 2 byte 的标签控制信息(TCI)。

1. TPID(Tag Protocol Identifier)

TPID 是 IEEE 定义的新的类型，表明这是一个加了 802.1Q 标签的帧。TPID 包含了一个固定的值 0x8100。

2. TCI 包含的是帧的控制信息

TCL 包含了下面的一些元素：

(1) Priority：这 3 位指明帧的优先级。一共有 8 种优先级，0～7，IEEE 802.1p 标准使用这 3 位信息。

(2) Canonical Format Indicator(CFI)：CFI 值为 0 说明是规范格式，1 为非规范格式。它被用在令牌环/源路由 FDDI 介质访问方法中来指示封装帧中所带地址的比特次序信息。

(3) VLAN Identified(VLAN ID)：这是一个 12 位的域，指明 VLAN 的 ID，一共 4094 个，每个支持 802.1Q 协议的交换机发送出来的数据包都会包含这个域，以指明自己属于哪一个 VLAN。

在一个交换网络环境中，以太网的帧有两种格式：有些帧是没有加上这 4 个字节标志的，称为未标记的帧(Untagged Frame)，如图 6-9 所示。

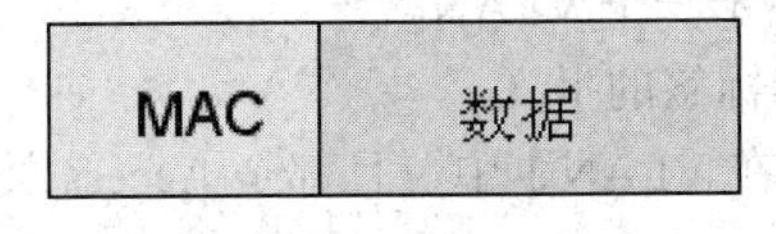

图 6-9　未标记的帧示意图

有些帧加上了这 4 个字节的标志，称为带有标记的帧(Tagged Frame)，如图 6-10 所示，需要说明的是，未标记的帧插入了 Tag 字段成为带有标记的帧后，整个帧的 CRC 需要重新计算。

图 6-10　带有标记的帧示意图

6.2　VLAN 链路

6.2.1　VLAN 链路类型

VLAN 中有三种链路类型：Access、Trunk 和 Hybrid，下面我们分别介绍这三种链路类型的工作原理和方式。

1. Access 链路

用于连接主机和交换机的链路就是接入(Access)链路。通常情况下主机并不需要知道自己属于哪些 VLAN，主机的硬件也不一定支持带有 VLAN 标记的帧，主机要求发送和接收的帧都是没有打上标记的帧，所以，Access 链路接收和发送的都是标准的以太网帧。

Access 链路属于某一个特定的端口，这个端口属于一个并且只能是一个 VLAN。这个端口不能直接接收其他 VLAN 的信息，也不能直接向其他 VLAN 发送信息。不同 VLAN 的信息必须通过三层路由处理才能转发到这个端口上。

Access 链路的示意图如图 6-11 所示。

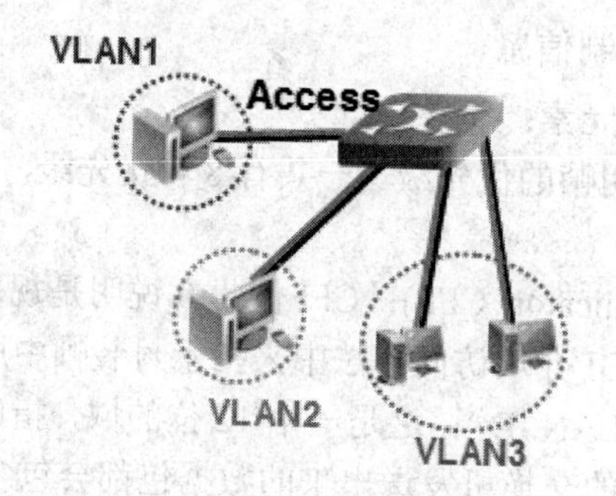

图 6-11　Access 链路示意图

Access 链路概念总结如下：

(1) Access 链路一般是指网络设备与主机之间的链路。

(2) 一个 Access 端口只属于一个 VLAN。

(3) Access 端口发送不带标签的报文。

(4) 缺省所有端口都包含在 VLAN 1 中，且都是 Access 类型。

2. Trunk 链路

干道(Trunk)链路是可以承载多个不同 VLAN 数据的链路。干道链路通常用于交换机间的互连，或者用于交换机和路由器之间的连接。

数据帧在 Trunk 链路上传输的时候，交换机必须用一种方法来识别数据帧是属于哪个 VLAN 的。IEEE 802.1Q 定义了 VLAN 帧格式，所有在干道链路上传输的帧都是打上标记的帧(Tagged Frame)。通过这些标记，交换机就可以确定哪些帧分别属于哪个 VLAN。

如图 6-12 所示，和 Access 链路不同，Trunk 链路是用来在不同的设备之间(如交换机和路由器之间、交换机和交换机之间)承载 VLAN 数据的，因此 Trunk 链路是不属于任何一个具体的 VLAN 的。通过配置，Trunk 链路可以承载所有的 VLAN 数据，也可以配置为只能传输指定 VLAN 的数据。

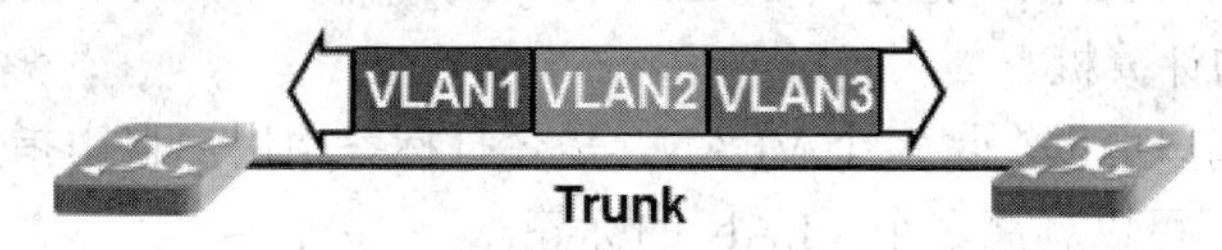

图 6-12　Trunk 链路示意图

Trunk 链路虽然不属于任何一个具体的 VLAN，但是必须给 Trunk 链路配置一个 PVID(Port VLAN ID)；当不论因为什么原因，Trunk 链路上出现了没有带标记的帧，交换机就给这个帧增加带有 PVID 的 VLAN 标记，然后进行处理。

对于多数用户来说，手工配置太麻烦了。一个规模比较大的网络可能包含多个 VLAN，而且网络的配置也会随时发生变化，导致根据网络的拓扑结构逐个交换机配置 Trunk 端口过于复杂。这个问题可以由 GVRP 协议来解决，GVRP 协议根据网络情况动态配置 Trunk 链路。

Trunk 链路的概念总结如下：

(1) Trunk 链路一般是指网络设备与网络设备之间的链路。

(2) 一个 Trunk 端口可以属于多个 VLAN。

(3) Trunk 端口通过发送带标签的报文来区别某一数据包属于哪一 VLAN。

(4) 标签遵守 IEEE 802.1q 协议标准。

图 6-13 表示一个局域网环境，网络中有两台交换机，并且配置了多个 VLAN。主机和交换机之间的链路是 Access 链路，交换机之间通过 Trunk 链路互相连接。

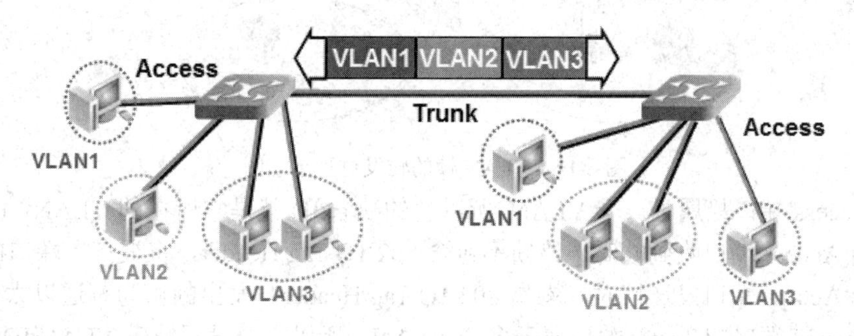

图 6-13　VLAN 中的 Access 链路和 Trunk 链路

对于主机来说，它是不需要知道 VLAN 的存在的。主机发出的报文都是标准以太网的报文，交换机接收到这样的报文之后，根据配置规则(如端口信息)判断出报文所属 VLAN 进行处理。如果报文需要通过另外一台交换机发送，则该报文必须通过互联链路传输到另外一台交换机上。为了保证其他交换机正确处理报文的 VLAN 信息，在互联链路上发送的报文都带上了 VLAN 标记。

交换机最终确定报文发送端口后，在将报文发送给主机之前，必须将 VLAN 的标记从以太网帧中删除，这样主机接收到的报文都是不带 VLAN 标记的以太网帧。

所以，一般情况下，互联链路上传输的都是带有 VLAN 信息的数据帧，Access 链路上传输的都是标准的以太网帧。这样做的最终结果是，网络中配置的 VLAN 可以被所有的交换机正确处理，而主机不需要了解 VLAN 信息。

3. Hybrid 链路

英文 Hybrid 是“混合的”意思，在这里，Hybrid 端口可以用于交换机之间连接，也可以用于连接用户的计算机。

Hybrid 模式的端口可以汇聚多个 VLAN，是否打标签由用户自由指定，可以接收和发送多个 VLAN 报文，可以剥离多个 VLAN 的标签。

Hybrid 端口与 Trunk 端口的不同之处在于：

(1) Hybrid 端口可以允许多个 VLAN 的报文不打标签，Trunk 端口只允许缺省 VLAN 的报文不打标签。

(2) 在同一个交换机上 Hybrid 端口和 Trunk 端口不能并存。

6.2.2 VLAN 帧的转发过程

在交换机上有 Access、Trunk 和 Hybrid 端口；在端口的属性上，有 Untag 和 Tag 两种类型。如图 6-14 所示是 VLAN 帧的转发过程示意图。

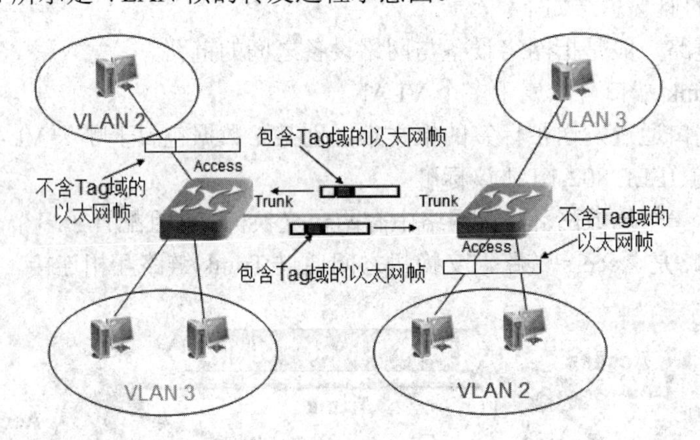

图 6-14　VLAN 帧的转发过程示意图

(1) Access 端口只属于一个 VLAN，所以它的缺省 ID 就是它所在的 VLAN，不用设置。

① 当 Access 端口收到帧时，该帧不包含 802.1Q Tag Header，将被打上端口的 PVID。

② 当 Access 端口发送帧时，剥离 802.1Q Tag Header，发出的帧为普通以太网帧。

(2) Hybrid 端口和 Trunk 端口属于多个 VLAN，所以需要设置缺省 VLAN ID，缺省情况下为 VLAN 1。

① 当 Trunk 端口收到帧时：

➢ 如果该帧不包含 802.1Q Tag Header，将打上端口的 PVID；

➢ 如果该帧包含 802.1Q Tag Header，则不改变。

② 当 Trunk 端口发送帧时：

➢ 当该帧的 VLAN ID 与端口的 PVID 不同时，直接透传；

➢ 当该帧的 VLAN ID 与端口的 PVID 相同时，则剥离 802.1Q Tag Header。

(3) Hybrid 端口工作稍微复杂些。

① 当 Hybrid 端口收到帧时：

➢ 如果该帧不包含 802.1Q Tag Header，将打上端口的 PVID；

➢ 如果该帧包含 802.1Q Tag Header，则不改变。

② 当 Hybrid 端口发送帧时：

➢ 该帧包含 802.1Q Tag Header，是否保留 Tag Header 需根据 Hybrid 端口的设置来决定；

➢ 若端口设置为允许该 VLAN 的帧 Tagged，则保留 Tag Header；

➢ 若端口设置为允许该 VLAN 的帧 Untagged，则剥离 802.1Q Tag Header。

6.3　VLAN 典型配置

6.3.1　VLAN 的配置命令

1. 配置 VLAN

创建指定 VLAN，并进入 VLAN 配置模式：

Switch(config) #**vlan** <*vlan-id*>

注意：交换机上缺省只有 VLAN1，使用该命令可以创建其他 VLAN。

2. 为创建的 VLAN 命名

命令如下：

Switch(config-vlan) #**name** <*vlan- name*>

VLAN 的命名是为了用于区分各个 VLAN，可以是小组名称、部门、地区等。缺省情况下，VLAN 的别名为“VLAN”+ VLAN ID，其中 VLAN ID 部分为 4 位数字，不足 4 位用 0 补足，如 ID 为 4 的 VLAN 别名缺省为 VLAN0004。

3. 设置以太网端口的 VLAN 链路类型

命令如下：

Switch (config) #**interface** <*interface-name*>

Switch (config-if) #**switchport mode** *{access | trunk | hybrid}*

中兴 ZXR10 8900 系列交换机以太网端口的 VLAN 链路类型有 3 种：Access 模式、Trunk 模式和 Hybrid 模式，默认为 Access 模式。VLAN 的链路类型不同厂家、不同系列的交换机略有差异。

注意:

• Access 模式的端口只能属于一个 VLAN，端口不能打标签(untagged)，一般为连接计算机的端口。

• Trunk 模式的端口可以属于多个 VLAN，端口必须打标签(tagged)，可以接收和发送多个 VLAN 的报文，一般作为交换机之间连接的 Trunk 端口。

• Hybrid 模式的端口可以属于多个 VLAN，是否打标签由用户自由指定，可以接收和发送多个 VLAN 报文，可以用于交换机之间的连接，也可以连接用户计算机。

4. 把以太网端口加入到指定 VLAN

Access 端口只能加入到 1 个 VLAN，Trunk 端口和 Hybrid 端口可以加入到多个 VLAN 中。

(1) 把 Access 端口加入到指定 VLAN：

Switch (config) #**interface** *<interface-name>*

Switch (config-if) #switchport access vlan {<vlan-id>|<vlan-name>}

(2) 让 Trunk 端口透传指定 VLAN：

Switch (config) #**interface** *<interface-name>*

Switch (config-if) #**switchport mode trunk**

Switch (config-if) #**switchport trunk allowed vlan** *<vlan-id>*

5. 设置以太网端口的 native VLAN(PVID)

Access 端口只属于 1 个 VLAN，所以它的 Native VLAN 就是它所在的 VLAN，不用设置。

Trunk 端口和 Hybrid 端口属于多个 VLAN，需要设置 Native VLAN。如果设置了端口的 Native VLAN，当端口接收到不带 VLAN 标签的帧时，则将该帧转发到属于这个 Native VLAN 的端口。默认情况下 Trunk 端口和 Hybrid 端口的 Native VLAN 为 VLAN 1。

(1) 设置 Trunk 端口的 Native VLAN：

Switch (config) #**interface** *<interface-name>*

Switch(config-if) #**switchport trunk native vlan** *{<vlan-id> | <vlan-name>}*

(2) 设置 Hybrid 端口的 Native VLAN：

Switch(config) #**interface** *<interface-name>*

Switch(config-if) #**switchport hybrid native vlan** *{<vlan-id>|<vlan-name>}*

6. 创建 VLAN 三层接口

命令如下：

Switch(config) #**interface vlan** *<vlan-id>*

7. 打开/关闭 VLAN 三层接口

命令如下：

Switch(config) #**interface vlan** *<vlan-id>*

Switch(config-if) #**no shutdown**

Switch(config-if) #**shutdown**

注意：

· 打开/关闭 VLAN 三层接口只是打开/关闭 VLAN 的三层转发功能，对属于该 VLAN 的成员端口没有影响。

· 缺省情况下，当 VLAN 接口下所有以太网端口状态为 Down 时，VLAN 接口状态为 Down；

· 当 VLAN 接口下有一个或多个以太网端口处于 Up 状态时，VLAN 接口状态为 Up。可以强制关闭处于 Up 状态的 VLAN 接口。

8. 显示 VLAN 配置

命令如下：

Switch #**show vlan** *{< brief > | <vlan-id> | <vlan-name>}*

9. 把某一端口从 VLAN 中删除

命令如下：

Switch(config) #**interface** *<interface-name>*

Switch(config-if) #**no switchport access vlan**

10. VLAN 许可、删除等命令格式

命令如下：

Switch(config-if) #switchport trunk allowed vlan *{ all | [add| remove | except]} vlan-list}*

其中：

(1) all 是许可 VLAN 列表包含所有 VLAN；

(2) add 表示将指定 VLAN 列表加入许可 VLAN 列表；

(3) remove 表示将指定 VLAN 列表从许可 VLAN 列表中删除；

(4) except 表示将除列出的 VLAN 列表外的所有 VLAN 加入许可 VLAN 列表；

(5) vlan-list 可以是一个 VLAN 或以 vlan n-vlan m 表示一组 VLAN，如 10～20。

6.3.2 VLAN 的基本配置实例

如图 6-15 所示，交换机 A 和交换机 B 互连，都连接了 VLAN 10 和 VLAN 20 的用户。

在组建办公区域网络时发现有些部门的办公地点不在一起，一个部门的办公人员可能分布在办公楼的不同楼层。要求将各部门分属在不同楼层的多个办公室(2～3 个办公室)的计算机连接起来，形成一个部门的办公区域局域网络，实现部门办公室内部可以相互访问，不同部门不得随意互相访问。该背景下的网络拓扑设计如图 6-15 所示。

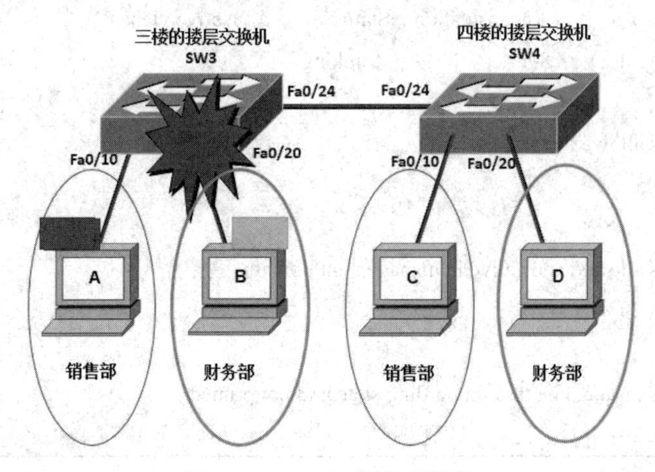

图 6-15　VLAN 配置实例图

1. 交换机 SW3 上的配置

命令如下：

Switch(config) #**hostname** *SW3*

```
SW3(config) #vlan 10
SW3(config-vlan) #name xiaoshoubu
SW3(config-vlan) #exit
SW3(config) #vlan 20
SW3(config-vlan) #name caiwubu
SW3(config-vlan) #exit
SW3(config) #interface fastEthernet 0/10
SW3(config-if) #switchport mode access
SW3(config-if) #switchport access vlan 10
SW3(config-if) #exit
SW3(config) #interface fastEthernet 0/20
SW3(config-if) #switchport mode access
SW3(config-if) #switchport access vlan 20
SW3(config-if) #exit
SW3(config) #interface fastEthernet 0/24
SW3(config-if) #switchport mode trunk
```

2. 交换机 SW4 上的配置

可参照 SW3。

3. 在交换机 SW3 上进行 VLAN 的配置验证

先看一下 Fa0/24 口的 VLAN 配置，如下所示，从中可以看出，Fa0/24 处在所有的 VLAN 中。

```
SW3 #show interfaces trunk
Port        Mode         Encapsulation   Status       Native vlan
Fa0/24      on           802.1q          trunking     1

Port        Vlans allowed on trunk
Fa0/24      1-1005

Port        Vlans allowed and active in management domain
Fa0/24      1, 10, 20

Port        Vlans in spanning tree forwarding state and not pruned
Fa0/24      1, 10, 20
```

再看一下交换机 SW3 上 VLAN 的整体配置，如下所示，从中可以看出 Fa0/10、Fa0/20 分别已 Access 到 VLAN10 和 VLAN20 中。

```
SW3 #show vlan
VLAN Name                             Status    Ports
```

```
---- -------------------------------- --------- -------------------------------
1    default                          active    Fa0/1, Fa0/2, Fa0/3, Fa0/4
                                                Fa0/5, Fa0/6, Fa0/7, Fa0/8
                                                Fa0/9, Fa0/11, Fa0/12, Fa0/13
                                                Fa0/14, Fa0/15, Fa0/16, Fa0/17
                                                Fa0/18, Fa0/19, Fa0/21, Fa0/22
                                                Fa0/23, Gig1/1, Gig1/2
10   xiaoshoubu                       active    Fa0/10
20   caiwubu                          active    Fa0/20
1002 fddi-default                     act/unsup
1003 token-ring-default               act/unsup
1004 fddinet-default                  act/unsup
1005 trnet-default                    act/unsup

VLAN Type  SAID       MTU   Parent RingNo BridgeNo Stp  BrdgMode Trans1 Trans2
---- ----- ---------- ----- ------ ------ -------- ---- -------- ------ ------
1    enet  100001     1500  -      -      -        -    -        0      0
10   enet  100010     1500  -      -      -        -    -        0      0
20   enet  100020     1500  -      -      -        -    -        0      0
1002 fddi  101002     1500  -      -      -        -    -        0      0
1003 tr    101003     1500  -      -      -        -    -        0      0
1004 fdnet 101004     1500  -      -      -        ieee -        0      0
1005 trnet 101005     1500  -      -      -        ibm  -        0      0

Remote SPAN VLANs
------------------------------------------------------------------------------
Primary Secondary Type              Ports
```

6.4　GVRP 协议原理

6.4.1　GVRP 概述

GARP(Generic Attribute Registration Protocol)是一种通用的属性注册协议，它为处于同一个交换网内的交换成员之间提供了分发、传播、注册某种信息的一种手段，如 VLAN、多播组地址等。

GARP 本身不作为一个实体在交换机中存在。遵循 GARP 协议的应用实体称为 GARP 应用，目前主要的 GARP 应用为 GVRP 和 GMRP。

(1) GVRP(GARP VLAN Registration Protocol)：用于注册和注销 VLAN 属性；

(2) GMRP(GARP Multicast Registration Protocol)：用于注册和注销 Multicast 属性。

通过 GARP 机制，一个 GARP 成员的属性信息会迅速传播到整个交换网。

下面我们重点学习 GVRP，我们为什么需要 GVRP 呢？

无论一个网络由多少个交换机构成，也无论一个 VLAN 跨越了多少个交换机，按照 VLAN 的定义，一个 VLAN 就确定了一个广播域，广播报文能够被在一个广播域中的所有主机接收到，也就是说，广播报文必须被发送到一个 VLAN 中的所有端口。因为 VLAN 可能跨越多个交换机，当一个交换机从某 VLAN 的一个端口收到广播报文之后，为了保证同属一个 VLAN 的所有主机都接收到这个广播报文，交换机必须按照如下原则将报文进行转发：

(1) 发送给本交换机中同一个 VLAN 中的其他端口；

(2) 将这个报文发送给本交换机的包含这个 VLAN 的所有 Trunk 链路，以便让其他交换机上的同一个 VLAN 的端口也发送该报文。

将一个端口设置为 Trunk 端口，也就是说和这个端口相连的链路被设置为 Trunk 链路，同时还可以配置哪些 VLAN 的报文可以通过这个 Trunk 链路。配置允许通过的 VLAN，需要根据网络的配置情况进行考虑，而不应该让 Trunk 链路传输所有的 VLAN，因为某一 VLAN 的所有广播报文必须被发送到这个 VLAN 的每一个端口，如果让 Trunk 链路传输所有的 VLAN，这些广播报文将被 Trunk 链路传送到所有的其他交换机上。如果在 Trunk 链路的另外一端没有这个 VLAN 的成员端口，那么带宽和处理时间就会被白白浪费，如图 6-16 所示，VLAN 2 的广播报文没有必要被传播到最右边的交换机上。

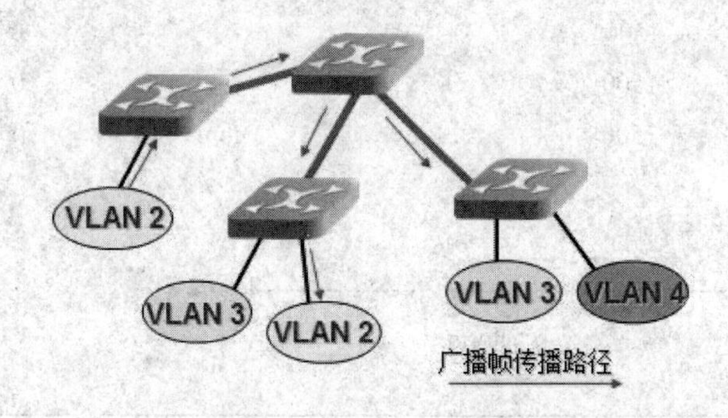

图 6-16　网络中存在多个 VLAN 时广播帧的传递示意图

对于多数用户来说，手工配置太麻烦了。一个规模比较大的网络可能包含多个 VLAN，而且网络的配置也会随时发生变化，有时会导致网络拓扑发生变化，这样逐个交换机配置 Trunk 端口过于复杂。这个问题可以由 GVRP 协议来解决，GVRP 协议可以根据网络情况动态配置 Trunk 链路。

6.4.2　GVRP 协议原理

1. GVRP 工作原理

GVRP 是 VLAN 注册协议，英文全称是 GARP VLAN Registration Protocol。GVRP 基于 GARP 的工作机制，是 GARP 的一种应用，它维护交换机中的 VLAN 动态注册信息并传播该信息到其他的交换机中。

所有支持 GVRP 特性的交换机能够接收来自其他交换机的 VLAN 注册信息，并动态更新本地的 VLAN 注册信息，包括当前的 VLAN 成员以及这些 VLAN 成员可以通过哪个端口到达等。而且所有支持 GVRP 特性的交换机能够将本地的 VLAN 注册信息向其他交换机传播，以便使同一交换网内所有支持 GVRP 特性的设备的 VLAN 信息达成一致。GVRP 传播的 VLAN 注册信息包括本地手工配置的静态注册信息和来自其他交换机的动态注册信息。

对 GVRP 特性的支持使得不同的交换机上的 VLAN 信息可以由协议动态维护和更新，用户只需要对少数交换机进行 VLAN 配置即可应用到整个交换网络，无需耗费大量时间进行拓扑分析和配置管理，协议会自动根据网络中 VLAN 的配置情况，动态地传播 VLAN 信息并配置在相应的端口上。

根据 VLAN 注册信息，交换机了解到 Trunk 链路对端有哪些 VLAN，自动配置 Trunk 链路，只允许对端交换机需要的 VLAN 在 Trunk 链路上传输。

如图 6-17 所示，GVRP 成员通过声明或回收声明告诉别的 GVRP 成员希望对方注册或注销自己的 VLAN 信息，并根据别的 GVRP 成员的声明或回收声明注册或注销对方的 VLAN 信息。

GVRP 的应用实体在协议中被称为 GVRP Participant，在交换机内每一个参与协议的端口可以看做一个应用实体，如图 6-18 所示。

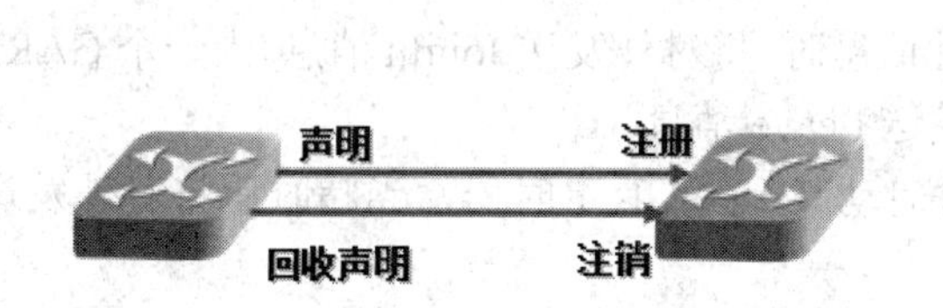

图 6-17　GVRP 成员收发声明或回收声明

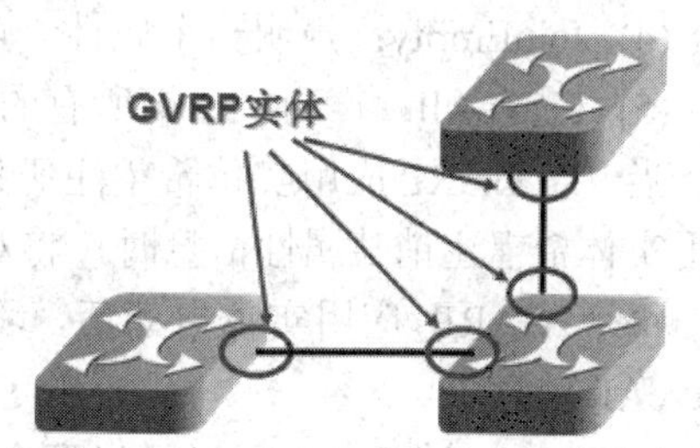

图 6-18　GVRP 实体示意图

2. GVRP 注册过程

如图 6-19 所示，通过“声明→注册”的过程，使得链路两端口都具备 VLAN 2 属性，则该 VLAN 2 的帧允许在此链路上传递。

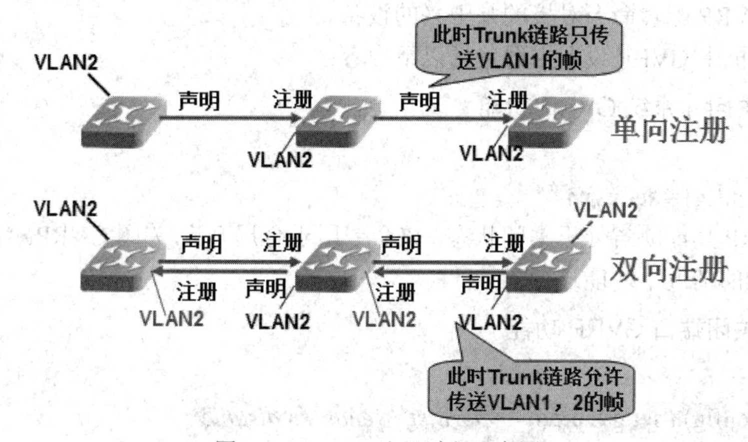

图 6-19　GVRP 注册过程示意图

3. GVRP 端口注册模式

GVRP 端口注册模式有以下三种：

(1) Normal 模式。允许该端口动态注册、注销 VLAN，传播动态 VLAN 以及手动配置的 VLAN 信息，这是端口默认模式。

(2) Fixed 模式。禁止该端口动态注册、注销 VLAN，只传播手动配置的静态 VLAN 信息，不传播动态 VLAN 信息。也就是说被设置为 Fixed 模式的 Trunk 口，即使允许所有 VLAN 通过，实际通过的 VLAN 也只能是手动配置的那些 VLAN。

(3) Forbidden 模式。禁止该端口动态注册、注销 VLAN，不传播除 VLAN 1 以外的任何的 VLAN 信息。也就是说被配置为 Forbidden 模式的 Trunk 口，即使允许所有 VLAN 通过，实际通过的 VLAN 也只能是缺省 VLAN，即 VLAN 1。

6.4.3 GARP 消息类型

GARP 成员之间的信息交换借助于消息完成，GARP 的消息类型有五种，分别如下：

(1) JoinIn：声明一个属性，声明者已注册该属性。

(2) Leave：注销一个属性。

(3) Empty：希望获得一个属性的声明。

(4) JoinEmpty：声明一个属性，声明者未注册该属性。

(5) LeaveAll：声明将注销所有的属性。

当一个 GARP 应用实体希望注册某属性信息时，将对外发送 JoinIn 消息。当一个 GARP 应用实体希望注销某属性信息时，将对外发送 Leave 消息。

每个 GARP 应用实体启动后，将同时启动 LeaveAll 定时器，当超时后将对外发送 LeaveAll 消息。

JoinEmpty 消息与 Leave 消息配合确保消息的注销或重新注册。

通过消息交互，所有待注册的属性信息传播到同一交换网的所有交换机上。

6.4.4 GVRP 配置

下面的 GVRP 配置命令对接的是中兴的设备。

中兴交换机中 GVRP 设置主要包括以下内容：

1. 使能/关闭 4 系统 GVRP 功能

命令如下：

zte(config) # **set gvrp**

系统 GVRP 功能缺省处于关闭状态，该命令用于全局开启/关闭 GVRP。GVRP 使能要在 GARP 使能的情况下才能进行。

2. 使能/关闭端口 GVRP 功能

命令如下：

zte(config) #**set gvrp port** *<portlist> {enable | disable}*

系统端口 GVRP 功能缺省处于关闭状态，该命令用于开启/关闭端口 GVRP 功能，端口 GVRP 功能开启后可以接受 GVRP 协议报文。

3. 配置端口的 GVRP 注册类型功能

命令如下：

zte(config) #**set gvrp port** <*portlist*> **registration** *{normal | fixed | forbidden}*

4. Trunk 端口使能/关闭 GVRP 功能

命令如下：

zte(config) #**set gvrp trunk** < *trunklist* > *{enable | disable}*

5. 配置 Trunk 端口的 GVRP 注册类型

命令如下：

zte(config) #**set gvrp trunk** < *trunklist* > **registration** *{normal | fixed | forbidden}*

系统 Trunk 端口的 GVRP 注册类型缺省处于 normal 状态，该命令用于设置 Trunk 端口 GVRP 注册类型，Trunk 端口注册类型有三种，每种注册类型的功能和端口的功能相同。

6. 显示 GVRP 配置信息

命令如下：

zte #**show gvrp**

该命令用于显示 GVRP 配置信息，包括 GVRP 使能与否，各端口和 Trunk 端口 GVRP 的配置情况。

6.4.5　GVRP 配置实例

如图 6-20 所示，在交换机 B 和 port 2 上启用 GVRP，设置 Trunk 端口(port 2)的 GVRP 注册类型为 Fixed 类型，下面的 GVRP 配置命令对接的是中兴的设备。

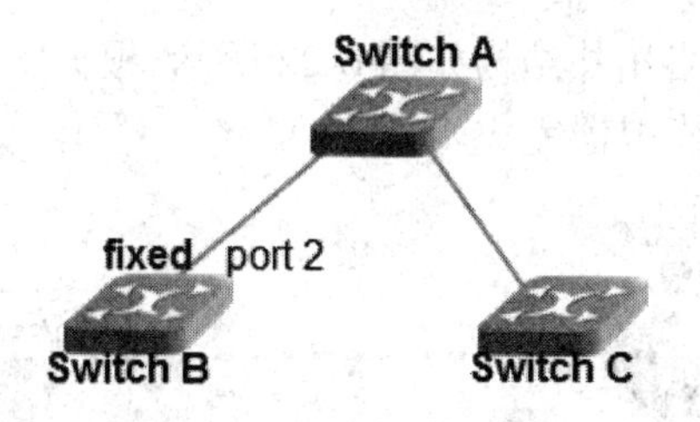

图 6-20　GVRP 配置实例

1. 交换机 B 上关于 GVRP 的主要配置

命令如下：

zte(config) ##**set garp enable**
zte(config) #**set gvrp enable**
zte(config) #**set gvrp port 2 enable**
zte(config) #**set gvrp port 2 registration fixed**

2. 在交换机 B 上查看 GVRP 状态

在交换机 B 上查看 GVRP 状态如图 6-21 所示。

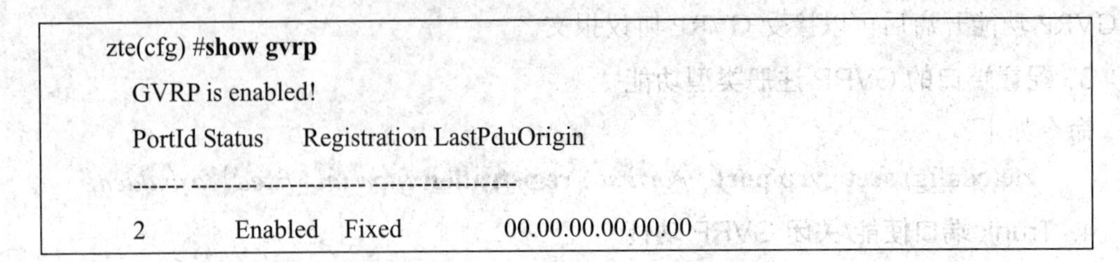

```
zte(cfg) #show gvrp
  GVRP is enabled!
  PortId Status      Registration LastPduOrigin
  ------- --------- ------------ ----------------
  2        Enabled   Fixed          00.00.00.00.00.00
```

图 6-21　查看 GVRP 状态

实训项目 4：组建安全隔离的小型局域网

一、项目背景

A 公司人力资源部、财务处、市场部、技术部分别建立了自己的局域网，并在这四个部门之间实现了资源共享。但是，随着网络规模的扩大，尽管客户端的计算机配置越来越高，但各个客户端之间通过网络传输文件的速度却越来越慢，经过技术人员分析，公司交换以太网只隔离了冲突域，但 ARP 等病毒是在一个广播域内的，为此需要将人力资源部、财务处、市场部、技术部各自的局域网划分为更小的逻辑网格，则每个逻辑网格(VLAN)可以隔离广播和单播流量。

随着公司业务的发展，公司为市场部新建了营销大楼，同时在市场部中设立了财务处办公室，为了信息的安全，要求人力资源部、财务处、市场部、技术部各局域网之间隔离，但是各部门自己内部是连通的。

二、方案设计

根据项目背景设计的网络拓扑结构如图 6-22 所示。根据实验室的实际情况本项目可使用实体设备或 Packet Tracer 模拟器完成。

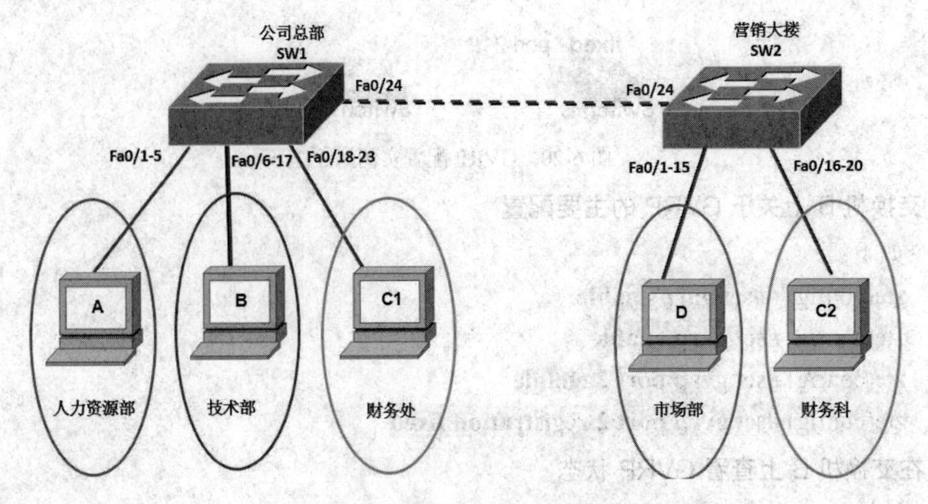

图 6-22　安全隔离的小型局域网拓扑结构

下面所述与 Packet Tracer 模拟器对接。

三、方案实施

(一) 绘制网络拓扑图

打开 Packet Tracer 模拟器，按照图 6-22 选择交换机(本例中选择 2960)绘制网络拓扑图，如图 6-23 所示。

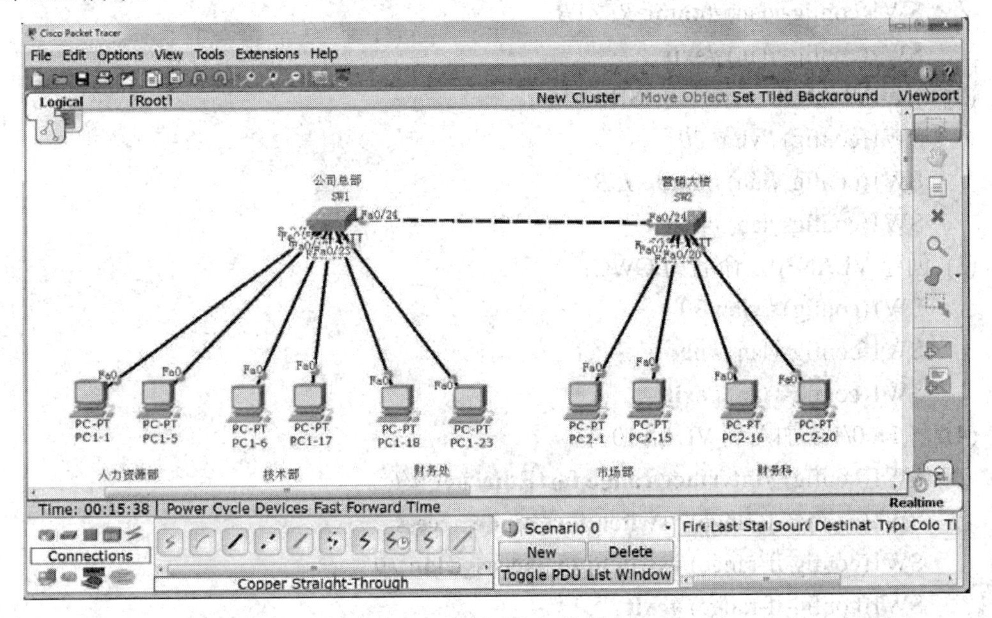

图 6-23　绘制网络拓扑示意图

(二) 规划设计

规划设计各计算机的 IP 地址、子网掩码、默认网关及所属 VLAN，见表 6-1。

表 6-1　计算机 IP 地址及 VLAN 规划表

部门	VLAN	VLAN 名称	计算机	连接交换机/端口	IP 地址	子网掩码	默认网关
人力资源部	10	RLZYB	PC1-1	SW1/Fa0/1	192.168.10.1	255.255.255.0	192.168.10.254
			PC1-5	SW1/Fa0/5	192.168.10.5		
技术部	20	JSB	PC1-6	SW1/Fa0/6	192.168.20.6		192.168.20.254
			PC1-17	SW1/Fa0/17	192.168.20.17		
财务处	30	CWC	PC1-18	SW1/Fa0/18	192.168.30.18		192.168.30.254
			PC1-23	SW1/Fa0/23	192.168.30.23		
市场部	40	SCB	PC2-1	SW2/Fa0/1	192.168.40.1		192.168.40.254
			PC2-15	SW2/Fa0/15	192.168.40.15		
财务科	30	CWC	PC2-16	SW2/Fa0/16	192.168.30.16		192.168.30.254
			PC2-20	SW2/Fa0/20	192.168.30.20		

(三) 交换机配置过程

根据表 6-1 的规划对交换机 SW1 和 SW2 进行配置。

1. 交换机 SW1 的配置。

(1) 为交换机命名为 SW1 并创建 VLAN10，命名为 RLZYB：

```
Switch(config) #hostname SW1
SW1(config) #vlan 10
SW1(config-vlan) #name RLZYB
SW1(config-vlan) #exit
```

(2) 创建 VLAN20，命名为 JSB：

```
SW1(config) #vlan 20
SW1(config-vlan) #name JSB
SW1(config-vlan) #exit
```

(3) 创建 VLAN30，命名为 CWC：

```
SW1(config) #vlan 30
SW1(config-vlan) #name CWC
SW1(config-vlan) #exit
```

(4) 将 Fa 0/1-5 加入到 VLAN10 中：

```
SW1(config) #interface range fastEthernet 0/1-5
SW1(config-if-range) #switchport mode access
SW1(config-if-range) #switchport access vlan 10
SW1(config-if-range) #exit
```

(5) 将 Fa 0/6-17 加入到 VLAN20 中：

```
SW1(config) #interface range fastEthernet 0/6-17
SW1(config-if-range) #switchport mode access
SW1(config-if-range) #switchport access vlan 20
SW1(config-if-range) #exit
```

(6) 将 Fa 0/8-23 加入到 VLAN30 中：

```
SW1(config) #interface range fastEthernet 0/18-23
SW1(config-if-range) #switchport mode access
SW1(config-if-range) #switchport access vlan 30
```

(7) 将 Fa 0/24 口设置成 Trunk：

```
SW1(config) #interface fastEthernet 0/24
SW1(config-if) #switchport mode trunk
```

(8) 让 Fa 0/24 口透传 VLAN30：

```
SW1(config-if) #switchport trunk allowed vlan 30
SW1(config-if) #exit
```

2. 交换机 SW1 的配置验证。

(1) 使用 show vlan 验证 SW1 的 VLAN 配置，如下所示。

```
SW1 #show vlan
VLAN Name                              Status    Ports
---- -------------------------------- --------- -------------------------------
1    default                           active    Gig1/1, Gig1/2
10   RLZYB                             active    Fa0/1, Fa0/2, Fa0/3, Fa0/4
                                                       Fa0/5
20   JSB                               active    Fa0/6, Fa0/7, Fa0/8, Fa0/9
                                        Fa0/10,  Fa0/11, Fa0/12, Fa0/13
                                        Fa0/14,  Fa0/15, Fa0/16, Fa0/17
30   CWC                               active    Fa0/18, Fa0/19, Fa0/20, Fa0/21
                                        Fa0/22,  Fa0/23
1002 fddi-default                      act/unsup
1003 token-ring-default                act/unsup
1004 fddinet-default                   act/unsup
1005 trnet-default                     act/unsup
VLAN Type  SAID    MTU   Parent RingNo BridgeNo Stp  BrdgMode Trans1 Trans2
-------------------------------------------------------------------------------
1    enet  100001  1500  -      -      -        -    -        0      0
10   enet  100010  1500  -      -      -        -    -        0      0
20   enet  100020  1500  -      -      -        -    -        0      0
30   enet  100030  1500  -      -      -        -    -        0      0
1002 fddi  101002  1500  -      -      -        -    -        0      0
1003 tr    101003  1500  -      -      -        -    -        0      0
1004 fdnet 101004  1500  -      -      -        ieee -        0      0
1005 trnet 101005  1500  -      -      -        ibm  -        0      0
Remote SPAN VLANs
------------------------------------------------------------------------------
Primary Secondary Type              Ports
------- --------- ----------------- ------------------------------------------
```

(2) 使用 show interfaces trunk 验证 SW1 的 Trunk 口配置，如下所示。

```
SW1 #show interfaces trunk
Port        Mode         Encapsulation  Status        Native vlan
Fa0/24      on           802.1q         trunking      1
Port        Vlans allowed on trunk
Fa0/24      30
Port        Vlans allowed and active in management domain
Fa0/24      30
```

```
Port        Vlans in spanning tree forwarding state and not pruned
Fa0/24      none
```

3. 交换机 SW2 的配置。

(1) 为交换机命名为 SW2，创建 VLAN30 命名为 CWC：

```
Switch(config) #hostname SW2
SW2(config) #vlan 30
SW2(config-vlan) #name CWC
SW2(config-vlan) #exit
```

(2) 创建 VLAN40，命名为 SCB：

```
SW2(config) #vlan 40
SW2(config-vlan) #name SCB
SW2(config-vlan) #exit
```

(3) 将 Fa 0/16-20 加入到 VLAN30 中：

```
SW2(config) #interface range fastEthernet 0/16-20
SW2(config-if-range) #switchport mode access
SW2(config-if-range) #switchport access vlan 30
SW2(config-if-range) #exit
```

(4) 将 Fa 0/1-15 加入到 VLAN40 中：

```
SW2(config)#interface range fastEthernet 0/1-15
SW2(config-if-range) #switchport mode access
SW2(config-if-range) #switchport access vlan 40
SW2(config-if-range) #exit
```

(5) 将 Fa 0/24 口设置成 Trunk：

```
SW2(config) #interface fastEthernet 0/24
SW2(config-if) #switchport mode trunk
```

(6) 让 Fa 0/24 口透传 VLAN30：

```
SW2(config-if) #switchport trunk allowed vlan 30
SW2(config-if) #exit
```

4. 交换机 SW2 的配置验证。

(1) 使用 show vlan 验证 SW2 的 VLAN 配置，如下所示。

```
SW2 #show vlan
VLAN Name                             Status    Ports
---- -------------------------------- --------- -------------------------------
1    default                          active    Fa0/21, Fa0/22, Fa0/23, Gig1/1
                                                Gig1/2
30   CWC                              active    Fa0/16, Fa0/17, Fa0/18, Fa0/19
                                                Fa0/20
40   SCB                              active    Fa0/1, Fa0/2, Fa0/3, Fa0/4
```

```
                                          Fa0/5, Fa0/6, Fa0/7, Fa0/8
                                          Fa0/9, Fa0/10, Fa0/11, Fa0/12
                                          Fa0/13, Fa0/14, Fa0/15
1002 fddi-default                act/unsup
1003 token-ring-default          act/unsup
1004 fddinet-default             act/unsup
1005 trnet-default               act/unsup
VLAN  Type   SAID       MTU   Parent RingNo BridgeNo Stp  BrdgMode Trans1 Trans2
---- ----- ---------- ----- ------ ------ -------- ---- -------- ------ ------
1     enet  100001     1500   -      -      -        -    -        0      0
30    enet  100030     1500   -      -      -        -    -        0      0
40    enet  100040     1500   -      -      -        -    -        0      0
1002  fddi  101002     1500   -      -      -        -    -        0      0
1003  tr    101003     1500   -      -      -        -    -        0      0
1004  fdnet 101004     1500   -      -      -        ieee -        0      0
1005  trnet 101005     1500   -      -      -        ibm  -        0      0
Remote SPAN VLANs
------------------------------------------------------------------------------
Primary Secondary Type              Ports
------- --------- ----------------- ------------------------------------------
```

(2) 使用 show interfaces trunk 验证 SW2 的 Trunk 口配置，如下所示。

```
SW2 #show interfaces trunk
Port        Mode         Encapsulation  Status        Native vlan
Fa0/24      on           802.1q         trunking      1
Port        Vlans allowed on trunk
Fa0/24      30
Port        Vlans allowed and active in management domain
Fa0/24      30
Port        Vlans in spanning tree forwarding state and not pruned
Fa0/24      30
```

(四) PC 的 IP 地址配置

根据表 6-1 的规划对各计算机的 IP 地址、子网掩码、默认网关进行设置(设置方法参照实训项目二)。

(五) 测试各计算机之间的连通性

1. PC1-1 与 PC1-6 之间。

PC1-1 与 PC1-6 之间不能连通，如图 6-24 所示，说明同一交换机上人力资源部与技术部不能互相通信。

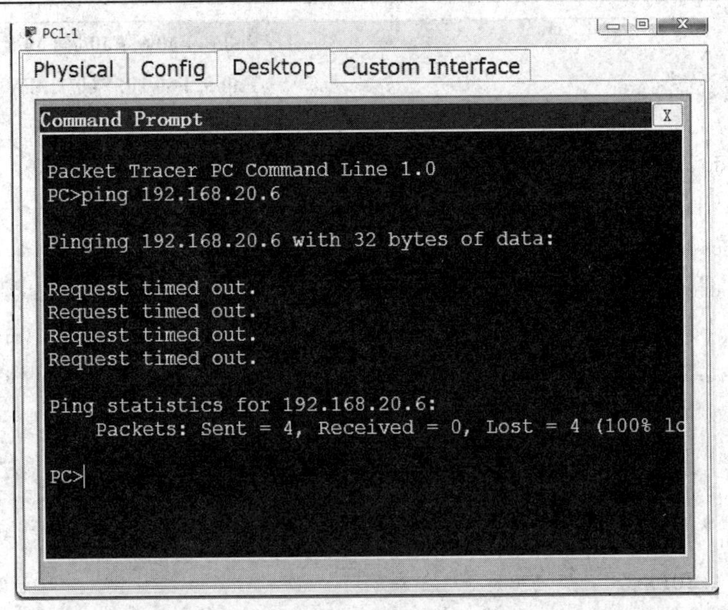

图 6-24　人力资源部与技术部不能互相通信

2. PC1-1 与 PC1-18 之间。

PC1-1 与 PC1-18 之间不能连通，如图 6-25 所示，说明同一交换机上人力资源部与财务处不能互相通信。

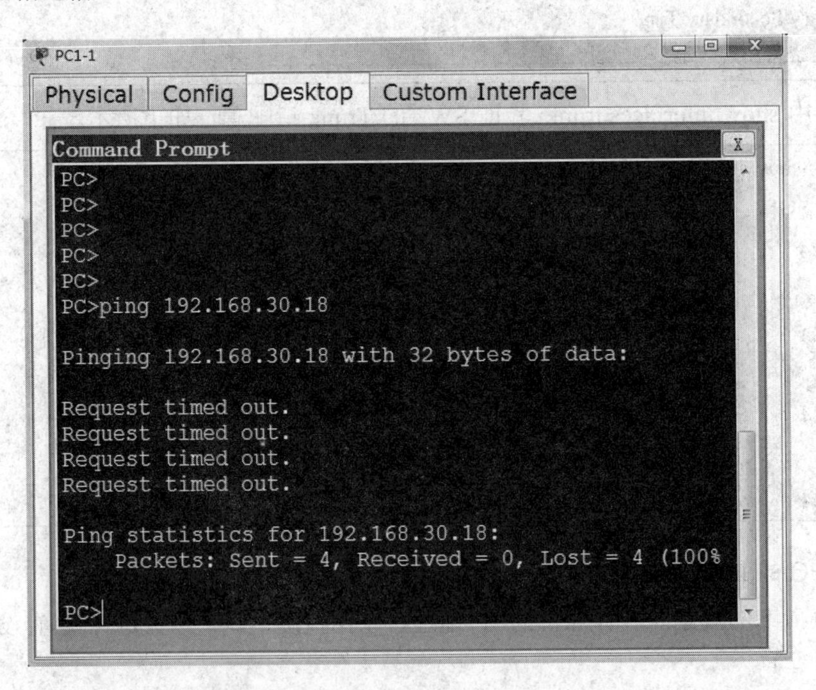

图 6-25　人力资源部与财务处不能互相通信

3. PC1-1 与 PC2-1 之间。

PC1-1 与 PC2-1 之间不能连通，如图 6-26 所示，说明不同交换机上人力资源部与市场部不能互相通信。

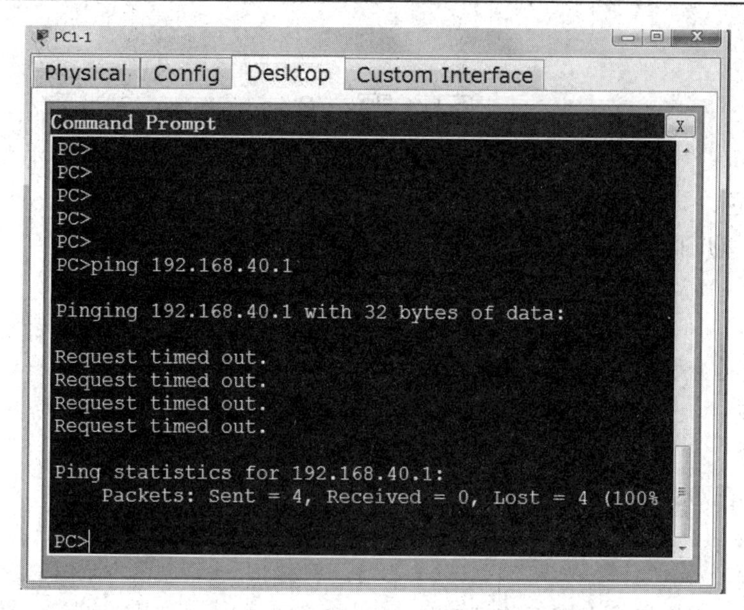

图 6-26　人力资源部与市场部不能互相通信

4. PC1-18 与 PC2-16 之间。

PC1-18 与 PC2-16 之间通信正常，如图 6-27 所示，说明不同交换机上财务处之间能够互相通信。

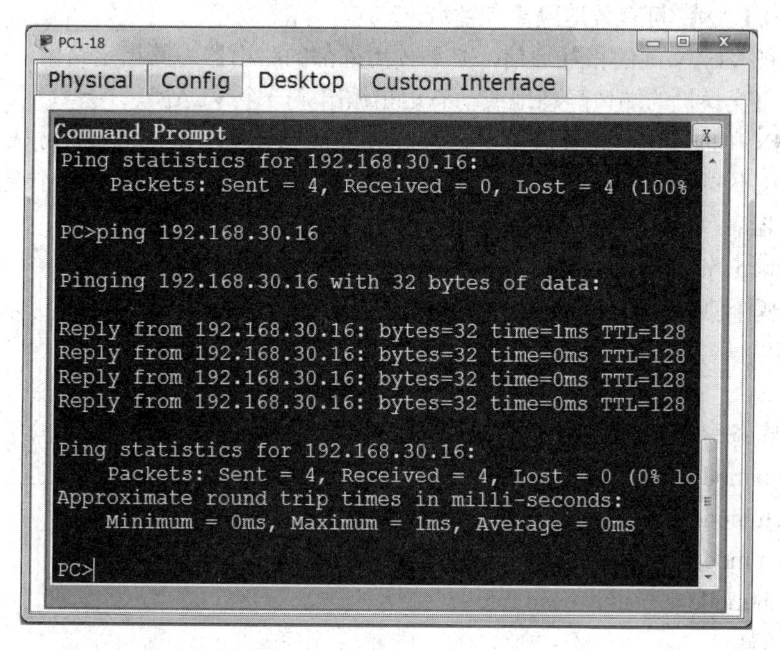

图 6-27　不同交换机上财务处之间能够互相通信

四、项目总结

根据项目实施的过程撰写项目总结报告，对出现的问题进行分析，写出解决问题的方法和体会。

习　题　6

一、选择题

1. 具有隔离广播信息能力的网络互联设备是(　　)。

A. 网关　　B. 中继器

C. 路由器　　D. I2 交换机

2. VLAN 符合下列哪一项?(　　)

A. 冲突域　　B. 生成树域

C. 广播域　　D. VIP 域

3. 交换机在 OSI 模型的(　　)提供 VLAN 连接。

A. 物理层　　B. 数据链路层

C. 网络层　　D. 传输层

4. 以下哪条交换机命令用于将端口加入到 VLAN 中?(　　)

A. access vlan vlan-id　　B. switchport access vlan vlan-id

C. vlan vlan-id　　D. set port lan vlan-id

5. 下面对 VLAN 的描述，不正确的是(　　)。

A. 利用 VLAN，可有效地隔离广播域

B. 要实现 VLAN 间的相互通信，必须使用外部的路由器为其指定路由

C. 可以将交换机的端口静态地或动态地指派给某一个 VLAN

D. VLAN 中的成员可相互通信，只有访问其他 VLAN 中的主机时，才需要网关。

6. 连接在不同交换机上的、属于同一 VLAN 的数据帧必须通过(　　)传输。

A. 服务器　　B. 路由器

C. Backbone 链路　　D. Trunk 链路

7. 以下哪个协议能够动态地协商中继参数?(　　)

A. PAgP　　B. STP

C. CDP　　D. DTP

8. 下列哪条命令将交换机端口配置成建立中继链路时不进行协商?(　　)

A. switch mode trunk

B. switch mode trunk nonegotiate

C. switch mode dynamic auto

D. switch mode dymamic desirable

二、简答题

1. 什么是 VLAN?在什么情况下使用它?

2. 采用 VLAN 技术，主要在哪些方面提高了网络的性能?

3. 将交换机端口划分到 VLAN 中的方式有哪两种?它们之间有何区别?

4. 如果静态地将交换机端口划分到 VLAN 中，去除该 VLAN 后将出现什么情况?

5. 标识 VLAN 有哪两种方法？它们之间有何区别？

三、实训题

对于图 6-28，交换机 A、B、C 的基本配置如表 6-2 所示。

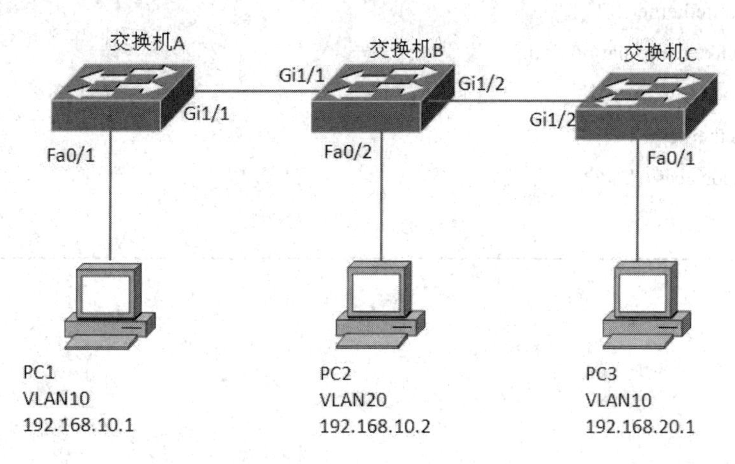

图 6-28　实训题

请回答下面的问题：

1. PC1 和 PC2 配置了位于同一子网的 IP 地址，但两台 PC 连接到不同的 VLAN 中，按照给出的交换机的配置，PCI 和 PC2 之间能够 Ping 通吗?

2. PC2 和 PC3 被分配到不同的 IP 子网和同一个 VLAN 中，PC2 和 PC3 之间能够 Ping 互通吗？

表 6-2　实训题中交换机 A、B、C 的基本配置

交换机 A 的配置
interface gigabitethernet 1/1 switchport mode acess swtichport acess vlan 10 interface fastethernet 0/1 switchport mode acess swtichport acess vlan 10
交换机 B 的配置
interface gigabitethernet 1/1 switchport mode acess swtichport acess vlan 20 interface gigabitethernet1/2 switchport trunk encapsulation isl switchport mode trunk interface fastethernet 0/2 switchport mode acess swtichport acess vlan 20

交换机 C 的配置
interface gigabitethernet 1/2 switchport trunk encapsulation dotlq switchport mode trunk interface fastethernet 0/1 switchport mode acess swtichport acess vlan 10

第 7 章　交换网络中的冗余链路

第 7 章

❖ 学习目标：

- 理解生成树协议的内容、术语及比较规则
- 能够对交换机配置生成树协议，并选出主链路和冗余链路
- 能够利用冗余技术来实现实际的工程任务

7.1　冗余链路的基本概念

在传统的交换网络中，设备之间是通过单条链路进行连接的，如图 7-1 所示，终端 PC 通过连接到交换机上来实现对服务器的访问，当某个节点或是某条链路发生故障时，单点连接就可导致网络无法访问。

解决这种问题的办法就是在网络中再多搭建一条或几条链路，也就是冗余链路，如图 7-2 所示，我们搭建了两条链路来实现终端对服务器的访问，正常情况下数据按照从 A→B→服务器指示的链路进行传输，如果这条链路出现故障，也可以利用从 A→C→B→服务器指示的冗余链路实现数据的传输，这样就实现了网络的健壮性和稳定性。

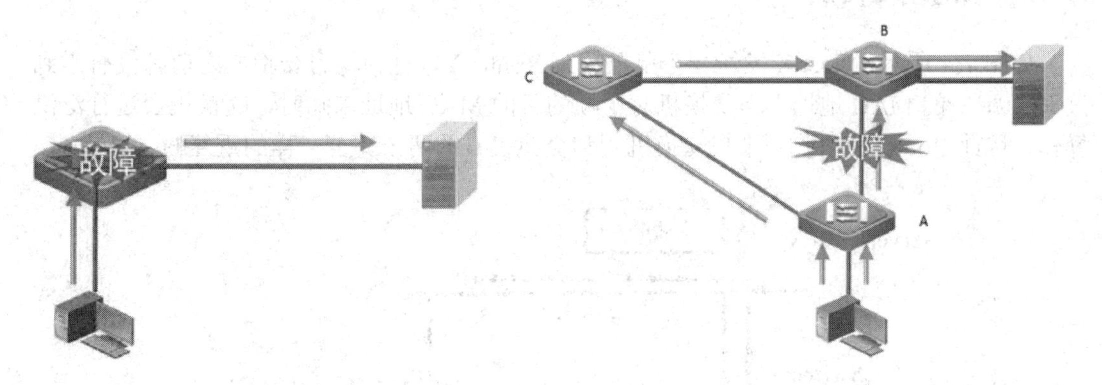

图 7-1　单点故障　　　　图 7-2　冗余链路

现今网络为了防止单链路故障一般都会设置冗余备份链路，但冗余备份链路在网络中会存在环路。有环路的交换网络存在以下三个问题：

(1) 广播风暴；

(2) 帧的重复复制；

(3) 交换机 MAC 地址表不稳定。

7.1.1　广播风暴

如图 7-3 所示，Host X 发送了一个广播包，交换机 A 和 B 都将收到这个广播包，按照交换机的工作原理，它们分别会进行转发。由于交换机转发数据帧时不对帧做任何处理，所以对于再次到来的广播帧，交换机 A 不能识别出此数据帧已经被转发过，交换机 A 还将对此广播帧做洪泛操作。

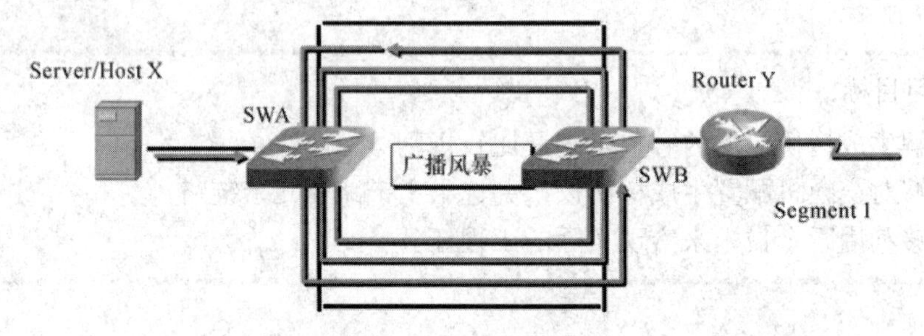

图 7-3　广播风暴示意图

广播帧到达交换机 B 后会做同样的操作，并且此过程会不断地进行下去，无限循环。以上分析的只是广播被传播的一个方向，实际环境中会在两个不同的方向上产生这一过程。

这样一来，在很短的时间内大量重复的广播帧被不断循环转发从而消耗掉整个网络的带宽，甚至连接在这个网段上的所有主机设备也会受到影响，CPU 将不得不产生中断来处理不断到来的广播帧，这极大地消耗了系统的处理能力，严重时可能导致死机。

广播包在该网络中不断被重复转发，占据网络带宽，导致正常数据不能被转发，这种现象称为“广播风暴”。一旦产生“广播风暴”，系统将无法自动恢复，必须由系统管理员人工干预恢复网络状态。

7.1.2　帧的重复复制

如图 7-4 所示，Host X 发送一个单播帧到 Router Y，任何一台交换机之前都没有学到过 Router Y 的 MAC 地址，当交换机对于帧的目的 MAC 地址未知时，交换机会进行泛洪操作，因此 Router Y 将收到来自交换机 A 和交换机 B 的两个完全一样的重复帧。

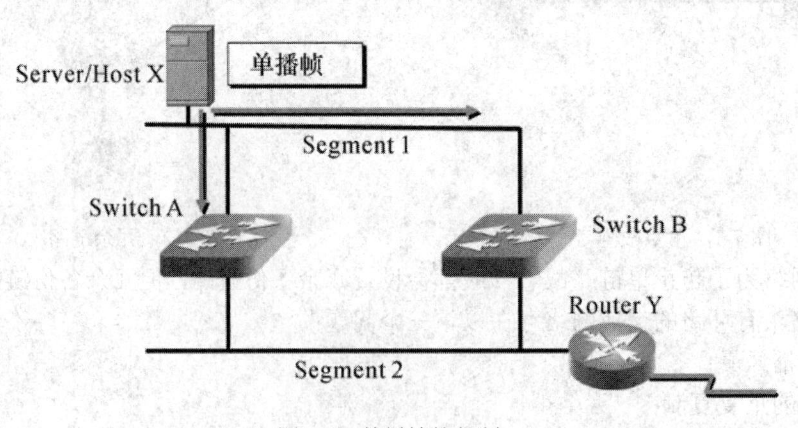

图 7-4　单播帧的复制

根据上层协议与应用的不同，同一个数据帧被传输多次可能导致应用程序的错误。

7.1.3　MAC 地址表不稳定

如图 7-5 所示，Host X 发送一个单播帧到 Router Y。网络中任何一台交换机都没有学到过 Host X 的 MAC 地址。Switch A 和 Switch B 从各自的 Port 0 接口学到 Host X 的 MAC 地址，将其加入 MAC 地址表项中。根据交换机工作原理，该帧被洪泛(Flooding)转发出去，这样的话，Switch A 和 Switch B 又都从各自的 Port 1 接口学习到了 Host X 的 MAC 地址，并将其加入 MAC 地址表项中。

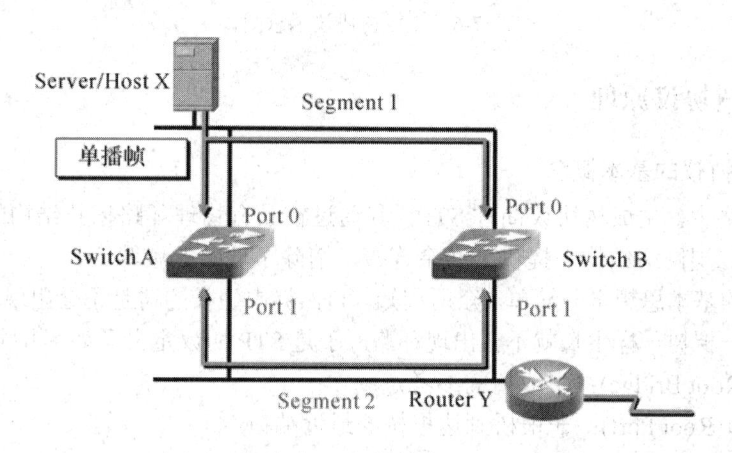

图 7-5　MAC 地址表不稳定的过程示意图

交换机学习到了错误的信息，并且造成交换机 MAC 地址表的不稳定，这种现象被称为 MAC 地址漂移。

7.2　生成树协议

7.2.1　生成树的产生

尽管交换机组成的网络在冗余备份后存在环路这个隐患，但是所有的用户还是希望网络具有优秀的故障恢复能力；也就是出现链路故障的时候，在不需要人为干涉的前提下，故障能够自动恢复。要做到这一点，网络必须具有物理上的冗余，物理上的冗余就带来了环路。

那如何解决交换机环路带来的这些问题呢？

我们必须找到一种方法，它能够通过某种算法来阻断冗余链路，将一个有环路的交换网络修剪成一个无环路的树型拓扑结构，这样既解决了环路问题，同时又能在某条活动(Active)的链路断开时，通过激活被阻断的冗余链路重新修剪拓扑结构以恢复网络的连通。也就是说当主要链路正常时，断开备份链路，如图 7-6(a)所示；而当主要链路出故障时，自动启用备份链路，如图 7-6(b)所示，生成树协议(Spanning-Tree Protocol)能够发现冗余网络拓扑中的环路，并能通过阻塞某个端口，自动消除环路。

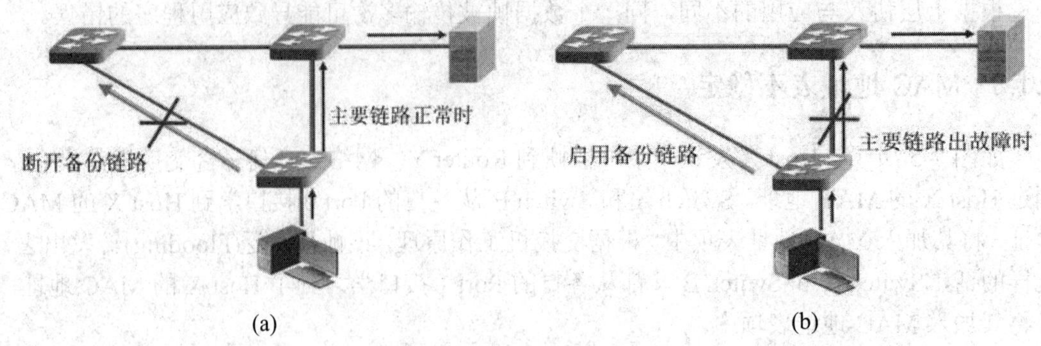

图 7-6　生成树协议示意图

7.2.2　生成树协议原理

1. 生成树协议的基本概念

在二层网络中，生成树协议简称 STP，其通过在具有物理环路拓扑结构的网络上构建一个无环路的二层网络结构，提供了冗余连接，消除了环路的威胁。

STP 协议的基本思想十分简单。众所周知，自然界中生长的树是不会出现环路的，如果网络也能够像一棵树一样生长就不会出现环路。于是 STP 协议定义了如下几个概念：

(1) 根桥(Root Bridge)：生成树的参考点；

(2) 根端口(Root Port)：非根桥到达根桥的最近端口；

(3) 指定端口(Designated Port)：连接各网段的转发端口；

(4) 路径开销(Path Cost)：整个路径上端口开销之和。

定义这些概念的目的就在于通过构造一棵自然树达到裁剪冗余环路的目的，同时实现链路备份和路径最优化。

2. 生成树协议的基本算法

用于构造这棵树的算法称为生成树算法 STA(Spanning Tree Algorithm)。

生成树算法的基本原理很简单，交换机之间彼此传递一种特殊的配置消息，生成树协议(802.1D)将这种配置消息称为桥协议数据单元或者 BPDU。BPDU 中包含了足够的信息来保证网桥完成生成树的计算。交换机会根据 BPDU 消息来完成如下的工作：

(1) 在桥接网络的所有参与生成树计算的网桥中，选出一个作为树根(Root Bridge)。

(2) 计算出其他网桥到这个根网桥的最短路径。

(3) 为每一个 LAN 选出一个指定网桥，该网桥必须是离根网桥最近的。指定网桥负责将这个 LAN 上的包转发给根桥。

(4) 为每个网桥选择一个根端口，该端口给出的路径是本网桥到根网桥的最短路径。

(5) 确定除根端口之外的包含于生成树上的端口(指定端口)。

3. BPDU 帧格式及作用

(1) BPDU 帧格式。

BPDU 被称作桥协议数据单元(Bridge Protocol Data Unit)，BPDU 的帧格式如图 7-7 所示。

图 7-7　BPDU 的帧格式示意图

图中各段内容的含义如下：

DMA：目的 MAC 地址，配置消息的目的地址，固定的组播地址为 0x0180c2000000；

SMA：源 MAC 地址，即发送该配置消息的桥 MAC 地址；

L/T：帧长；

LLC Header：配置消息固定的链路头；

Payload：BPDU 的数据。

(2) BPDU 包含的关键字段。

BPDU 包含的关键字段及其作用见表 7-1。

表 7-1　BPDU 包含的关键字段及其作用

字段	字节	作　用
协议 ID	2	标识生成树协议的 ID
版本号	1	标识生成树协议的版本
报文类型	1	标识是配置 BPDU 还是 TCN BPDU
标记域	1	标识生成树协议的域
根网桥 ID	8	用于通告根网桥的 ID
根路径成本	4	说明这个 BPDU 从根传输了多远
发送网桥 ID	8	发送这个 BPDU 网桥的 ID
端口 ID	2	发送报文的端口的 ID
报文老化时间	2	计时器值，用于说明生成树用多长时间完成它的每项功能
最大老化时间	2	
访问时间	2	
转发延迟	2	

交换机之间通过传递表 7-1 中的内容就能够完成生成树的计算。

(3) BPDU 的作用。

BPDU 的作用除了在 STP 刚开始运行时选举根桥外，其他的作用还包括检测发生环路的位置、阻止环路发生、通告网络状态的改变、监控生成树的状态等。

7.2.3　生成树协议关键术语

为了叙述方便，下面我们先介绍生成树协议的几个关键术语。

1. 根交换机(Root Switch)

每个广播域选出一个根交换机，网桥 ID(Bridge ID)值最小的交换机即为根交换机。

运行生成树协议的每个广播域中会选出一个根交换机，且只能有一个根交换机，怎么选呢？依据网桥 ID(也就是 Bridge ID)来选，这个 Bridge ID 由两部分构成：一个是交换机的优先级，取值范围在 0～65 535 之间，默认值是 32 768，值是 0 或 4096 的倍数；另一个是交换机的 MAC 地址。选根交换机的时候就是先比较交换机的 Bridge ID 值，谁小谁是根，如果交换机的 Bridge ID 相同，那就比较 MAC 地址，仍然是谁小谁是根。

2. 非根交换机

除了根交换机之外的其他交换机统统都可以称为非根交换机。在非根交换机中有一种指定交换机，是指某一网段通过该交换机到达根交换机的路径花费最少的交换机。

3. 路径花费(Root Path Cost)

从字面意思我们就能知道，它指的是非根交换机到达根交换机的路径开销。这个路径开销是和带宽成反比的，带宽越高，路径花费越小，根交换机的路径花费为 0。不同带宽下的路径开销见表 7-2。

表 7-2　不同带宽下的路径开销

链路带宽/(Mb/s)	路径开销	链路带宽/(Mb/s)	路径开销
10	100	155	14
16	62	622	6
45	39	1000	4
100	19	10 000	2

如果从非根交换机到达根交换机有多条链路，那么路径开销是多条链路路径开销的总和，如图 7-8 所示，交换机 D 到根交换机如果走 D→B→Root(根)的话，每条链路的带宽是 100M，那么路径开销就是 19 + 19 = 38。

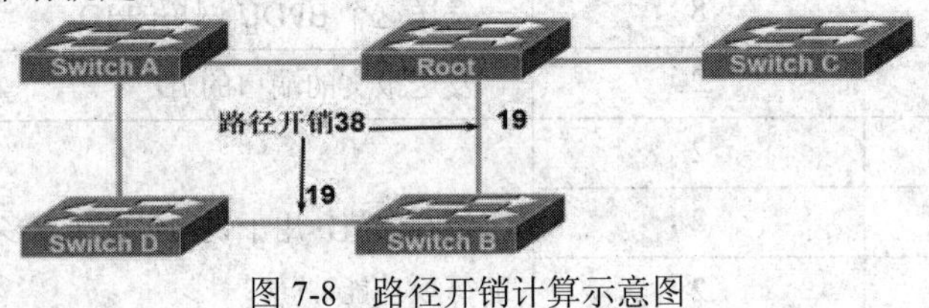

图 7-8　路径开销计算示意图

4. 根端口(Root Port)

根端口，简称 RP，是指一台非根交换机到达根交换机的具有最佳路径的端口。这个根端口处于转发状态(Forwarding)，特别要注意的是，根端口在非根交换机上。

如图 7-9 所示，在交换机 B 和 C 上，到达根交换机 A 最近的端口是 B 和 C 的根端口 RP。

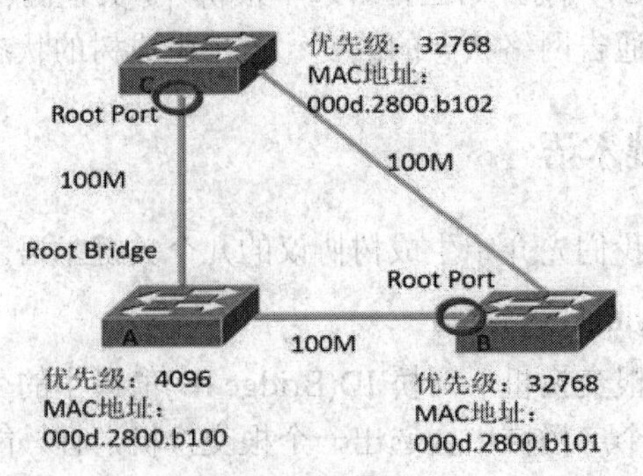

图 7-9　根端口示意图

5. 指定端口(Designated Port)

指定端口，简称 DP，是指从每个网段到达根交换机的具有最佳路径的端口。这个端口也处于转发状态(Forwarding)，指定端口在根交换机上。生成树协议中的交换机有 Bridge ID，端口也有 Port ID，Port ID 也是由两部分构成：一个是端口的优先级，取值范围在 0～255 之间，默认值是 128，值是 0 或 16 的倍数；另一个是端口的编号。

在每个网段上，选择一个指定端口，根桥上的端口全是指定端口，非根桥上的指定端口则依据根路径成本最低、端口所在的网桥的 ID 值较小、端口 ID 值较小三个方面综合考虑。

如图 7-10 所示，根交换机 A 上的端口都是指定端口 DP，对于交换机 B 和交换机 C，由于交换机 B 的网桥 ID 较小，所以 B 上的端口为指定端口，如图 7-10 中☆所示。

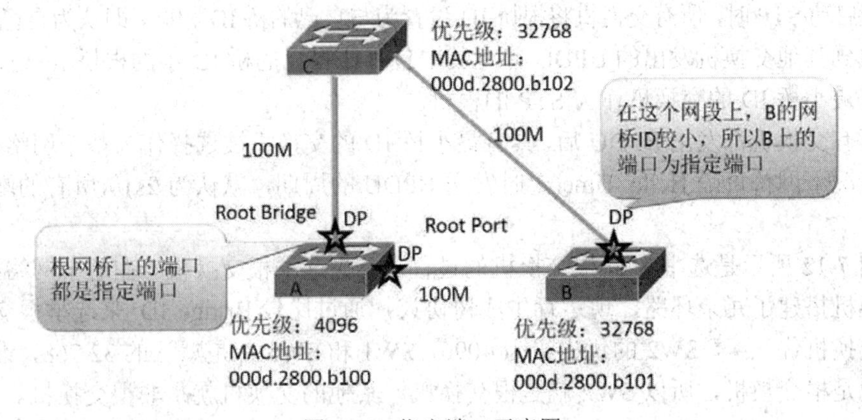

图 7-10　指定端口示意图

6. 非指定端口

如果这个端口既不是根端口也不是指定端口，那么它就是非指定端口，即冗余端口，如图 7-11 中，C 交换机的另一个端口，它处于阻塞状态(Blocking)。

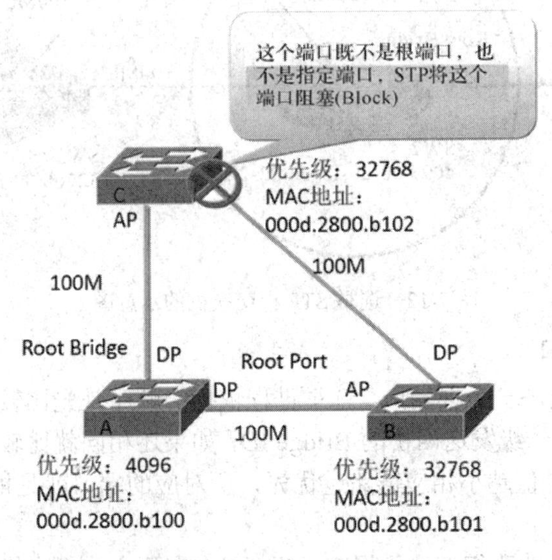

图 7-11　非指定端口示意图

7.3 生成树协议的工作过程

7.3.1 STP 工作过程

生成树协议 STP 工作过程主要有以下几个步骤：第一步选举根交换机，第二步在非根交换机上选举一个根端口，第三步在每个网段选举一个指定端口；第四步阻塞非根端口、非指定端口。下面通过几个实例来讲解生成树协议 STP 的工作过程。

1. 选举根桥(交换机)

开始启动 STP 时，所有交换机将根桥 ID 设置为与自己的桥 ID 相同，即认为自己是根桥。

当收到其他交换机发出的 BPDU 并且其中包含比自己的桥 ID 小的根桥 ID 时，交换机将此具有最小桥 ID 的交换机作为 STP 的根桥。

当所有交换机都发出 BPDU 后，具有最小桥 ID 的交换机被选择作为整个网络的根桥。在正常情况下网桥每隔 Hello Time(定时发送 BPDU 的周期，默认为 2s)从所有的端口发出 BPDU。

如图 7-12 所示是选举 STP 根交换机的过程。首先选举根交换机。在这个网络拓扑中，三台交换机搭建了冗余环路，现运行生成树协议，通过比较 Bridge ID 来选举根交换机，先比较交换机优先级，SW2 的优先级为 4096，SW1 和 SW3 都是默认的 32 768，谁小谁优先，谁就是根交换机，所以 SW2 就是根交换机，其他的交换机就是非根交换机。

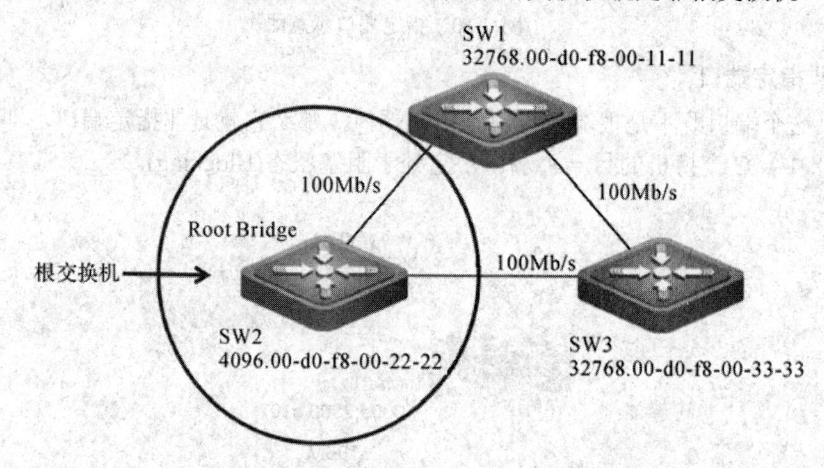

图 7-12 选举 STP 根交换机的示意图

2. 选举一个根端口

在非根交换机上选举一个根端口，选举过程依据的顺序是先比较到根交换机的路径开销，如果相同再比较上一级发送网桥的 Bridge ID，如果还相同就比较上一级交换机发送端口的 Port ID，全部都是值越小相应链路越优先，所对应的端口就是根端口。

(1) 比较路径开销。

如图 7-13 所示，刚才我们选出了根交换机，现在在两台非根交换机 SW1 和 SW3 上选择根端口。先比较根路径花费，从 SW1 到根交换机有两条路径，一条是从 Fa0/1→根交换机 SW2，百兆链路路径开销为 19；另一条是从 Fa0/2→交换机 SW3→根交换机 SW2，路径开销为 19 + 19 = 38，所以前一条路径的开销小，Fa0/1 就是根端口，图中我们用圆圈表示。按照同样的方法，在 SW3 上选择出的根端口，就是 SW3 的 Fa0/1 口。

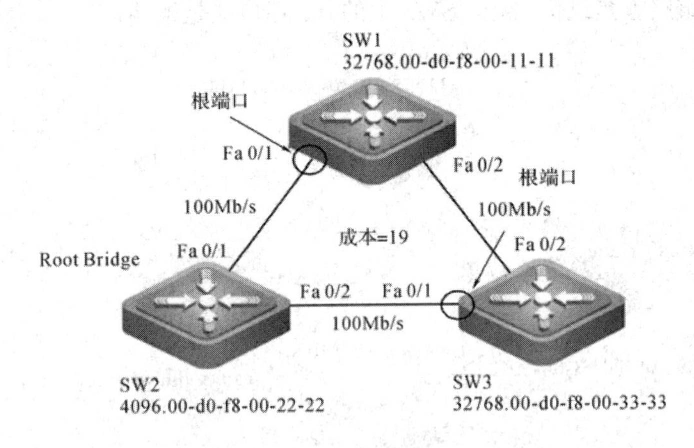

图 7-13　路径开销相同时 STP 根端口的选择示意图

(2) 比较发送网桥的 Bridge ID。

如果增加一个交换机 SW4，变成如图 7-14 所示网络拓扑，则选举根端口的过程同(1)，SW1 和 SW4 通过比较路径花费，选出了根端口分别是 Fa0/1 和 Fa0/2。

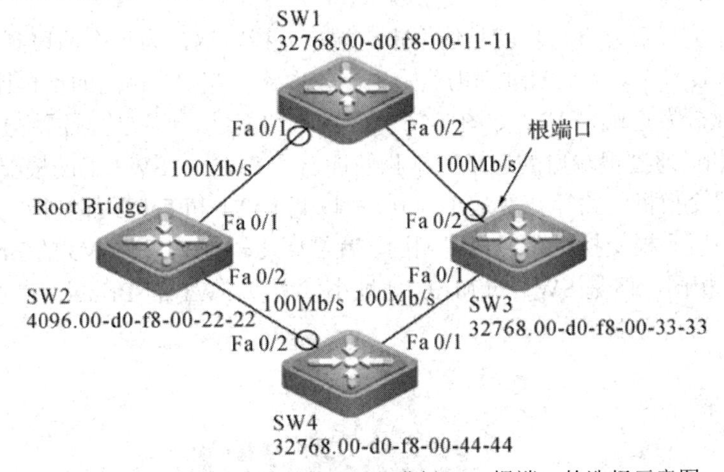

图 7-14　比较发送网桥的 Bridge ID 进行 STP 根端口的选择示意图

再看一下 SW3，它有两条链路，第一条链路是从 SW3→SW1→SW2，第二条链路是从 SW3→SW 4 →SW2，两条链路的路径花费都是 38，没有可比性，那就比较发送网桥的 Bridge ID。给 SW3 发送生成树信息的交换机分别是 SW1 和 SW4，比较它俩的优先级和 MAC 地址，优先级相同，SW1 的 MAC 地址小，所以第一条链路是从 SW3→SW1→SW2 就是最优路径，F0/2 就是交换机 SW3 的根端口。

(3) 比较发送端口 ID。

如果发送网桥 ID 也相同，怎么办呢？我们可以通过比较发送端口 ID 来选举根端口。如果网络拓扑如图 7-15 所示，仍然是选择 SW3 上的根端口。刚才通过比较发送网桥的 ID

确定了 SW3 到达根交换机的最优路径是 SW3→SW1→SW2(根)，但 SW3 和 SW1 间通过两条百兆链路连接，是同一个发送网桥，这时再比较发送网桥 ID 就比不出大小了，那就比较发送端口的 ID，比较 SW1 上的 Fa0/2 口和 Fa0/3 口，比较端口优先级和端口编号，如果端口优先级相同(没有设置，则全都默认 128)的情况下就比较端口编号，SW1 的 0/2 端口编号小，这条链路就是最优路径，SW3 上的 0/2 端口就是根端口。

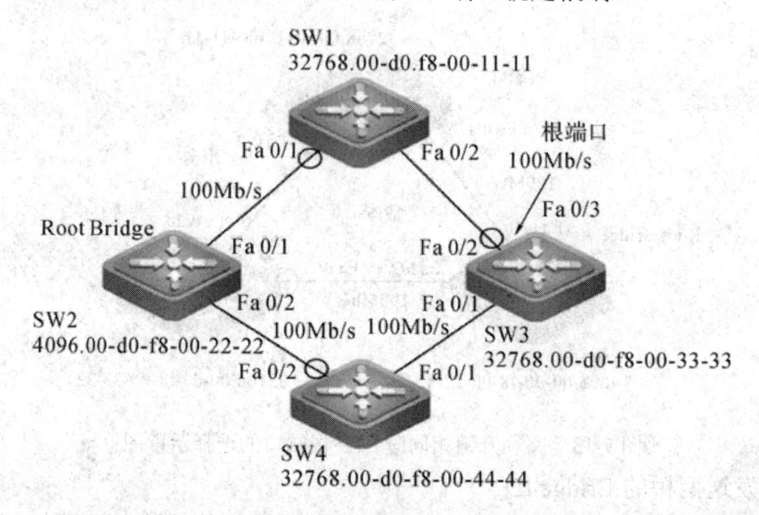

图 7-15 比较发送网桥的端口 ID 进行 STP 根端口的选择示意图

3. 选举指定端口

根端口选举完成后，下一步就是选举指定端口。指定端口为每个网段到根交换机最近的端口，处于转发状态。选举的过程仍然是先比较根路径花费，相同的话再比较发送网桥，如果还相同就比较发送端口 ID。如图 7-16 所示的网络拓扑，通过比较网桥 ID 我们选举出 SW2 为根交换机，通过根端口的选举依据我们选出了 SW1 和 SW3 上的根端口，现在该选指定端口了。根交换机的路径花费最小为 0，所以其 Fa0/1 和 Fa0/2 都是指定端口，我们用☆表示。这个网段到根交换机路径花费相同，就需要比较 SW1 和 SW3 的 Bridge ID，SW1 与 SW3 优先级相同，但是 SW1 的 MAC 地址小，所以 SW1 的 Bridge ID 小，因而 SW1 的 0/2 口被选举为指定端口。

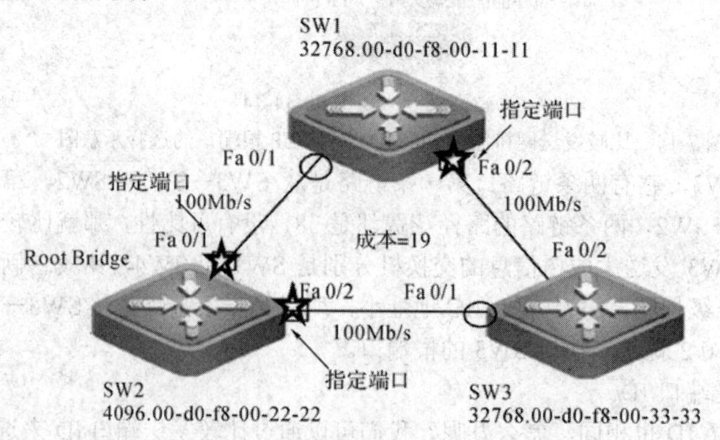

图 7-16 STP 指定端口的选择示意图

在图 7-16 中，圆圈表示根端口，星号表示指定端口，这些端口都处于开启的数据转发状态。

4. 非指定端口(冗余端口)

在图 7-16 中，只有 SW3 的 Fa0/2 这个端口既不是根端口也不是指定端口，那它就是非指定端口，也就是冗余端口。该端口处于阻塞状态。在这个具有冗余环路的网络里，我们运行生成树协议后，SW1→SW2 和 SW3→SW2 这两条链路就是主链路，处于开启状态，则剩下的这条链路就是备份链路，当主链路开启时它处于关闭状态。如果主链路出现故障断开了，网络会重新运行生成树协议，重新选择根端口和指定端口，这条冗余链路就会开启，替代主链路保障网络正常运行。

7.3.2　STP 端口状态

当拓扑发生变化时，新的配置消息要经过一定的时延才能传播到整个网络。

在所有网桥收到这个变化的消息之前，若旧拓扑结构中处于转发状态的端口还没有发现自己应该在新的拓扑中停止转发，则可能存在临时环路。为了解决临时环路的问题，生成树使用了一种定时器策略，即在端口从阻塞状态到转发状态中间加上一个只学习 MAC 地址但不参与转发的中间状态，两次状态切换的时间长度都是 Forward Delay(转发延迟，协议默认值是 15 s)，这样就可以保证在拓扑变化的时候不会产生临时环路。在 802.1D 的协议中，端口有以下几种状态：

(1) Blocking(阻塞)：处于这个状态的端口不能够参与转发数据报文，但是可以接收配置消息，并交给 CPU 进行处理；不过不能发送配置消息，也不进行地址学习。

(2) Listening(倾听)：处于这个状态的端口也不参与数据转发，不进行地址学习，但是可以接收并发送配置消息。

(3) Learning(学习)：处于这个状态的端口同样不能转发数据，但是开始地址学习，并可以接收、处理和发送配置消息。

(4) Forwarding(转发)：一旦端口进入该状态，就可以转发任何数据了，同时也进行地址学习和配置消息的接收、处理和发送。

交换机上一个原来被阻塞掉的端口由于在最大老化时间内没有收到 BPDU，从阻塞状态转变为倾听状态，倾听状态经过一个转发延迟 Forward Delay(15 s)到达学习状态，经过一个转发延迟时间的 MAC 地址学习过程后进入转发状态。如果到达倾听状态后发现本端口在新的生成树中不应该由此端口转发数据则直接回到阻塞状态。

STP 接口四种状态之间的转换关系如图 7-17 所示。

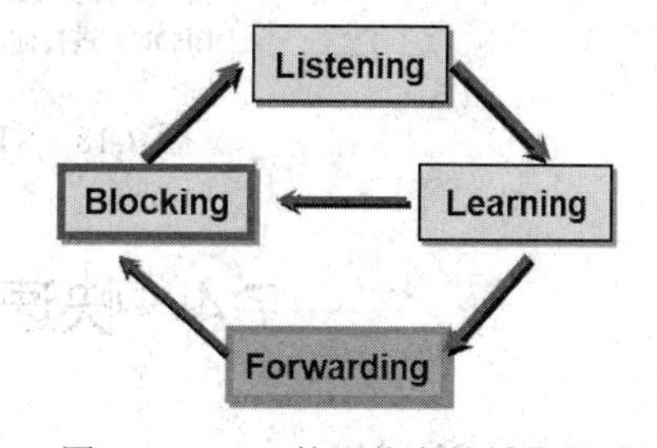

图 7-17　STP 接口状态的转换关系

7.3.3　STP 算法的定时器

从整个网络来看，阻塞了某些端口就等于阻塞了某些链路，而其他的链路组成一个无环路的树型拓扑结构。当链路发生故障时，网络的拓扑发生改变，新的配置消息总要经过一定的时延才能传遍整个网络。那么在其他网桥发现拓扑改变之前会发生什么事情呢？存在以下两种可能性：

(1) 在旧的拓扑中处于转发状态的端口在新的拓扑中应该被阻塞，可是它自己并没有意识到这一点，造成临时的路径回环。

(2) 在旧的拓扑中被阻塞的端口应该在新的拓扑中参与数据转发，如果它自己不知道，则会造成网络暂时失去连通性。

第二种没有太大关系，只是会丢掉几个包；但第一种临时的路径回环带来的问题前面已经讲了很多，而生成树算法的定时器策略对路径回环提供了一种很好的解决方案。

生成树算法的配置消息中携带了一个生存期的域值，根网桥从它的所有端口周期性地发送生存期为 0 的配置消息，收到配置消息的网桥也同样从自己的指定端口发送自己的生存期为 0 的配置消息。如果生成树的枝条出现故障，则这条链路下游的端口将不会收到新鲜的配置消息，自己的配置消息的生存期值不断增长，直至到达一个极限，之后该网桥将抛弃这个过时的配置消息，重新开始生成树计算。

定时发送的周期叫做 Hello Time，网桥从指定端口以 Hello Time 为周期定时发送配置消息。

配置消息的生存期为 Message Age(缺省为 2 s)、最大生存期为 Max Age(缺省为 20 s)。端口保存的配置消息有一个生存期 Message Age 字段，并按时间递增。每当收到一个生存期更小的配置消息，则更新自己的配置消息。当一段时间未收到任何配置消息，生存期达到 Max Age 时，网桥则认为该端口连接的链路发生故障并进行故障的处理。

生成树使用计时器来决定状态间转换所需的时间，示意图如图 7-18 所示。

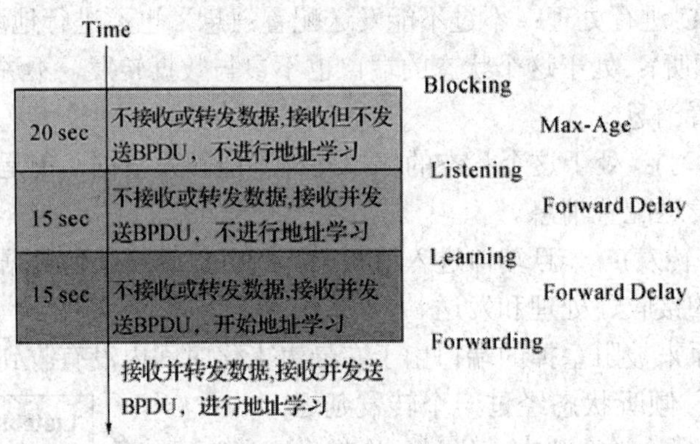

图 7-18　STP 的计时器和状态示意图

7.4　快速生成树协议 RSTP

7.4.1　STP 的不足

在生成树协议中，端口从阻塞状态进入转发状态必须经历两倍的 Forward Delay 时间，所以网络拓扑结构改变之后需要至少两倍的 Forward Delay 时间，才能恢复连通性。如果网络中的拓扑结构变化频繁，网络会频繁地失去连通性，这样用户就会无法忍受。

为了解决这些问题，就要改进生成树算法，快速生成树协议 RSTP(Rapid Spanning Tree Protocol)的出现很好地解决了这些问题。

7.4.2　RSTP 的特点

RSTP 之所以称为快速生成树协议(IEEE802.1w)，是因为它在保持 STP 所有优点的基础上，比 STP 提供了更快的收敛速度，即在物理拓扑变化或配置参数发生变化时，原来冗余的交换机端口在点对点的连接条件下端口状态可以迅速迁移(Discard→Forward)，能够显著地减少网络拓扑的重新收敛时间 。

RSTP 定义了两种新增加的端口角色，用于取代阻塞端口，如图 7-19 所示。

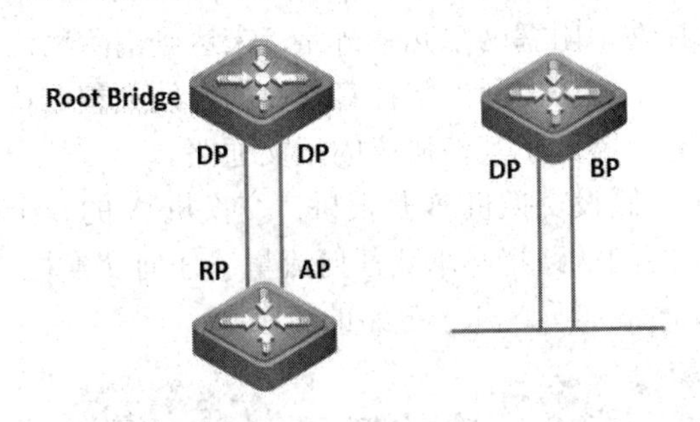

图 7-19　RSTP 定义的两种新端口

(1) 替代(alternate)端口 AP：为根端口到根网桥的连接提供了替代路径。

(2) 备份(backup)端口 BP：提供了到达同段网络的备份路径。

RSTP 有三种端口状态，即丢弃(Discarding)、学习(Learning)、转发(Forwarding) ，这三种端口状态与 STP 的端口状态对应见表 7-3。

表 7-3　STP 与 RSTP 的端口状态对应表

运行状态	STP 端口状态	RSTP 端口状态	在活动的拓扑中是否包含此状态
Disabled	Disabled	Discarding	否
Enabled	Blocking	Discarding	否
Enabled	Listening	Discarding	否
Enabled	Learning	Learning	是
Enabled	Forwarding	Forwarding	是

7.4.3　RSTP 的改进

RSTP 协议的改进主要有以下三点：

(1) 新根端口可以立刻进入转发状态。在新拓扑结构中，如果旧的根端口已经进入阻塞状态，而且新根端口连接的对端交换机的指定端口处于 Forwarding 状态，那么新根端口可以立刻进入转发状态。

(2) 指定端口可以通过与相连的网桥进行一次握手，快速进入转发状态。

(3) 网络边缘的端口，即直接与终端相连而不是和其他网桥相连的端口可以直接进入转发状态，不需要任何延时。

RSTP 协议与 STP 协议完全兼容，RSTP 协议根据收到的 BPDU 版本号来自动判断与之相连的交换机支持的是 STP 协议还是 RSTP 协议。

7.5 多生成树协议

7.5.1 单生成树的缺点

前面讨论的是单生成树 SST(Single Spanning Tree)的工作原理。单生成树协议是一种二层管理协议，它通过有选择性地阻塞网络冗余链路，来达到消除网络二层环路的目的，同时具备链路的备份功能。单生成树实际上掌管着端口的转发大权，特别是在和别的协议一起运行的时候，生成树就有可能断了其他协议的报文通路。

另外，如图 7-20 所示，假设交换机 B 是根桥，交换机 A 的一个端口被阻塞，在这种情况下，交换机 A 和 D 之间的链路将不承载任何流量。任何交换机 A 和 D 之间的流量都将经过交换机 B 和 C 转发，增加了这几条链路的负担。

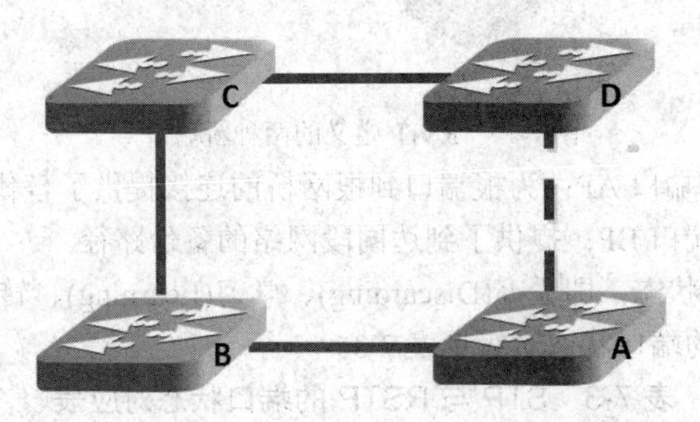

图 7-20 单生成树的缺点示意图

这只是单生成树缺陷中的一个，单生成树还可能出现的问题包括：

(1) 由于整个交换网络只有一棵生成树，在网络规模比较大的时候会导致较长的收敛时间，拓扑改变的影响面也较大。

(2) 在网络结构不对称的时候单生成树可能会影响网络的连通性。

这些缺陷都是单生成树无法克服的，于是支持 VLAN 的生成树协议出现了，这就是多生成树协议。

7.5.2 多生成树协议 MSTP

1. MSTP 的优势

多生成树协议(MSTP，Multiple Spanning Tree Protocol)是 IEEE 802.1s 中定义的一种新生成树协议。

如图 7-21 所示，四台交换机上都 Trunk 了 VLAN 2 和 VLAN 3。在单生成树状态下，假设阻断了 Switch A 的 Port 1 接口，那么 Switch A 到 Switch D 间的链路在正常情况下一直处于闲置，没有任何业务流量。

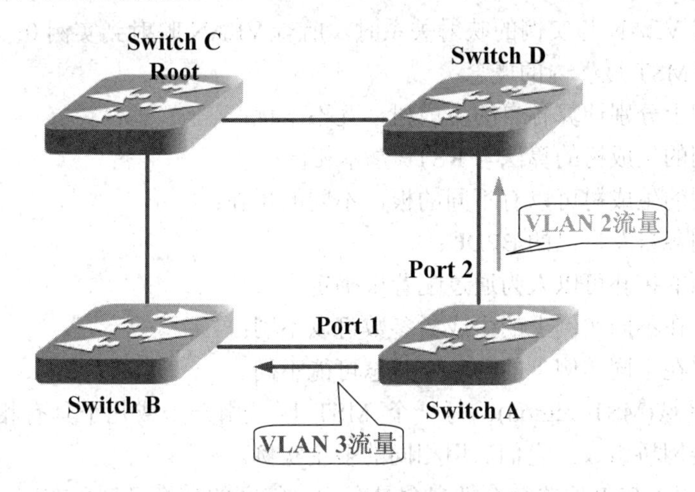

图 7-21　MSTP 原理示意图

但如果这四台交换机都运行 MSTP 协议并且都 Trunk 了 VLAN 2 和 VLAN 3，我们可以灵活设置。假设 Switch C 是所有 VLAN 的根桥，通过配置 MSTP，可以使得 Switch A 上 Port 1 端口阻塞 VLAN 2 的流量(但不阻塞 VLAN 3 流量)，同时使得 Switch A 上 Port 2 端口阻塞 VLAN 3 的流量(但不阻塞 VLAN 2 流量)。

这样配置后我们可以看到，Switch A 与 Switch B 之间的链路仍然可以承载 VLAN 3 的流量，Switch A 与 Switch D 之间的链路也仍可以承载 VLAN 2 的流量，同时具备链路备份和流量均衡的功能，而这在前面的单生成树情况下是无法实现的。

MSTP 协议的优势在于把支持 MSTP 的交换机和不支持 MSTP 的交换机划分成不同的区域，分别称作 MST 域和 SST 域。在 MST 域内部运行多实例化的生成树，SSTP 模式和 RSTP 模式均可以当作 MSTP 模式的特例在 MST 域的边缘运行。

在 SSTP 模式和 RSTP 模式下，没有 VLAN 的概念，每个端口的状态只有一种，即端口在不同 VLAN 中的转发状态是一致的。而在 MSTP 模式下，可以存在多个 Spanning-Tree 实例，端口在不同 VLAN 下的转发状态可以不同；在 MST 区域内部可以形成多个独立的子树实例，实现负载均衡。

MSTP 相对于之前的种种生成树协议而言优势非常明显，MSTP 具有 VLAN 认知能力，可以实现负载均衡，可以捆绑多个 VLAN 到一个实例，可以降低各种资源的占用率。最难能可贵的是，MSTP 可以很好地向下兼容 STP/RSTP 协议，而且 MSTP 是 IEEE 标准，协议推广的阻力小。

2. MSTP 中的基本概念

在 STP 协议的基础上，MSTP 提出了一些新的概念。

(1) MSTI(Multiple Spanning Tree Instance，多生成树实例)。MSTI 是 MSTP 中最重要的概念，它是指由一组交换机组成的运行一个或多个业务 VLAN 的组合，在这个组合中统一运行 MSTP 算法建立一棵生成树。

➢ 每个实例对应一个或一组 VLAN；

➢ 每个 VLAN 只能对应一个实例(映射)；

➢ 每个交换机可以运行多个实例(MSTID：1～16)；
➢ 没有配置 VLAN 与实例的映射关系时，所有 VLAN 映射到实例 0；
➢ 实例是“MST 域”内的概念；
➢ 每个实例上分别计算各自的生成树，互不干扰；
➢ 每个实例的生成树的算法与 RSTP 基本相同；
➢ 每个实例的生成树可以有不同的根，不同的拓扑；
➢ 每个实例各自发自己的 BPDU；
➢ 每个实例的拓扑可以人为通过配置来确定；
➢ 每个端口在不同实例上的生成树参数可以不同；
➢ 每个端口在不同实例上的角色、状态可能不同。

(2) MST 区域(MST region)。每一个 MST 区域由一个或几个具有相同 MST 配置 ID(MCID)的相连网桥组成，它们启用相同的多个实例。

用户可以通过MSTP配置命令把多台具有相同特征的交换机划分在同一个MST域内，也就是 MST 域(Multiple Spanning Tree Regions，多生成树域)。这些交换机的共同特征如下：

➢ 都启动 MSTP；
➢ 都具有相同的域名(Region name)；
➢ 各交换机相同的 VLAN 映射同一个实例(如把 VLAN 2 映射到 Instance 2，VLAN 3 映射到 Instance 3)；
➢ 都具有相同的 MSTP 修订级别(Revision Level)；
➢ 彼此之间的物理链路要连通。

(3) MST 配置 ID(MCID)。具有相同的 MCID 的 MST 桥属于相同的 MST 域，它由四部分组成：

➢ Format Selector：0(无需配置)；
➢ Configuration Name：32 byte 字符串(包括网桥的 MAC 地址)；
➢ Revision Level：2 byte 非负整数(0)；
➢ Configuration Digest：利用 HMAC-MD5 算法将域中 VLAN 和实例的映射关系加密成 16 byte 的摘要。

(4) 公共生成树 CST(Common Spanning Tree)。把每个区域看成一台交换机，这样区域之间就形成了一棵转发树，此树称为公共生成树。

(5) 内部生成树 IST(Internal Spanning Tree)。内部生成树是多生成树的一个特殊实例(instance ID= 0)。

(6) 公共内部生成树 CIST(Common and Internal Spanning Tree)。公共内部生成树是由所有 IST(一棵 IST 视为一台交换机)、STP 交换机和 RSTP 交换机组成的一棵贯穿整个网络的树。

(7) 总根(CIST Root)。由网络中所有交换机竞选出的优先级最高的交换机称为总根。

(8) 域根(Region Root)。一个域内拥有相同域配置的 MSTP 交换机；在某一多生成树实例中，竞选出的优先级最高的交换机即为该生成树实例的域根。

MSTP 上述的几个主要概念见图 7-22 所示综合实例。

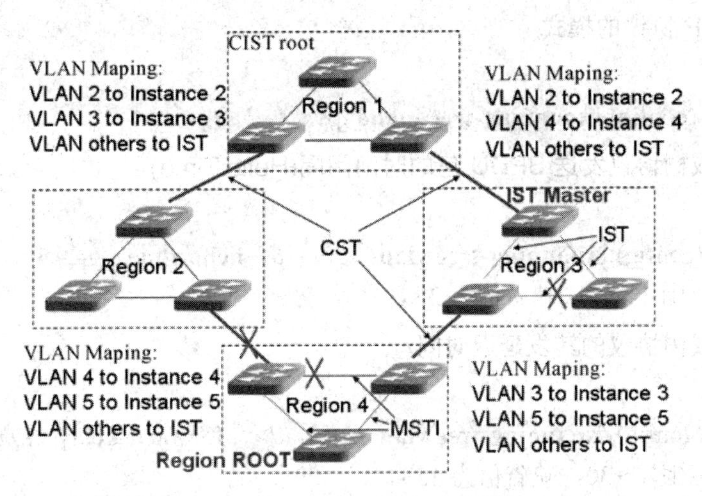

图 7-22　MSTP 基本概念实例

7.5.3　MSTP 的实现原理

MSTP 的实现需要理解以下几点：

(1) MSTP 将整个二层网络划分为多个 MST 域，各个域之间通过计算生成 CST。

(2) 域内通过计算生成多棵生成树，每棵生成树都被称为是一个 MSTI。

(3) MSTP 同 RSTP 一样，使用配置消息进行生成树的计算，只是配置消息中携带的是交换机上 MSTP 的配置信息。

(4) MSTI 的计算。在 MST 域内，MSTP 根据 VLAN 和生成树实例的映射关系，针对不同的 VLAN 生成不同的生成树实例。每棵生成树独立进行计算，计算过程与 STP/RSTP 计算生成树的过程类似。

(5) CIST 生成树的计算。经过比较配置消息后，在整个网络中选择一个优先级最高的交换机作为 CIST 的树根。在每个 MST 域内 MSTP 通过计算生成 IST；同时 MSTP 将每个 MST 域作为单台交换机对待，通过计算在 MST 域间生成 CST。CST 和 IST 构成了整个交换机网络的 CIST。

7.6　生成树协议的配置

7.6.1　配置 STP/RSTP

生成树协议 STP 的配置主要有以下几个方面：

1. 在全局模式或端口模式下启用或关闭 STP 协议

命令如下：

Switch (config) #**spanning-tree** vlan < *vlan id*>

Switch (config-if) #**no spanning-tree**

2. 设置 STP 协议的模式

命令如下：

Switch (config) #**spanning-tree mode** *{pvst | rapid-pvst}*

3. 配置生成树协议发送 BPDU 包的时间间隔(Hello Time)

命令如下：

Switch(config) #**spanning-tree vlan** < *vlan id*> **hello-time** <*time*>

单位：s，范围 1～10，缺省值为 2 s。

4. 设置生成树协议的转发延迟时间

命令如下：

Switch(config) #**spanning-tree vlan** < *vlan id*> **forward-delay** <*time*>

单位：s，范围 4～30，缺省值为 15 s。

5. 配置生成树协议 BPDU 包的最大有效时间

命令如下：

Switch(config) #**spanning-tree vlan** < *vlan id*> **max-age** <*time*>

单位：s，范围是 6～40，缺省值为 20 s。

6. 配置交换机的优先级数值

命令如下：

Switch (config) #**spanning-tree vlan** < *vlan id*> **priority** <*priority*>

该命令参数说明见表 7-4。

表 7-4　交换机的优先级数值配置说明

参　数	描　述
<priority>	交换机的优先级，必须为 0 或 4096 的倍数，缺省为 32 768 (8 × 4096)，最大为 61 440 (15 × 4096)，值越小优先级越高。

7. 配置端口的路径开销

命令如下：

Switch (config-if) #**spanning-tree vlan** < *vlan id*> **cost** <*cost*>

hSwitch (config-if) #**spanning-tree cost** <*cost*>

端口的路径开销配置说明见表 7-5。

表 7-5　端口的路径开销配置说明

参　数	描　述
<cost>	端口的路径开销，范围 1 到 2000000；默认情况下，端口的路径开销是根据此端口的速率，通过速率—路径开销的映射表来设置的，参见表 7-2

8. 配置端口优先级

命令如下：

Switch (config-if) #**spanning-tree vlan port-priority** <*priority*>

端口优先级配置说明见表 7-6。

表 7-6 端口优先级配置说明

参 数	描 述
<priority>	端口优先级，必须为 16 的倍数，缺省为 128(8×16)，最大为 240(15×16)

7.6.2 配置 MSTP

并不是所有厂商的所有设备都支持多生成树，由于思科模拟器并不支持多生成树 MSTP，所以下面的命令与 ZXR10 设备对接。

1. 在全局模式或端口模式下启用或关闭 STP 协议

命令如下：

ZXR10(config) #**spanning-tree** *{enable | disable}*

ZXR10(config-if) #**spanning-tree** *{enable | disable}*

其中 enable 表示开启 STP 协议，disable 表示关闭 STP 协议。

2. 设置 STP 协议的模式

命令如下：

ZXR10 (config) #**spanning-tree mode** *{stp | rstp | mstp}*

这里应当设为 MSTP。

3. 进入 MSTP 配置模式

命令如下：

ZXR10(config) #**spanning-tree mst configuration**

4. 创建 MSTP 实例

命令如下：

ZXR10(config-mstp) #**instance** *<instance>* **vlan** *<vlan-id>*

创建 MSTP 实例命令中的参数说明见表 7-7。

表 7-7 创建 MSTP 实例命令中的参数说明

参 数	描 述
<instance>	实例号，范围 1～63
<vlan-id>	实例对应的 VLAN 映射表，范围 1～4094

5. 设置 MST 配置名称

命令长度不超过 32 个字符，配置名称缺省为交换机的基 MAC 地址：

ZXR10(config-mstp) #**name** *<string>*

6. 设置 MST 配置版本号

配置 STP 模式为 MSTP 时，如果需要把交换机配置在一个区域中时，必须配置该参数，使每个交换机的配置保持一致，范围 0～65 535，缺省为 0。

ZXR10(config-mstp) #**revision** <*version*>

7. 配置网桥在某已创建实例中的优先级

命令如下：

ZXR10(config) #**spanning-tree mst instance** <*instance*> **priority** <*priority*>

配置网桥在某已创建实例中的优先级参数说明见表 7-8。

表 7-8　网桥在某已创建实例中的优先级配置参数说明

参　数	描　　述
<instance>	实例号，范围 0～63，实例 0 永久存在
<priority>	网桥优先级，必须为 4096 的倍数，缺省为 32 768(8 × 4096)，最大为 61 440(15 × 4096)

8. 配置端口在某已创建实例中的端口优先级

命令如下：

ZXR10 (config-if) #**spanning-tree mst instance** <*instance*> **priority** <*priority*>

配置端口在某已创建实例中的端口优先级参数说明见表 7-9。

表 7-9　端口在某已创建实例中的端口优先级参数配置说明

参　数	描　　述
<instance>	实例号，范围 0～63，实例 0 永久存在
<priority>	端口优先级，必须为 16 的倍数，缺省为 128(8 × 16)，最大为 240(15 × 16)

9. 生成树配置实例

如图 7-23 所示，在骨干网运行 MSTP。三台交换机 A、B、C 配置在同一个 MST 区域中，MST 域作为 CST 的根，即 CIST 根桥在 MST 区域内部。它们的初始优先级均为 32 768，根据 MAC 地址确定 CIST Root 和 IST Root。创建两个 MST 实例，将区域中的 VLAN 映射到这两个 MST 实例中。

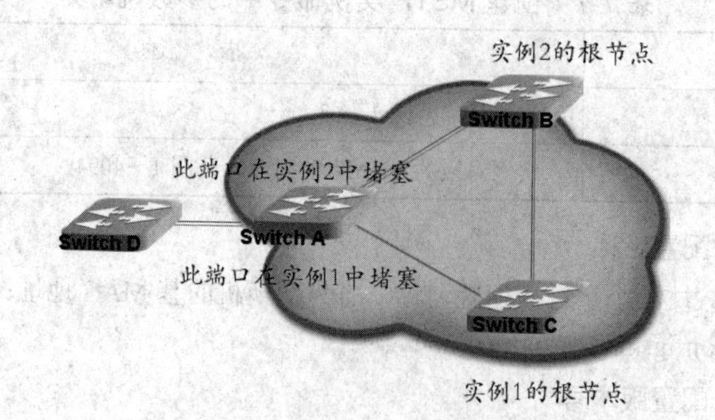

图 7-23　MSTP 配置实例图

三台交换机的 MAC 地址分别为：

- Switch A：00d0.d0f0.0101
- Switch B：00d0.d0f0.0102
- Switch C：00d0.d0f0.0103

交换机 D 上运行 CST 模式，它的 MAC 地址为 00d0.d0f0.0104，优先级为 32 768。

本例的目的是要实现整个网络的快速聚合和区域内交换机 A 上两条链路的负载均衡。

(1) 交换机 A 上的配置如下：

```
ZXR10_A(config) #spanning-tree mode mstp
ZXR10_A(config) #spanning-tree mst configuration   /*配置 MST 区域*/
ZXR10_A(config-mstp) #name zte
ZXR10_A(config-mstp) #revision 2
ZXR10_A(config-mstp) #instance 1 vlan 1-10
/*将 VLAN 1 到 10 映射到 instance 1 中*/
ZXR10_A(config-mstp) #instance 2 vlan 11-20
/*将 VLAN 11 到 20 映射到 instance 2  中*/
```

(2) 交换机 B 上的配置如下：

```
ZXR10_B(config) #spanning-tree mode mstp
ZXR10_B(config) #spanning-tree mst configuration /*配置 MST 区域*/
ZXR10_B(config-mstp) #name zte
ZXR10_B(config-mstp) #revision 2
ZXR10_B(config-mstp) #instance 1 vlan 1-10
/*将 VLAN 1 到 10 映射到 instance 1 中*/
ZXR10_B(config-mstp) #instance 2 vlan 11-20
/*将 VLAN 11 到 20 映射到 instance 2  中*/
ZXR10_B(config-mstp) #spanning-tree mst instance 2 priority 4096
/*改变交换机 B 在 instance 2 中的优先级，使之成为 instance 2 的 Root*/
```

(3) 交换机 C 上的配置如下：

```
ZXR10_C(config) #spanning-tree mode mstp
ZXR10_C(config) #spanning-tree mst configuration   /*配置 MST 区域*/
ZXR10_C(config-mstp) #name zte
ZXR10_C(config-mstp) #revision 2
ZXR10_C(config-mstp) #instance 1 vlan 1-10
/*将 VLAN 1 到 10 映射到 instance 1 中*/
ZXR10_C(config-mstp) #instance 2 vlan 11-20
/*将 VLAN 11 到 20 映射到 instance 2  中*/
ZXR10_C(config-mstp) #spanning-tree mst instance 1 priority 4096
/*改变交换机 C 在 instance 1 中的优先级，使之成为 instance 1 的 Root*/
```

(4) 交换机 D 上保持默认配置即可。

实训项目 5：组建冗余备份的小型交换网络

一、项目背景

在实训项目 4 中，A 公司人力资源部、财务处、市场部、技术部分别建立了自己的局域网，随着公司业务的发展，公司又为市场部新建了营销大楼，为了信息的安全，对人力资源部、财务处、市场部、技术部各局域网之间进行了广播隔离。有一天，公司总部财务处与营销大楼的财务科数据通信突然中断，而财务科内部的网络却是连通的，后经网络技术人员检查，是公司总部与营销大楼交换机之间的物理链路出现了故障，现公司要求解决该问题。

二、方案设计

根据项目背景，网络技术人员设计出的改进网络拓扑结构如图 7-24 所示，即在公司总部与营销大楼交换机之间增加一条冗余备份物理链路。

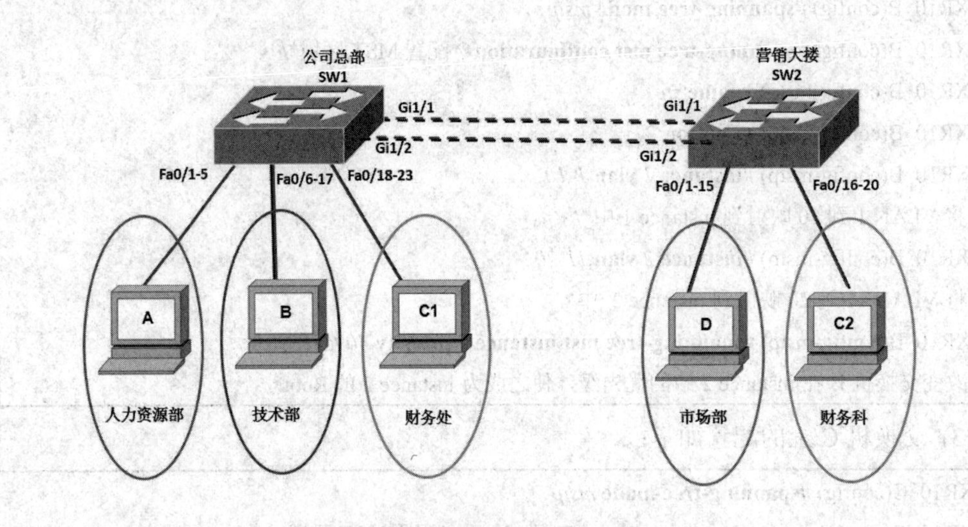

图 7-24　冗余备份的小型交换网络

根据实验室的实际情况本项目可使用实体设备或 Packet Tracer 模拟器完成。

本项目使用 Packet Tracer 模拟器完成。

三、方案实施

(一) 绘制网络拓扑图

打开 Packet Tracer 模拟器，按照图 7-24 选择交换机(本例中选择 2960)绘制网络拓扑图，如图 7-25 所示(请注意与图 6-23 的不同)。

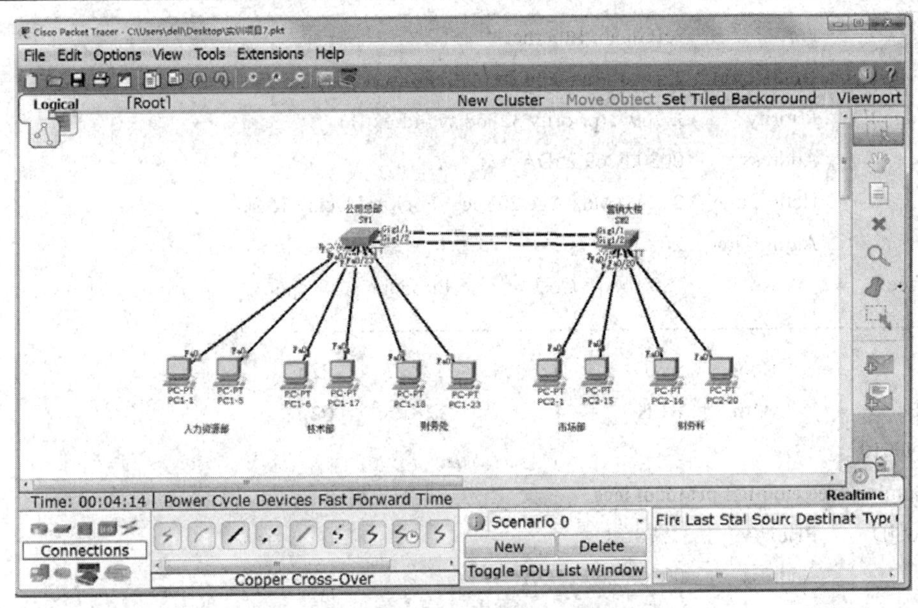

图 7-25　冗余备份的网络拓扑连接示意图

(二) 规划设计

规划设计各计算机的 IP 地址、子网掩码、默认网关及所属 VLAN 与表 6-1 相同。只是两台交换机的物理连接有变化，备份链路规划见表 7-10。

表 7-10　两台交换机的备份链路规划表

公 司 总 部					营 销 大 楼				
交换机名称	交换机型号	交换机优先级	本端接口名称	对端接口名称	交换机名称	交换机型号	交换机优先级	本端接口名称	对端接口名称
SW1	2960	4096	Gi1/1	Gi1/1	SW2	2960	32768 (缺省)	Gi1/1	Gi1/1
			Gi1/2	Gi1/2				Gi1/2	Gi1/2

(三) 项目实施过程

(1) 交换机 SW1 和 SW2 的基本配置及 VLAN 配置参照项目 4，这里不再重述。

(2) 在没有进行快速生成树协议 RSTP 配置之前，对交换机 SW1 和交换机 SW2 先查看一下 STP 的配置。

① 检查交换机 SW1 的默认配置。

查看情形如下：

```
SW1 #show spanning-tree
VLAN0001
  Spanning tree enabled protocol ieee
  Root ID    Priority    32769
             Address     0001.43C0.AB91
             Cost        4
```

```
                Port            25(GigabitEthernet1/1)
                Hello Time    2 sec    Max Age 20 sec    Forward Delay 15 sec
  Bridge ID     Priority        32769   (priority 32768 sys-id-ext 1)
                Address         0030.F269.25DA
                Hello Time    2 sec    Max Age 20 sec    Forward Delay 15 sec
                Aging Time    20
Interface          Role      Sts        Cost          Prio.Nbr       Type
------------------ ----------- -------- --------------------------------- -------------
Gi1/1              Root      FWD        4             128.25       P2p
Gi1/2              Altn      BLK        4             128.26       P2p
VLAN0010
  Spanning tree enabled protocol ieee
  Root ID       Priority        32778
                Address         0030.F269.25DA
                This bridge is the root
                Hello Time     2 sec    Max Age 20 sec    Forward Delay 15 sec
  Bridge ID     Priority        32778   (priority 32768 sys-id-ext 10)
                Address         0030.F269.25DA
                Hello Time    2 sec    Max Age 20 sec    Forward Delay 15 sec
                Aging Time    20
Interface          Role      Sts      Cost          Prio.Nbr    Type
--------------- --------------- -------- ------------ --------------- -----------------
Fa0/1              Desg      FWD      19            128.1       P2p
Fa0/5              Desg      FWD      19            128.5       P2p
VLAN0020
  Spanning tree enabled protocol ieee
  Root ID       Priority        32788
                Address         0030.F269.25DA
                This bridge is the root
                Hello Time    2 sec    Max Age 20 sec    Forward Delay 15 sec
  Bridge ID     Priority        32788   (priority 32768 sys-id-ext 20)
                Address         0030.F269.25DA
                Hello Time    2 sec    Max Age 20 sec    Forward Delay 15 sec
                Aging Time    20
Interface          Role      Sts      Cost          Prio.Nbr       Type
--------------- ---------------- -------- ----------- ---------------- ----------
Fa0/17             Desg      FWD    19              128.17       P2p
Fa0/6              Desg      FWD    19              128.6        P2p
VLAN0030
```

```
Spanning tree enabled protocol ieee
Root ID       Priority      32798
              Address       0030.F269.25DA
              This bridge is the root
              Hello Time    2 sec   Max Age 20 sec   Forward Delay 15 sec
Bridge ID     Priority      32798   (priority 32768 sys-id-ext 30)
              Address       0030.F269.25DA
              Hello Time    2 sec   Max Age 20 sec   Forward Delay 15 sec
              Aging Time    20
Interface          Role   Sts    Cost       Prio.Nbr   Type
---------------- ---- --- --------- -------- ----------- ---------------- ---------
Fa0/18             Desg   FWD    19         128.18     P2p
Fa0/23             Desg   FWD    19         128.23     P2p
```

② 检查交换机 SW2 的默认配置。

查看情形如下：

```
SW2 #show spanning-tree
VLAN0001
  Spanning tree enabled protocol ieee
  Root ID       Priority      32769
                Address       0001.43C0.AB91
                This bridge is the root
                Hello Time    2 sec   Max Age 20 sec   Forward Delay 15 sec
  Bridge ID     Priority      32769   (priority 32768 sys-id-ext 1)
                Address       0001.43C0.AB91
                Hello Time    2 sec   Max Age 20 sec   Forward Delay 15 sec
                Aging Time    20
Interface          Role   Sts    Cost       Prio.Nbr   Type
------------------ ----------- -------- ---------- ---------------- ---------
Gi1/1              Desg   FWD    4          128.25     P2p
Gi1/2              Desg   FWD    4          128.26     P2p
VLAN0030
  Spanning tree enabled protocol ieee
  Root ID       Priority      32798
                Address       0001.43C0.AB91
                This bridge is the root
                Hello Time    2 sec   Max Age 20 sec   Forward Delay 15 sec
  Bridge ID     Priority      32798   (priority 32768 sys-id-ext 30)
                Address       0001.43C0.AB91
```

```
                 Hello Time   2 sec   Max Age 20 sec   Forward Delay 15 sec
                 Aging Time   20
Interface          Role    Sts     Cost        Prio.Nbr    Type
---------------- -------------- -------- ------------ -------------- ----------
Fa0/16             Desg   FWD     19          128.16      P2p
Fa0/20             Desg FWD       19          128.20      P2p
……
```

(3) 对交换机 SW1 进行配置。

SW1(config) #**interface range gigabit Ethernet** *1/1-2*
SW1(config-if-range) #**switchport mode** *trunk*
SW1(config-if-range) #**switchport trunk allowed vlan** *10, 20, 30*
SW1(config) #**spanning-tree vlan** *10, 20, 30*
SW1(config) #**spanning-tree mode rapid-pvst**
SW1(config) #**spanning-tree vlan** *10, 20, 30* **priority** *4096*
SW1(config) #**exit**

交换机 SW1 的配置完成后查看结果如下：

```
SW1 #show spanning-tree
VLAN0001
  Spanning tree enabled protocol rstp
  Root ID     Priority      32769
              Address       0001.43C0.AB91
              Cost          4
              Port          25(GigabitEthernet1/1)
              Hello Time    2 sec   Max Age 20 sec   Forward Delay 15 sec

  Bridge ID   Priority     32769   (priority 32768 sys-id-ext 1)
              Address       0030.F269.25DA
              Hello Time    2 sec   Max Age 20 sec   Forward Delay 15 sec
              Aging Time    20
Interface          Role    Sts     Cost        Prio.Nbr     Type
--------------- ------ -------- -------- ----------- ---------------- ----------
Gi1/1              Desg    FWD   4            128.25       P2p
Gi1/2              Desg    FWD   4            128.26       P2p

VLAN0010
  Spanning tree enabled protocol rstp
  Root ID     Priority      4106
              Address       0030.F269.25DA
```

```
                 This bridge is the root
                 Hello Time   2 sec   Max Age 20 sec   Forward Delay 15 sec
  Bridge ID   Priority      4106   (priority 4096 sys-id-ext 10)
                 Address      0030.F269.25DA
                 Hello Time   2 sec   Max Age 20 sec   Forward Delay 15 sec
                 Aging Time   20
Interface        Role    Sts      Cost        Prio.Nbr      Type
---------------- ---------------- -------- ------------ ------------------- ----------
Fa0/1            Desg    FWD     19          128.1         P2p
Gi1/1            Desg    FWD      4          128.25        P2p
Gi1/2            Desg    FWD      4          128.26        P2p
Fa0/5            Desg    FWD     19          128.5         P2p

VLAN0020
  Spanning tree enabled protocol rstp
  Root ID      Priority      4116
                 Address      0030.F269.25DA
                 This bridge is the root
                 Hello Time   2 sec   Max Age 20 sec   Forward Delay 15 sec
  Bridge ID   Priority      4116   (priority 4096 sys-id-ext 20)
                 Address      0030.F269.25DA
                 Hello Time   2 sec   Max Age 20 sec   Forward Delay 15 sec
                 Aging Time   20
Interface        Role    Sts      Cost        Prio.Nbr      Type
---------------- ---------------- -------- ------------ ------------------- ------------
Fa0/17           Desg    FWD     19          128.17        P2p
Gi1/1            Desg    FWD      4          128.25        P2p
Gi1/2            Desg    FWD      4          128.26        P2p
Fa0/6            Desg    FWD     19          128.6         P2p

VLAN0030
  Spanning tree enabled protocol rstp
  Root ID      Priority      4126
                 Address      0030.F269.25DA
                 This bridge is the root
                 Hello Time   2 sec   Max Age 20 sec   Forward Delay 15 sec
  Bridge ID   Priority      4126   (priority 4096 sys-id-ext 30)
                 Address      0030.F269.25DA
                 Hello Time   2 sec   Max Age 20 sec   Forward Delay 15 sec
```

```
            Aging Time    20
Interface        Role    Sts      Cost         Prio.Nbr      Type
--------------- --------------- -------- ------------ ----------------- -----------
Fa0/18           Desg    FWD      19           128.18        P2p
Fa0/23           Desg    FWD      19           128.23        P2p
Gi1/1            Desg    FWD      4            128.25        P2p
Gi1/2            Desg    FWD      4            128.26        P2p
```

(4) 对交换机 SW2 进行 RSTP 的配置。

SW2(config) #**interface range gigabitEthernet** *1/1-2*

SW2(config-if-range) #**switchport mode** *trunk*

SW2(config-if-range) #**switchport trunk allowed vlan** *30，40*

SW2(config) #**spanning-tree vlan** *30, 40*

SW2(config) #**spanning-tree mode** *rapid-pvst*

SW2(config) #**exit**

交换机 SW2 的配置完成后查看结果如下：

```
SW2 #show spanning-tree
VLAN0001
  Spanning tree enabled protocol rstp
  Root ID      Priority      32769
               Address       0001.43C0.AB91
               This bridge is the root
               Hello Time    2 sec    Max Age 20 sec    Forward Delay 15 sec
  Bridge ID   Priority       32769    (priority 32768 sys-id-ext 1)
               Address       0001.43C0.AB91
               Hello Time    2 sec    Max Age 20 sec    Forward Delay 15 sec
               Aging Time    20
Interface        Role    Sts      Cost         Prio.Nbr      Type
--------------- ------------- -------- ------------ ----------------- -----------
Gi1/1            Desg    FWD      4            128.25        P2p
Gi1/2            Desg    FWD      4            128.26        P2p
VLAN0030
  Spanning tree enabled protocol rstp
  Root ID      Priority      4126
               Address       0030.F269.25DA
               Cost          4
               Port          25(GigabitEthernet1/1)
               Hello Time    2 sec    Max Age 20 sec    Forward Delay 15 sec
  Bridge ID   Priority    32798    (priority 32768 sys-id-ext 30)
```

```
            Address        0001.43C0.AB91
            Hello Time    2 sec    Max Age 20 sec    Forward Delay 15 sec
            Aging Time    20
Interface        Role      Sts      Cost        Prio.Nbr      Type
---------------- -------------- -------- ----------- ----------------- ----------
Fa0/16           Desg      FWD      19          128.16        P2p
Fa0/20           Desg      FWD      19          128.20        P2p
Gi1/1            Desg      FWD       4          128.25        P2p
Gi1/2            Desg      FWD       4          128.26        P2p
……
```

(5) 关闭交换机 SW1 的 Gi1/1 端口。

关闭交换机 SW1 的 Gi1/1 端口(相当于两台交换机 Gi1/1 端口之间连接的主链路出现故障)：

SW1(config) #**interface gigabitEthernet** *1/1*

SW1(config-if) #**shutdown**

查看交换机 SW1 的 RSTP，结果如下：

```
SW1 #show spanning-tree
VLAN0001
  Spanning tree enabled protocol rstp
  Root ID      Priority      32769
               Address        0001.43C0.AB91
               Cost           4
               Port           25(GigabitEthernet1/1)
               Hello Time    2 sec    Max Age 20 sec    Forward Delay 15 sec
  Bridge ID   Priority      32769    (priority 32768 sys-id-ext 1)
               Address        0030.F269.25DA
               Hello Time    2 sec    Max Age 20 sec    Forward Delay 15 sec
               Aging Time    20
Interface        Role      Sts      Cost        Prio.Nbr      Type
---------------- -------------- -------- ---------- ------------------ ----------
Gi1/1            Desg      FWD      4           128.25        P2p
Gi1/2            Desg      FWD      4           128.26        P2p
VLAN0010
  Spanning tree enabled protocol rstp
  Root ID      Priority      4106
               Address        0030.F269.25DA
               This bridge is the root
               Hello Time    2 sec    Max Age 20 sec    Forward Delay 15 sec
```

```
Bridge ID  Priority    4106  (priority 4096 sys-id-ext 10)
           Address     0030.F269.25DA
           Hello Time  2 sec  Max Age 20 sec  Forward Delay 15 sec
           Aging Time  20
Interface        Role   Sts   Cost      Prio.Nbr  Type
---------------- ------ ----- --------- -------- ----------
Fa0/1            Desg   FWD   19        128.1     P2p
Gi1/2            Desg   FWD   4         128.26    P2p
Fa0/5            Desg   FWD   19        128.5     P2p
```

(四) 测试 PC1-18 与 PC2-16 的连通性

(略)。

四、项目总结

根据项目实施的过程撰写项目总结报告，对出现的问题进行分析，写出解决问题的方法和体会。

习　题　7

一、选择题

1. 以下哪项术语描述了帧的无穷泛洪或环路? (　　)

A. 泛洪风暴　　B. 环路负载

C. 广播风暴　　D. 广播负载

2. 以下哪项术语描述了多重帧复制到达同一交换机的不同端口? (　　)

A. 泛洪风暴　　B. 重复传送

C. MAC 地址表不稳定　　D. 环路负载

3. 以下哪个端口拥有从非根网桥到根网桥的最低开销路径？(　　)

A. 根端口　　B. 阻塞端口

C. 指定端口　　D. 替代端口

4. 在 STP 中，指定端口是如何在一个网段中选取的? (　　)

A. 到根网桥的低开销路径　　B. 到根网桥的高开销路径

C. 到最近非根网桥的低开销路径　　D. 到最近非根网桥的高开销路径

5. 按顺序排列 IEEE 802.1d 生成树状态。(　　)

A. 学习、监听、丢弃、转发、阻塞　　B. 阻塞、监听、学习、转发、丢弃

C. 监听、学习、丢弃、转发、阻塞　　D. 丢弃、阻塞、监听、学习、转发

二、简答题

1. 如图 7-26 所示，在网络 1 与网络 2 的通信过程中，生成树是怎样阻止交换环路形

成的？

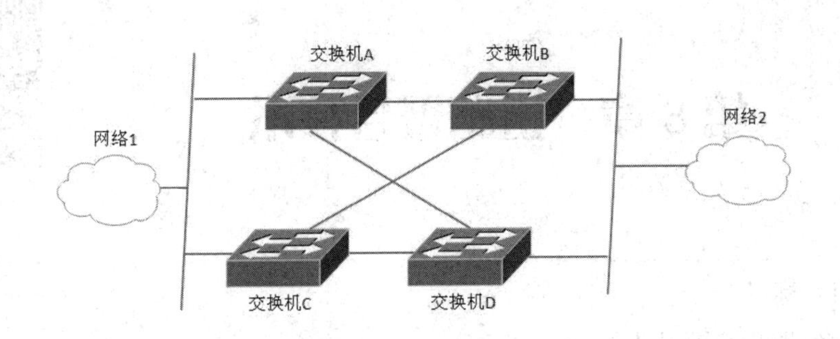

图 7-26　简答题 1 示图

2. 什么情况导致 STP 拓扑发生变化？这种变化对 STP 和网络有什么影响？

3. 根网桥已经在网络中选举出来。假定安装的新交换机和现有根网桥相比，有更低的网桥 ID，会发生什么情况？

4. 要保持交换机端口处于阻断状态，必须满足什么条件？

三、实训题

某学校组建一个局域网，为使局域网稳定运行，搭建了一个如图 7-27 所示的环型结构网络。分析该网络的运行状态，如何对交换机作出相应的规划和配置，在避免环路产生的同时确保三层交换机 A3560 处于核心地位，以发挥其核心交换机的功能。

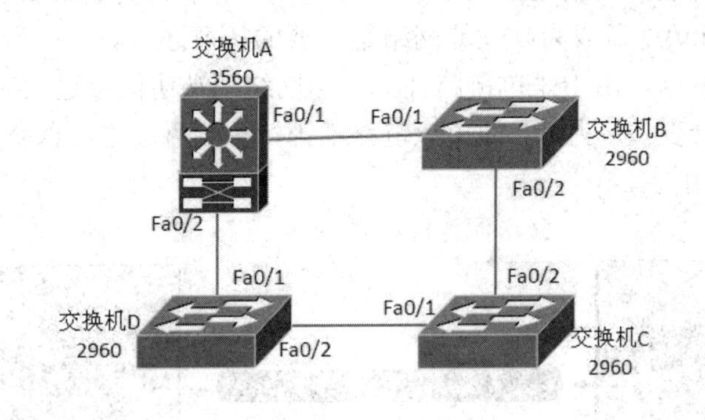

图 7-27　实训题网络拓扑图

第 8 章

第 8 章　链路聚合技术

❖ 学习目标：

- 了解链路聚合的基本概念
- 掌握链路聚合的方法
- 学会链路聚合的配置

8.1　链路聚合概述

8.1.1　链路聚合产生背景

随着 Internet 的发展，数据业务量不断增长，对网络服务质量的要求也日益提高，高可用性(High Availability)逐渐成为高性能网络最重要的特征之一。

如图 8-1 所示的网络，由于是单链路环境，当网络两端访问量过大时，带宽不能满足要求，数据传输速度会变慢；另外，如果该链路断掉，网络两端的信息交互将会完全中断，无法实现网络的高可用性。

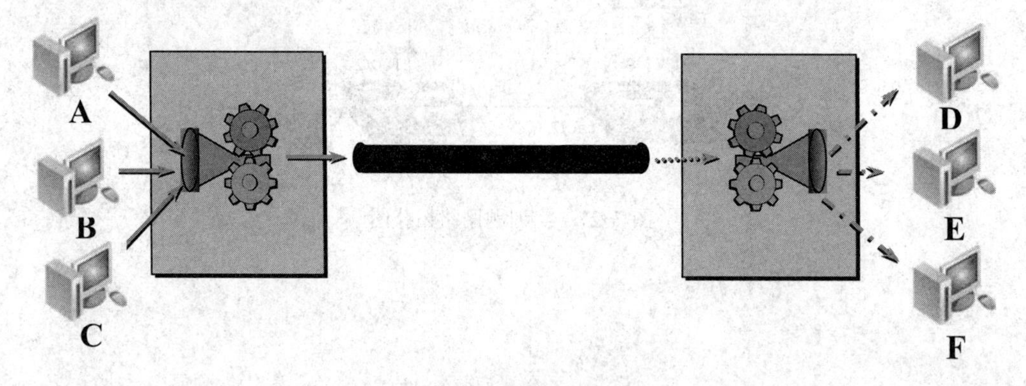

图 8-1　单链路网络

链路聚合的产生解决了带宽瓶颈问题，在增加链路带宽、实现链路传输弹性和冗余等方面是一项很重要的技术。

8.1.2　链路聚合的基本概念及优点

链路聚合(Link Aggregation)，也称为端口捆绑、端口聚集或链路聚集。链路聚合是将交换机的多个端口聚合在一起形成一个汇聚组，以实现出/入负荷在各成员端口中的分担。

从外部看起来，一个汇聚组就好像是一个端口，如图 8-2 所示。

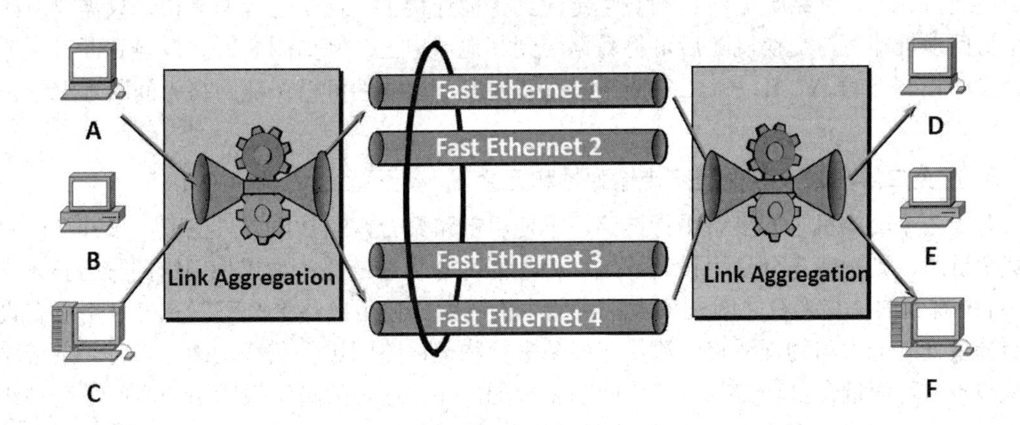

图 8-2　端口聚合在一起形成一个汇聚组

链路聚合在数据链路层上实现，使用链路聚合服务的上层实体把同一聚合组内多条物理链路视为一条逻辑链路。

交换机根据用户配置的接口负荷分担策略决定报文从哪一个成员接口发送到对端的交换机。当交换机检测到其中一个成员接口的链路中断时，就停止在此接口上发送报文，直到这个接口的链路恢复正常，提高了连接的可靠性。如图 8-3 所示，A、B、C 和 D 四条链路进行了聚合。

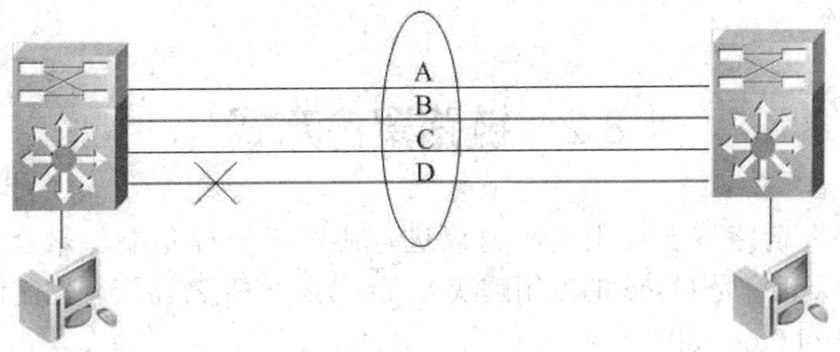

图 8-3　链路聚合提高网络可靠性

链路聚合的优点：

1. 增加网络带宽

端口聚合可以将多个连接的端口捆绑成为一个逻辑连接，捆绑后的带宽是每个独立端口的带宽总和。

当端口上的流量增加而成为限制网络性能的瓶颈时，采用支持该特性的交换机就可以轻而易举地增加网络的带宽，例如：可以将 2～4 个 100 Mb/s 端口连接在一起，组成一个 200～400 Mb/s 的连接。

该特性可适用于 10 M、100 M、1000 M 的以太网。

2. 提高网络连接的可靠性

当主干网络以很高的速率连接时，一旦出现网络连接故障，后果将不堪设想。高速服务器以及主干网络连接必须保证绝对的可靠。采用链路聚合可以有效解决这种故障。例如，将一根电缆错误地拔下来不会导致链路中断，这是因为在组成链路聚合的端口中，如果某一端口连接失败，网络数据将自动被重定向到其他连接上。这个过程非常快，只需要更改一个访问地址即可，交换机随后可将数据转到其他端口上。例如图 8-3 中 D 链路断开，流量会自动在剩下的 A、B、C 三条链路间重新分配。该特性可以保证网络无间断地继续正常工作。

3. 避免二层环路，实现链路传输弹性和冗余

对于两个交换机之间多条平行链路，不使用链路聚合，STP 协议只保留一条链路而阻塞其余链路，则不能充分利用设备的端口处理能力与物理链路；如果使用链路聚合技术，则 STP 看到的是交换机之间一条大带宽的逻辑链路。使用链路聚合可以充分利用所有设备的端口处理能力与物理链路，流量在多条平行物理链路间进行负载均衡。当有一条链路出现故障时，流量会自动在剩下链路间重新分配，并且这种故障切换所用的时间是毫秒级的，远快于 STP 的切换时间，对大部分应用都不会造成影响。

8.1.3　链路聚合的条件

使用链路聚合技术时要特别注意其限制条件，首先设置链路聚合的两端的物理参数必须保持一致，包括进行聚合的链路的数目必须一致，进行聚合的链路的速率必须一致，进行聚合的链路必须为全双工方式；其次，设置链路聚合的两端的逻辑参数必须保持一致，包括同一个聚合组中端口的基本配置必须保持一致，基本配置主要包括 STP、QoS、VLAN、端口等相关配置。

8.2　链路聚合方式

在交换机中，链路聚合使用两种协议进行协商：一种是端口聚合协议 PAgP(Port Aggregation Protocol)它是 Cisco 的专用解决方案；另一种是链路聚合控制协议 LACP(Link Aggregation Control Protocol)。

8.2.1　端口聚合协议(PAgP)

交换机通过端口聚合协议，把多个物理接口捆绑在一起而形成的一个简单的逻辑接口即聚合端口 Aggregate Port (AP)，如图 8-4 所示。

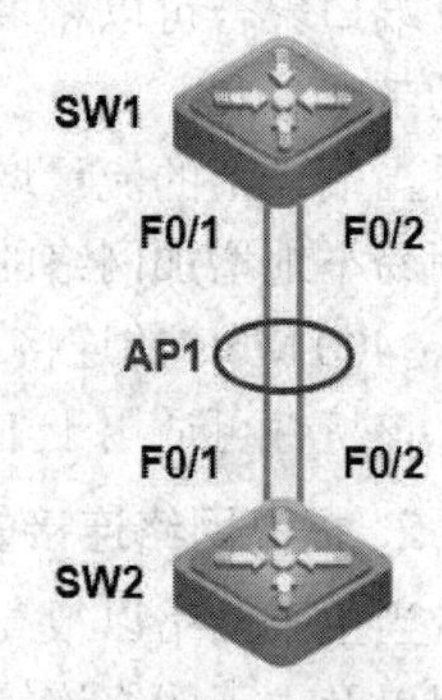

图 8-4　聚合端口

1. 端口聚合的注意事项

端口聚合的注意事项如下：

(1) AP 成员端口的端口速率必须一致。

(2) AP 成员端口必须属于同一个 VLAN。

(3) AP 成员端口使用的传输介质应相同。

(4) 缺省情况下创建的 Aggregate Port 是二层 AP。

(5) 二层端口只能加入二层 AP，三层端口只能加入三层 AP。

(6) AP 不能设置端口安全功能。

(7) 当把端口加入一个不存在的 AP 时，AP 会被自动创建。

(8) 一个端口加入 AP，端口的属性将被 AP 的属性所取代。

(9) 一个端口从 AP 中删除，则端口的属性将恢复为其加入 AP 前的属性。

(10) 当一个端口加入 AP 后，不能在该端口上进行任何配置，直到该端口退出 AP。

2. 端口聚合的局限

聚合端口 Aggregate Port(AP)由用户手工配置聚合组号和端口成员，这种方式不利于观察链路聚合端口的状态，所以也被称为静态链路聚合。由于无法检测到链路对端端口的状态，如果对端端口 Down，但只要本端端口 Up，还是会往这个对端端口转发流量，这样可能会造成部分业务中断。

8.2.2 链路聚合控制协议(LACP)

LACP(Link Aggregation Control Protocol)即链路聚合控制协议，遵循 IEEE 802.3ad 标准。LACP 通过协议将多个物理端口动态聚合到 Trunk 组，形成一个逻辑端口。LACP 自动产生聚合以获得最大的带宽，所以也被称为动态链路聚合。动态聚合的聚合组号根据协议自动创建，聚合端口根据 Key 值自动匹配添加。动态聚合有两种模式，分别为主动协商和被动协商。

1. LACP 原理

基于 IEEE802.3ad 标准 LACP 的是一种实现链路动态汇聚的协议。LACP 为交换数据的设备提供一种标准的协商方式，供系统根据自身配置自动形成聚合链路并启动聚合链路收发数据。聚合链路形成后，LACP 负责维护链路状态，在聚合条件发生变化时，可以自动调整或解散链路聚合。

LACP 协议通过 LACPDU(Link Aggregation Control Protocol Data Unit，链路聚合控制协议数据单元)与对端交互信息。

启用某端口的 LACP 协议后，该端口将通过发送 LACPDU 向对端通告自己的系统优先级、系统 MAC 地址、端口优先级、端口号和操作 Key。对端接收到这些信息后，将这些信息与其他端口所保存的信息比较以选择能够汇聚的端口，从而双方可以对端口加入或退出某个动态聚合组达成一致。

2. LACP 报文

LACP 协议的报文结构如图 8-5 所示。报文长度为 128bytes，不携带 VLAN 的 tag 标志。

图 8-5　LACP 的报文结构

LACP 协议报文的各字段解释如下：

(1) “目的地址”为 0x0180-c200-0002，LACP 协议报文是以太网上的组播报文。

(2) “源地址”指与发送 LACPDU 报文的端口相关联的、唯一的 MAC 地址。

(3) 报文“协议类型”值为 0x8809，“子类型”值为 0x01(LACP)，当前“版本号”为 0x01。

(4) “Actor 信息”域中携带本系统和端口信息如系统 ID、端口优先级、Key 等。

(5) “Partner 信息”域中包含本系统中目前保存的对端系统信息。

(6) “保留”指其他未保留域。

8.3 聚合链路配置

8.3.1 端口聚合的配置

1. 聚合端口的配置命令

在低端交换机上配置聚合端口的命令如下：

Switch (config) #**interface range** *<interface-name>*

Switch(config-if-range) #**channel-protocol** *pagp*

Switch(config-if-range) #**channel-group** *<number >***mode** *< auto| desirable>*

2. 聚合端口的配置实例

如图 8-6 所示，两台交换机 SW1 与 SW2 的 Fa0/1 到 Fa0/3 互相连接，现要进行端口聚合，配置如下：

(1) SW1 的配置。

SW1(config) #**interface range fast Ethernet** *0/1-3*

SW1 (config-if-range) #**channel-protocol** *pagp*

SW1 (config-if-range) #**channel-group** *1* **mode** *auto*

(2) SW2 的聚合配置参照 SW1。

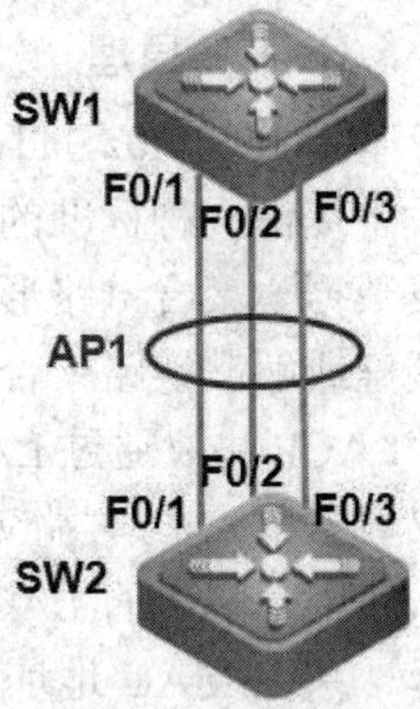

图 8-6　聚合端口的配置实例

8.3.2 链路聚合的配置

1. 链路聚合的配置命令

在交换机上配置链路聚合的命令如下：

Switch (config) #**interface range** *<interface-name>*

Switch(config-if-range) #**channel-protocol** *lacp*

Switch(config-if-range) #**channel-group** *<number >***mode** *<on| active | passive>*

2. 链路聚合的配置实例

如图 8-7 所示，两台交换机 SWA 与 SWB 的 Gi0/1 到 Gi0/2 互相连接，现要进行链路聚合，配置如下：

(1) SWA 的链路聚合配置。

SWA(config) #**interface range gigabit Ethernet** *0/1-2*

SWA(config-if-range) #**channel-protocol** *lacp*

SWB(config-if-range) #**channel-group** *1* **mode** *active*

(2) SWB 的链路聚合配置可参照 SWA。

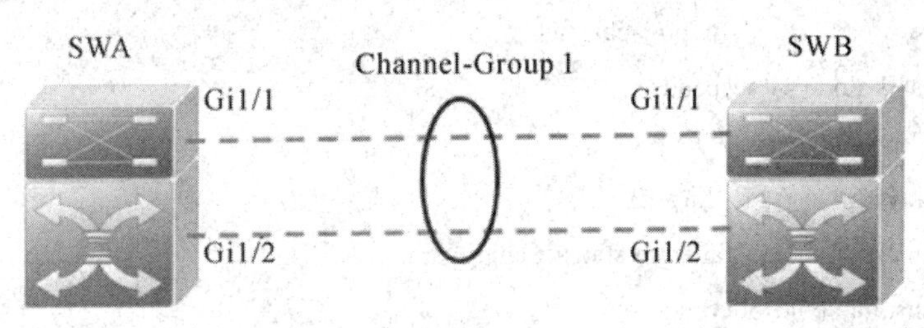

图 8-7　链路聚合配置实例

在链路聚合配置过程中要注意所对接的厂商设备及使用的协议。

一般高端交换机都支持静态和动态两种链路聚合方式。静态链路聚合的双方没有用于聚合的协议报文的交互，必须在交换机上手工加入聚合组中方可；动态链路聚合的双方会交互 LACP 协议报文，判断端口是否应该加入聚合组。

8.3.3　聚合链路的维护与诊断

交换机上聚合链路的维护与诊断命令有如下几种：

(1) 显示聚合链路的配置信息。命令如下：

Switch #**show etherchannel summary**

(2) 显示某聚合组单个端口的活动信息。命令如下：

Switch #**show interfaces etherchannel**

(3) 显示聚合链路的负载均衡配置信息。命令如下：

Switch #**show etherchannel load-balance**

在图 8-5 的实例中进行端口聚合的验证如下：

```
SW1 #show etherchannel summary
Flags:    D - down              P - in port-channel
I - stand-alone s - suspended
H - Hot-standby (LACP only)
R - Layer3          S - Layer2
U - in use          f - failed to allocate aggregator
u - unsuitable for bundling
w - waiting to be aggregated
d - default port
Number of channel-groups in use:    1
Number of aggregators:              1
Group   Port-channel        Protocol        Ports
------+-------------+-----------+----------------------------------------------
```

```
1        Po1(SU)          PAgP       Fa0/1(P) Fa0/2(P) Fa0/3(P)
```

在图 8-6 的实例中进行链路聚合的验证如下：

```
SWA #show etherchannel summary
Flags:  D - down            P - in port-channel
        I - stand-alone s - suspended
        H - Hot-standby (LACP only)
        R - Layer3          S - Layer2
        U - in use          f - failed to allocate aggregator
        u - unsuitable for bundling
        w - waiting to be aggregated
        d - default port
Number of channel-groups in use:    1
Number of aggregators:              1
Group   Port-channel     Protocol     Ports
------+-------------+-----------+----------------------------------------------
1        Po1(SU)          LACP       Gig0/1(P) Gig0/2(P)
```

实训项目 6：组建链路聚合的局域网

一、项目背景

在实训项目 5 中，A 公司人力资源部、财务处、市场部、技术部分别建立了自己的局域网，随着公司业务的发展，公司为市场部新建了营销大楼，为了信息的安全，对人力资源部、财务处、市场部、技术部各局域网之间进行了广播隔离和交换机之间的链路备份。随着公司的市场份额的逐年提升，公司建立了自己的网站，又购买了几台交换机和一台服务器，公司在局域网长期运行过程中发现在公司服务器非常繁忙时，网络性能下降，网速变慢。经过查找原因并分析发现是由于主要链路带宽不足，不能满足日常工作需要，存在网络链路瓶颈问题。公司领导要求采取技术措施，提高网络主要链路带宽及冗余度。

二、方案设计

根据项目背景网络技术人员设计出的改进网络拓扑结构如图 8-8 所示，即在公司总部与营销大楼交换机之间增加 4 条物理链路进行聚合，对几台交换机进行了堆叠，把服务器连接在公司总部的交换机上。

根据实验室的实际情况本项目可使用实体设备或 Packet Tracer 模拟器完成。

本项目使用 Packet Tracer 模拟器完成。

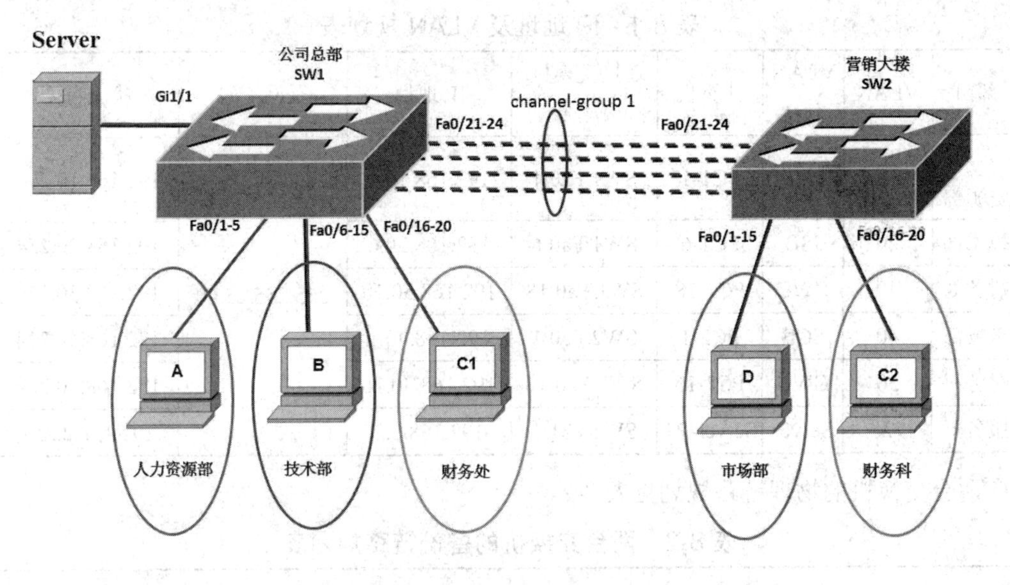

图 8-8　链路聚合的局域网拓扑图

三、方案实施

(一) 连接网络拓扑

打开 Packet Tracer 模拟器，按照图 8-8 选择交换机(本例中选择 2960)进行网络连接，如图 8-9 所示。

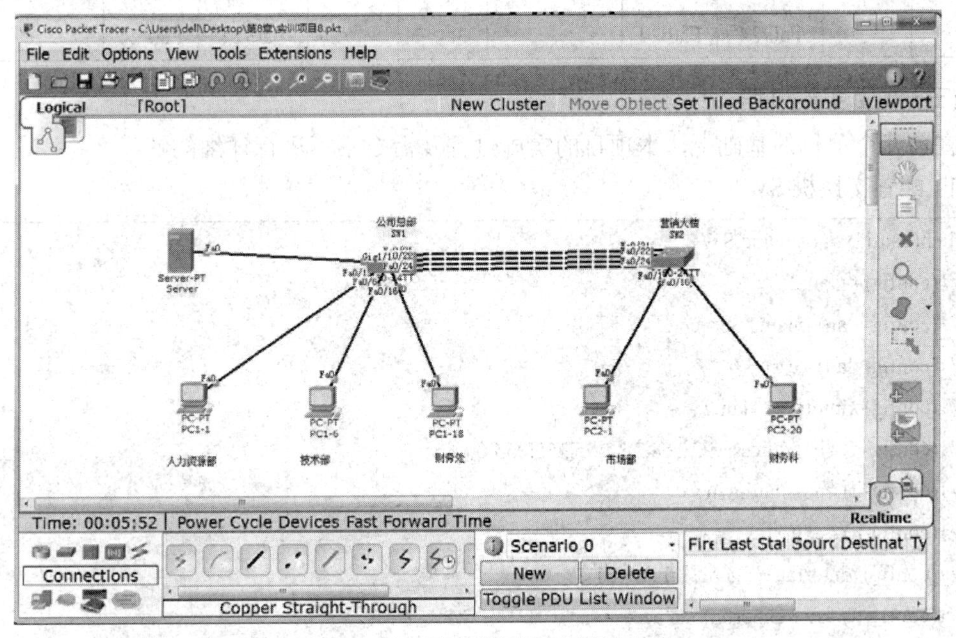

图 8-9　链路聚合的局域网连接示图

(二) 规划设计

规划设计各计算机的 IP 地址、子网掩码、默认网关及所属 VLAN，见表 8-1。

表 8-1　IP 地址及 VLAN 规划表

部门	VLAN	VLAN 名称	计算机	连接交换机/端口	IP 地址	子网掩码	默认网关
人力资源部	10	RLZYB	PC1-1	SW1/Fa0/1	192.168.10.1	255.255.255.0	192.168.10.254
技术部	20	JSB	PC1-6	SW1/Fa0/6	192.168.20.6		192.168.20.254
财务处	30	CWC	PC1-18	SW1/Fa0/18	192.168.30.18		192.168.30.254
市场部	40	SCB	PC2-1	SW2/Fa0/1	192.168.40.1		192.168.40.254
财务科	30	CWC	PC2-16	SW2/Fa0/16	192.168.30.16		192.168.30.254
服务器	2	Server	Server-PT	SW1/Gi1/1	192.168.2.2		192.168.2.254

两台交换机的物理链路规划见表 8-2。

表 8-2　两台交换机的备份链路规划表

公 司 总 部					营 销 大 楼				
交换机名称	交换机型号	本端接口名称	对端接口名称	Channel-Group	交换机名称	交换机型号	本端接口名称	对端接口名称	Channel-Group
SW1	2960	Fa0/21	Fa0/21	1	SW2	2960	Fa0/21	Fa0/21	1
		Fa0/22	Fa0/22				Fa0/22	Fa0/22	
		Fa0/23	Fa0/23				Fa0/23	Fa0/23	
		Fa0/24	Fa0/24				Fa0/24	Fa0/24	

(三) 项目实施过程

在前几个项目的基础上，本项目的实施过程及命令不再进行详细的解释。

1. 配置交换机 SW1。

```
Switch(config) #hostname SW1
SW1(config) #vlan 2
SW1(config-vlan) #name Server
SW1(config-vlan) #exit
SW1(config) #interface vlan 2
SW1(config-if) #ip address 192.168.2.1 255.255.255.0
SW1(config-if) #no shutdown
SW1(config-if) #exit
SW1(config) #interface gigabit Ethernet 1/1
SW1(config-if) #switchport mode access
SW1(config-if) #switchport access vlan 2
SW1(config-if) #exit
```

```
SW1(config) #vlan 10
SW1(config-vlan) #name RLZYB
SW1(config) #interface fast Ethernet 0/1
SW1(config-if) #switchport mode access
SW1(config-if) #switchport access vlan 10
SW1(config-if) #exit
SW1(config) #vlan 20
SW1(config-vlan) #name JSB
SW1(config-vlan) #exit
SW1(config) #interface fast Ethernet 0/6
SW1(config-if) #switchport mode access
SW1(config-if) #switchport access vlan 20
SW1(config-if) #exit
SW1(config) #vlan 30
SW1(config-vlan) #name CWC
SW1(config-vlan) #exit
SW1(config) #int fast Ethernet 0/18
SW1(config-if) #switchport mode access
SW1(config-if) #switchport access vlan 30
SW1(config-if) #exit
SW1(config) #interface range fast Ethernet 0/21-24
SW1(config-if-range) #switchport mode trunk
SW1(config-if-range) #switchport trunk allowed vlan 2, 10, 20, 30, 40
SW1(config-if-range) #channel-protocol lacp
SW1(config-if-range) #channel-group 1 mode active
SW1(config-if-range) #no shutdown
```

2. 配置交换机 SW2。

```
SW2(config) #hostname SW2
SW2(config) #vlan 30
SW2(config-vlan) #name CWC
SW2(config-vlan) #exit
SW2(config) #interface fastEthernet 0/16
SW2(config-if) #switchport mode access
SW2(config-if) #switchport access vlan 30
SW2(config-if) #exit
SW2(config) #vlan 40
SW2(config-vlan) #name SCB
SW2(config-vlan) #exit
```

```
SW2(config) #interface fastEthernet 0/1
SW2(config-if) #switchport mode access
SW2(config-if) #switchport access vlan 40
SW2(config-if) #exit
SW2(config) #interface range fast Ethernet 0/21-24
SW2(config-if-range) #switchport mode trunk
SW2(config-if-range) #switchport trunk allowed vlan 2, 10, 20, 30, 40
SW2(config-if-range) #channel-protocol lacp
SW2(config-if-range) #channel-group 1 mode active
SW2(config-if-range) #no shutdown
```

3. 查看交换机 SW1 和 SW2 的运行配置。

(略)

4. 查看交换机 SW1 链路聚合配置。

```
SW1 #show etherchannel summary
Flags:  D - down          P - in port-channel
        I - stand-alone s - suspended
        H - Hot-standby (LACP only)
        R - Layer3        S - Layer2
        U - in use        f - failed to allocate aggregator
        u - unsuitable for bundling
        w - waiting to be aggregated
        d - default port
Number of channel-groups in use: 1
Number of aggregators:          1
Group   Port-channel   Protocol    Ports
------+-------------+-----------+---------------------------------------------
1       Po1(SU)          LACP        Fa0/21(P) Fa0/22(P) Fa0/23(P) Fa0/24(P)
```

5. 查看交换机 SW2 链路聚合配置。

```
SW2 #show etherchannel summary
Flags:  D - down          P - in port-channel
        I - stand-alone s - suspended
        H - Hot-standby (LACP only)
        R - Layer3        S - Layer2
        U - in use        f - failed to allocate aggregator
        u - unsuitable for bundling
        w - waiting to be aggregated
```

```
        d - default port
Number of channel-groups in use: 1
Number of aggregators:            1
Group  Port-channel   Protocol    Ports
------+-------------+-----------+-------------------------------------------
1      Po1(SU)        LACP        Fa0/21(P) Fa0/22(P) Fa0/23(P) Fa0/24(P)
```

6. 查看交换机 SW1 和 SW2 的 VLAN 配置。

(略)

7. 对计算机进行 IP 配置。

(略)

8. 测试计算机之间的通信。

(略)

习　题　8

一、选择题

1. 如果把快速以太网捆绑成聚合端口，对于思科交换机来说，能够支持的最大速率是(　　)。

A. 100 Mb/s　　B. 200 Mb/s　　C. 400 Mb/s

D. 800 Mb/s　　E. 1600 Mb/s

2. 下面哪种接口将以太信道作为一个整体? (　　)

A.信道　　B. 端口

C. 端口信道　　D. 信道端口

3. 下面哪种方法不是有效的以太网信道负载均衡的方法？(　　)

A. 源 AMC 地址　　B. 源和目标 MAC 地址

C. 源 P 地址　　D. IP 优先级 E.UDP/TCP 端口

4. 如何设置交换机以太网信道的负载均衡? (　　)

A. 在每台交换机端口上　　B. 在每条以太信道上

C. 对于全局进行配置　　D. 不能配置

二、简答题

1. 链路可聚合有何优点?

2. 多少条链路可聚合成一条以太信道?

3. 哪种方法可用于在以太信道中分配数据流?

4. 在两台交换机之间可使用哪些协议协商以太信道?

5. 如果一组交换机端口要组成以太信道，它们的哪些属性必须相同?

第 9 章

第 9 章　构建互联互通的局域网

❖ 学习目标：

- 了解 VLAN 间通信原理
- 掌握路由器的工作原理
- 学会路由器的基本配置
- 掌握三层交换机的功能
- 了解 VLAN 间通信方式
- 学会 VLAN 间的三种通信方法

9.1　VLAN 间通信原理

9.1.1　本地通信

在实训项目 6 中，我们看到财务处之间(同一 VLAN30)内部的主机可以互相通信，但是与服务器(VLAN2)之间是不能够通信的，且其他不同 VLAN 之间也不是互通的。

处于相同 VLAN 内部的主机叫做本地主机，与本地主机之间的通信叫做本地通信。处于不同 VLAN 的主机叫做非本地主机，与非本地主机之间的通信叫做非本地通信。

对于本地通信，通信两端的主机同处于一个相同的广播域，两台主机之间的流量可以直接相互到达，通信的过程与前面二层网络中的情况相同，即通过 MAC 地址表和 802.1d 就能实现，这里就不做详细描述了。

9.1.2　非本地通信

对于非本地通信，通信两端的主机位于不同的广播域内，两台主机的流量不能互相到达，主机通过 ARP 广播请求也不能请求到对方的地址，此时的通信必须借助于中间的路由器来完成。

也就是说一个网络在使用 VLAN 隔离成多个广播域后，各个 VLAN 之间是不能互相访问的，因为各个 VLAN 的流量实际上已经在物理上隔离开了。在前面我们对 VLAN 技术进行了详细讲解，但是，隔离网络并不是建网的最终目的，选择 VLAN 隔离只是为了优化网络，最终我们还是要让整个网络能够通畅。

VLAN 之间通信的解决方法是在 VLAN 之间配置路由器，这样同一 VLAN 内部的流量仍然通过原来的 VLAN 内部的二层网络进行；不同 VLAN 之间即从一个 VLAN 到另外一个 VLAN 的通信流量，通过路由在三层设备上进行转发，转发到目的网络后，再通过二层交换网络把报文最终发送给目的主机。由于路由器对以太网上的广播报文采取不转发的策略，因此中间配置的路由器仍然不会改变划分 VLAN 所达到的广播隔离的目的。那么不同 VLAN 之间的通信应该如何实现呢？那就要用到三层设备(如三层交换机和路由器)或三层以上的设备。

9.2　路由器工作原理

在前面的有关网络设备的内容中，我们知道路由器是用于连接不同网络的专用计算机设备，能够实现在不同网络间转发数据的功能，每个三层接口可以连接不同的网络(这里面所说的三层接口可以是物理接口，也可以是各种逻辑接口或子接口)。

9.2.1　路由器功能

路由器具备以下功能：

1. 网络互联

路由器的核心作用是实现不同的网络互联，在不同网络之间转发数据单元。如图 9-1 所示，它实现了 LAN1、LAN2 和 LAN3 三个不同的局域网的连通。

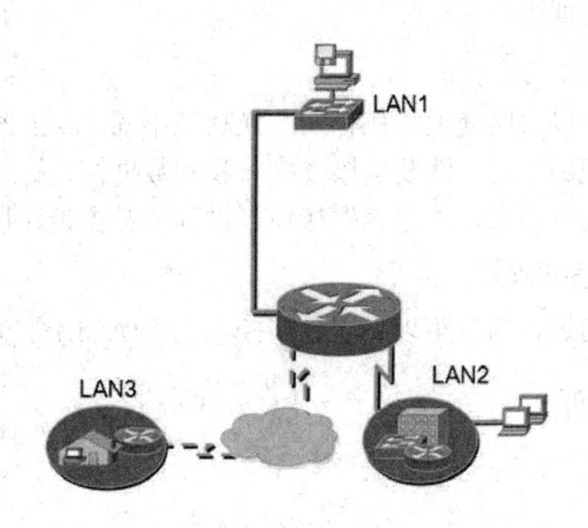

图 9-1　路由器是用于连接不同网络

路由器工作在网络层，路由器能够识别网络层的控制信息，根据目的网络地址进行数据转发，它的每个端口不仅是独立的冲突域，而且是独立的广播域。

2. 路由功能

路由功能也就是路由器的路径选择功能，如图 9-2 所示，包括路由表的建立、维护和查找。路由器提供了在异构网络中的互联机制，它根据路由表实现将数据包从一个网络发送到另一个网络，而路由就是指导 IP 数据包发送的路径信息。

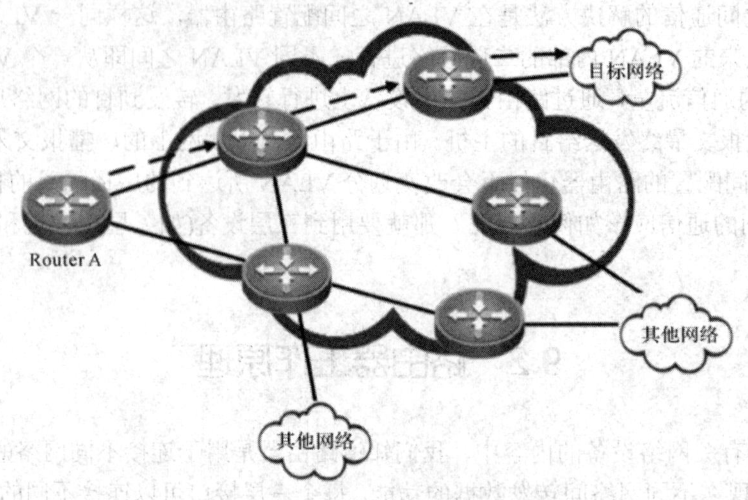

图 9-2　路由器的路径选择

完成路由功能需要路由器学习与维护以下几个基本信息：

(1) 首先需要知道被路由的协议是什么。一旦在接口上配置了 IP 地址、子网掩码，即在接口上启动了 IP 协议，缺省情况下 IP 路由是打开的，路由器一旦在接口上配置了三层的地址信息并且接口状态正常就可以利用这个接口转发数据包。

(2) 目的网络地址是否已存在。通常 IP 数据包的转发依据是目的网络地址，路由表中必须有能够匹配得上的路由条目才能够转发此数据包，否则此 IP 数据包将被路由器丢弃。

(3) 路由表中还包含为将数据包转发至目的网络需要将此数据包从哪个端口发送出和应转发到哪一个下一跳地址等信息。

3. 数据交换/转发功能

路由器的交换功能与以太网交换机执行的交换功能不同，路由器的交换功能是指数据在路由器内部移动与处理的过程，涉及从接收接口收到数据帧、解封装、对数据包做相应处理、根据目的网络查找路由表、决定转发接口、做新的数据链路层封装等过程。

4. 隔离广播、指定访问规则

路由器阻止广播的通过，并且可以设置访问控制列表(ACL)对流量进行控制。

9.2.2　路由器工作原理

1. 直联网段的通信

如图 9-3 所示，路由器实现网络互联和数据转发的功能主要是依据它的内部有个路由表，这个路由表里每一行我们把它叫做一个路由条目，每个路由条目包含网段信息、转发端口等相关信息。那这些路由信息是如何加载到路由表里的呢？

我们看一下这个网络拓扑，两台二层交换机构建了两个局域网，一个是 172.16.0.0/16 的网段，另一个是 10.0.0.0/8 的网段，现在我们要实现这两个网段之间的通信，我们就将这两台二层交换机分别连到路由器的两个网口。路由表里的路由信息可以分为两大类，一类是直联网段信息，比如 172.16.0.0 和 10.0.0.0 这两个网段是和路由器直接相联的，我们就把这样的网段叫做直联网段，当我们给路由器的两个端口分配完相应网段的 IP 地址并开启后，这两个直联网段的信息就直接加载到路由表里了。

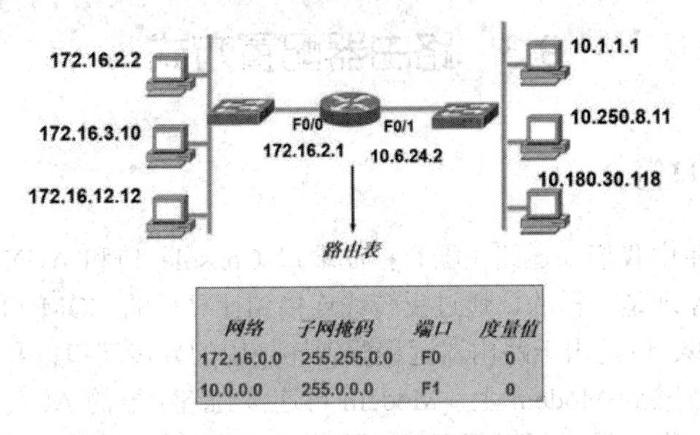

图 9-3　直联网段的通信

当路由器收到一个数据包想要将其转发出去的时候，首先查看数据包里的目的地址，然后查找路由表找到相应的出口转发出去。比如最左上角的 IP 地址为 172.16.2.2 的主机要将数据传送给 10.1.1.1 的主机，数据包的格式前面是源 IP 地址、目的 IP 地址和所携带的数据，数据包到达路由器后，路由器查看目的 IP 在哪个网段，确认在 10.0.0.0 网段，然后查看路由表是否有这个网段的路由条目，由于该目的网络连接在 F1 口，所以数据包就顺着 F1 口转发出去，从而到达 10.0.0.0 的网段；当到达右边的交换机时，再通过运行 ARP 和内部的 MAC 地址表将数据包转发到 10.1.1.1 的主机上。由此我们看到路由器是依据它内部的路由表实现网络互联和数据转发的。如果路由表中没有目的网段的信息呢，这时路由器就会丢弃这个数据包，也就是这个数据包找不到出口。

2. 非直联网段的通信

除了直联网段的信息外，还有另一类就是非直联网段的路由信息，即不同网段主机间通信首先由源主机将数据发送至其缺省网关路由器，路由器从物理层接收到信号成帧送数据链路层处理，解封装后将 IP 数据包送三层处理，根据目的 IP 地址查找路由表决定转发接口，做新的数据链路层封装后通过物理层发送出去。每台路由器都进行同样的操作，按照“一跳一跳”(hop by hop)的原则将数据发送至最终的目的。如图 9-4 所示，这类信息则要在路由器运行某种路由协议，其非直联网络的信息路由器才能学习，我们将在第 10 章里进行学习。

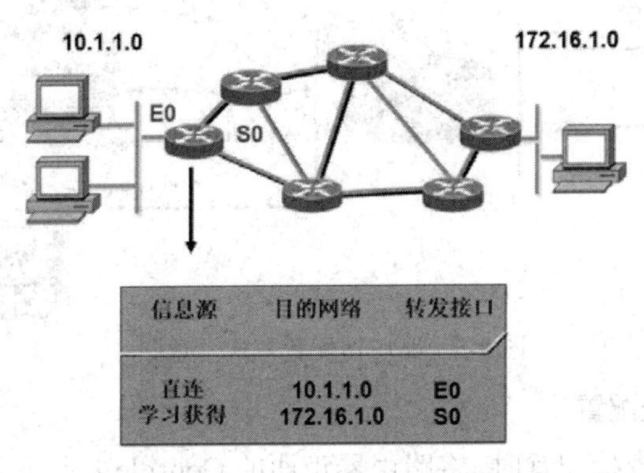

图 9-4　非直联网段的通信

9.3　路由器配置方式

9.3.1　路由器端口简介

在前面网络设备中我们知道路由器有控制端口 Console 口和 AUX 口，Console 和交换机的 Console 的原理是一样的，通过反转线连接到计算机的 COM 口，用来对路由器进行登录配置的。AUX 口是用于路由器远程配置连接用的异步端口，我们也可以称它为备份口。通过电话线连接到 Modem 上，Modem 再连接到路由器的 AUX 口上，用户可以通过电话拨号的方式对路由器进行远程调试；同时也可以作为主干线路的备份，当主线路断掉后，系统会自动启动 AUX 端口电话拨号，保持线路的连接。

以太网端口是用来连接以太网的(也就是我们常说的局域网内网)，线路物理连接正常后相应的指示灯亮。

广域网端口是用来连接广域网的，各厂商一般都配有专用的广域网线缆，前面板或后面版上有广域网指示灯，线路物理连接正常后相应的指示灯亮。需要特别注意的是，路由器内部的主板上一般都有若干个广域网插槽，可以根据工程的实际情况购买相应的广域网模块安装到插槽中，我们讲过路由器的功能是用于网络互联的。

一般路由器的以太网口是用来连接交换机的；广域网口用来连接广域网的，可以封装帧中继、DDN 和 PPP 等；有些厂商的路由器还有告警指示灯 ALM 灯，点亮时表示系统故障；风扇状态指示灯 FAN 灯，点亮时表示风扇运行正常。

9.3.2　路由器配置方法

路由器有多种配置方式，如图 9-5 所示，用户可以根据所连接的网络选用适当的配置方式。

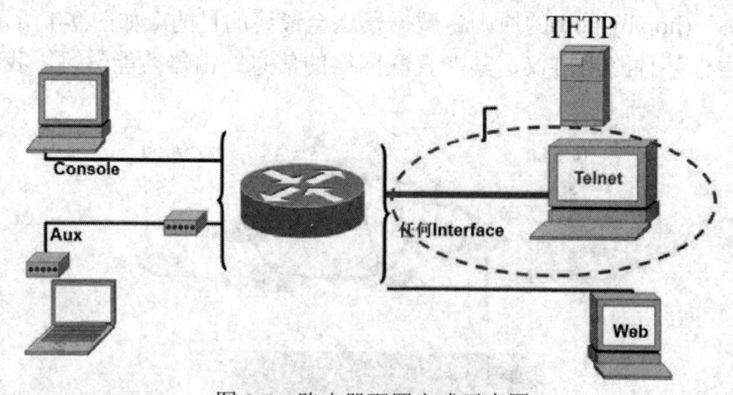

图 9-5　路由器配置方式示意图

1. Console 口连接配置。

在进行 Console 口连接配置时，将路由器正面的 Console 口通过配置线连接到 PC 的串口 COM 口上，打开“超级终端”程序，创建新的连接并对 COM 口做相应配置，配置参数与交换机的相同，这里不再重述。路由器的初始配置必须使用 Console 口连接配置。

2. Telnet 连接配置。

在使用 Telnet 远程访问时，必须先通过串口配置好 IP 地址、子网掩码等参数；为了防止非法用户使用 Telnet 访问路由器，还必须在路由器上设置 Telnet 访问的用户名和密码，只有使用正确的用户名和密码才能登录到路由器。

其他还有 AUX 连接配置、FTP/TFTP 连接配置和 WEB 连接配置方式，因为不常用，这里就不做详细的介绍了。

9.4　路由器配置

9.4.1　路由器命令模式

路由器可使用命令行模式进行配置和维护，根据功能和权限将命令分配到不同的模式下，一条命令只有在特定的模式下才能执行。路由器的主要命令模式如表 9-1 所示。

表 9-1　路由器的主要命令模式

模　式	提示符	进入命令	功　能
用户模式	Router>	登录系统后直接进入	查看简单信息
特权模式	Router #	Router>**enable**	配置系统参数
全局配置模式	Router(config) #	Router#**configure terminal**	配置全局业务参数
接口配置模式	Router(config-if) # #	Router(config)#**interface** <*type number*>	配置接口参数
子接口配置模式	Router(config-subif) #	Router(config)#**interface** <*type number. Subif-um*>	配置子接口参数
线路配置模式	Router(config-line)	Router(config)#**line**<*console* / *vty* / *aux*> <*number*>	配置线路密码等参数
路由配置模式	Router(config-router) #	Router(config) #**router** <*bgp*|*eigrp* | *ospf* | *rip*>	配置相应的路由协议参数

退出各种命令模式的方法如下：

(1) 在特权模式下，使用 disable 命令返回用户模式。

(2) 在用户模式和特权模式下，使用 exit 命令退出路由器；在其他命令模式下，使用 exit 命令返回上一模式。

(3) 在用户模式和特权模式以外的其他命令模式下，使用 end 命令或按<Ctrl + Z>返回到特权模式。

9.4.2　路由器命令行特点

1. 在线帮助

在任意命令模式下，只要在系统提示符后面输入一个问号(?)，就会显示该命令模式下可用命令的列表。利用在线帮助功能，还可以得到任何命令的关键字和参数列表。

在任意命令模式的提示符下输入问号(？)，可显示该模式下的所有命令和命令的简要说明，如下所示：

```
Router>?
Exec commands:
  <1-99>       Session number to resume
  connect      Open a terminal connection
  disable      Turn off privileged commands
  disconnect   Disconnect an existing network connection
  enable       Turn on privileged commands
  exit         Exit from the EXEC
  logout       Exit from the EXEC
  ping         Send echo messages
  resume       Resume an active network connection
  show         Show running system information
  ssh          Open a secure shell client connection
  telnet       Open a telnet connection
  terminal     Set terminal line parameters
  traceroute   Trace route to destination
```

2. 命令缩写

路由器允许把命令和关键字缩写成能够唯一标识该命令或关键字的字符或字符串，例如，可以把 show 命令缩写成 sh 或 sho。

9.4.3 路由器常用命令

1. 显示命令

路由器的显示命令可以在特权模式下(Router#)使用，常用的显示命令见表 9-2。

表 9-2 常用的显示命令

命　令	功　能
show version	查看版本及引导信息
show running-config	查看运行配置
show startup-config	查看开机设置
show interfaces	显示端口信息
show ip router	显示路由信息
show access-lists	显示访问列表的信息

2. 网络管理命令

常用的网络管理命令见表 9-3。

表 9-3 常用的网络管理命令

命令	功能
Router #**telnet** <*hostname* / *IP address*>	登录远程机
Router #**ping** <*hostname* / *IP address*>	网络连通测试
Router #**traceroute** <*hostname* / *IP address*>	路由跟踪

3. 基本配置命令

路由器有一些常用的基本配置命令，使用频率非常高，见表 9-4。

表 9-4 常用基本配置命令

命令	功能
Router(config) #**hostname** <*hostname*>	为路由器命名
Router(config-line) #**password** < *password* >	设置线路密码
Router(config) #**ip route** ……	启用静态路由
Router(config) #**router** ……	启用动态路由
Router(config-router) #**network** ……	动态路由网络公布
Router(config-if) #**ip address** < *address* > <*subnet mask*>	配置接口 IP 地址
Router(config-if) #**no shutdown**	激活端口
Router #**write**	保存当前配置
Router #**reload**	重启路由器

9.5 不同 VLAN 间通信

同一 VLAN 之间的通信通过二层交换机就能实现，不同 VLAN 之间的通信通常有三种方式，即通过路由器的多臂路由、路由器的单臂路由以及三层交换机的路由功能。

9.5.1 多臂路由

1. 多臂路由

按照传统的建网原则，我们应该把每一个需要进行互通的 VLAN 单独建立一个物理连接，连到路由器上，每一个 VLAN 都要独占一个交换机端口和一个路由器的端口。在这样的配置下，路由器上的路由接口和物理接口是一对一的对应关系，路由器在进行 VLAN 间路由的时候就要把报文从一个路由接口转发到另一个路由接口，同时也是从一个物理接口转发到其他的物理接口上，这就是多臂路由，如图 9-6 所示。

使用这种方式，当需要增加 VLAN 时在交换机上很容易实现，但在路由器上需要为此 VLAN 增加新的物理接口，所以这种方式的最大缺点是不具备良好的可扩展性。其优点是路由器上普通的以太网口就可用于 VLAN 间路由，而且路由器配置简单，只需要配置一个接口 IP。

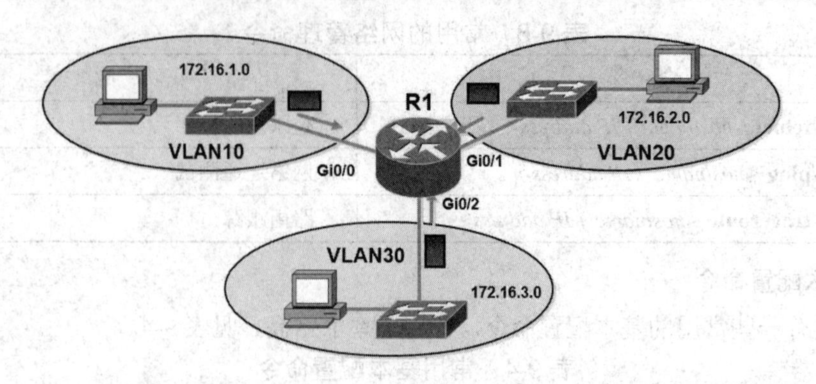

图 9-6　多臂路由

2. 多臂路由的配置实例

图 9-6 所示的路由器 R1 配置如下：

(1) 将路由器命名为 R1：

Router>**enable**

Router #**configure terminal**

Router(config) #**hostname** *R1*

(2) 给路由器接口 Gi0/0 分配 IP 地址并激活：

R1(config) #**interface gigabit Ethernet** *0/0*

R1(config-if) #**ip address** *172.16.1.254 255.255.255.0*

R1(config-if) #**no shutdown**

R1(config-if) #**exit**

(3) 给路由器接口 Gi0/1 分配 IP 地址并激活：

R1(config) #**interface gigabit Ethernet** *0/1*

R1(config-if) #**ip address** *172.16.2.254 255.255.255.0*

R1(config-if) #**no shutdown**

R1(config-if) #**exit**

(4) 给路由器接口 Gi0/2 分配 IP 地址并激活：

R1(config) #**interface gigabitEthernet** *0/2*

R1(config-if) #**ip address** *172.16.3.254 255.255.255.0*

R1(config-if) #**no shutdown**

R1(config-if) #**exit**

在进行各 VLAN 主机 IP 配置时，要注意将路由器的接口的 IP 地址设置为此 VLAN 成员主机的网关地址。

9.5.2　单臂路由

1. 单臂路由

如果路由器以太网接口支持 802.1Q 封装就可只是用一条物理连接实现多个不同的 VLAN 之间的通信，这种方式就叫做单臂路由，如图 9-7 所示。

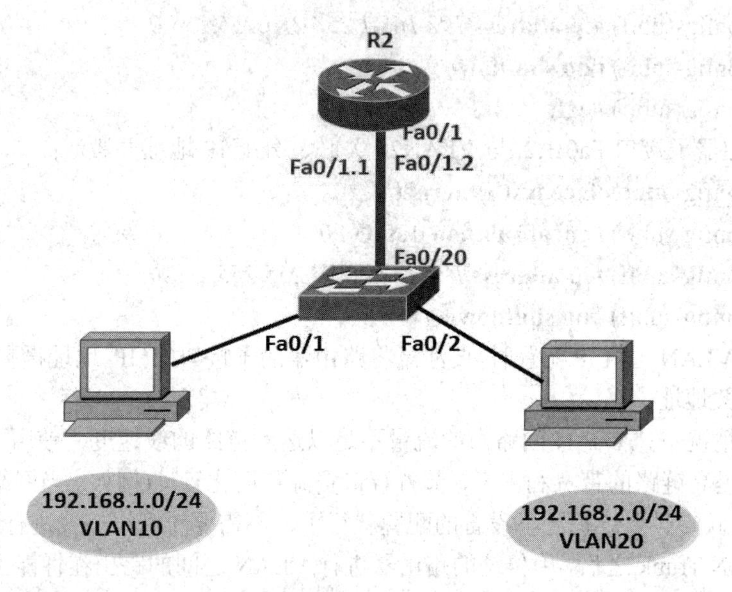

图 9-7　单臂路由

使用单臂路由技术，可以使多个 VLAN 的业务流量共享相同的物理连接，如图 9-7 中交换机 Fa0/20 与路由器 Fa0/1 之间的物理链路；然后通过这条单臂路由的物理连接传递打标记的帧将各个 VLAN 的流量区分开来。将路由器上支持 802.1Q 封装的以太接口，设置成多个子接口，将路由器的以太接口的子接口设置封装类型为 dot1Q，指定此子接口与哪个 VLAN 关联，既此子接口处于哪个 VLAN 的广播域之中；然后将子接口的 IP 地址设置为此 VLAN 成员的缺省网关地址，在这样的配置下，路由器上的路由接口和物理接口是多对一的对应关系，路由器在进行 VLAN 间路由的时候把报文从一个路由子接口转发到另一个路由子接口上，而从物理接口上看是从一个物理接口转发回同一个物理接口上，但是 VLAN 标记在转发后被替换为目标网络的标记，把交换机上连接到路由器的端口设置为 Trunk 端口。

2. 单臂路由的配置实例

图 9-7 所示的路由器 R2 的具体配置如下：

(1) 将路由器命名为 R2：

```
Router>enable
Router #configure terminal
Router(config) #hostname R2
```

(2) 将路由器接口 Fa0/1 激活：

```
R2(config) #interface fast Ethernet 0/1
R2(config-if) #no shutdown
R2(config-if) #exit
```

(3) 将路由器子接口 Fa0/1.1 与 VLAN10 关联、分配 IP 地址并激活：

```
R2(config) #interface fastEthernet 0/1.1
R2(config-subif) #encapsulation dot1Q 10
```

```
R2(config-subif) #ip address 192.168.1.254 255.255.255.0
R2(config-subif) #no shutdown
R2(config-subif) #exit
```

(4) 将路由器子接口 Fa0/1.2 与 VLAN20 关联、分配 IP 地址并激活：

```
R2(config) #interface fast Ethernet 0/1.2
R2(config-subif) #encapsulation dot1Q 20
R2(config-subif) #ip address 192.168.2.254 255.255.255.0
R2(config-subif) #no shutdown
```

在进行各VLAN主机IP配置时，要注意将路由器的子接口的 IP 地址设置为此 VLAN 成员主机的网关地址。

在通常的情况下，VLAN 间路由的流量不足以达到链路的线速度，使用 VLAN Trunk 的配置，可以提高链路的带宽利用率，节省端口资源和简化管理(例如：当网络需要增加一个 VLAN 的时候，只要维护一下设备的配置就行了，不需要对网络布线进行修改)。

使用 VLAN Trunk 之后，用传统的路由器进行 VLAN 之间的路由在性能上还有一定的不足，由于路由器利用通用的 CPU，转发完全依靠软件进行，同时支持各种通信接口，给软件带来的负担也比较大，软件要处理包括报文接收、校验、查找路由、选项处理、报文分片等，导致性能不能做到很高，要实现高的转发率就会带来高昂的成本。由此就诞生了三层交换机，利用三层交换技术来进一步改善性能。

9.6　三层交换机的路由功能

9.6.1　三层交换机

三层交换机的产生，给网络带来巨大的经济效益。三层交换机使用硬件技术，采用巧妙的处理方法把二层交换机和路由器在网络中的功能集成到一个盒子里。所有三层交换机上可见的物理接口都是具有二层功能的端口(Port)，其三层接口(Interface)可以通过配置创建。

创建的三层接口是基于 VLAN 的，即此 VLAN 的所有成员可直接访问到一个逻辑接口，其 IP 地址被配置为这个 VLAN 中其他所有主机的缺省网关地址。对于三层交换机而言，在本交换机上基于 VLAN 创建的这些三层接口被视为直联路由，这样就提高了网络的集成度，增强了转发性能。

三层交换机将第二层交换机和第三层路由器两者的优势有机而智能化地结合成一个灵活的解决方案，可在各个层次提供线速性能。这种集成化的结构还引进了策略管理属性，不仅使第二层与第三层相互关联起来，而且还提供流量优先化处理、安全访问机制以及其他多种功能。

在三层交换机内，分别设置了交换机模块和路由器模块，与传统的路由器相比，可以实现高速路由；并且，路由与交换模块是汇聚链接的，由于是内部连接，可以确保相当大的带宽。

9.6.2　三层交换机的路由

1. 不同 VLAN 间的连接

把二层交换机各 VLAN 的某一以太网接口直接和三层交换机的一个以太网接口进行物理连接，如图 9-8 所示。

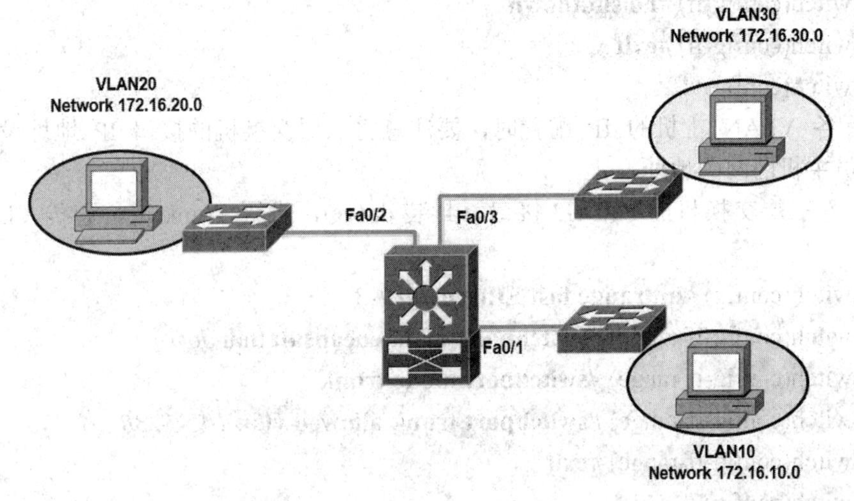

图 9-8　三层交换机实现 VLAN 间的通信

2. 不同 VLAN 间的通信实例

利用三层交换机实现各 VLAN 之间的通信，以图 9-8 为例，在三层交换机上做的主要配置如下：

(1) 创建 VLAN10，配置 IP 并激活：

```
Switch #configure terminal
Switch(config) #vlan 10
Switch(config-vlan) #exit
Switch(config) #interface vlan 10
Switch(config-if) #ip address 172.16.10.254 255.255.255.0
Switch(config-if) #no shutdown
Switch(config-if) #exit
Switch(config) #
```

(2) 创建 VLAN20，配置 IP 并激活：

```
Switch(config) #vlan 20
Switch(config-vlan) #exit
Switch(config) #interface vlan 20
Switch(config-if) #ip address 172.16.20.254 255.255.255.0
Switch(config-if) #no shutdown
Switch(config-if) #exit
Switch(config) #
```

(3) 创建 VLAN30，配置 IP 并激活：

```
Switch(config) #vlan 30
Switch(config-vlan) #exit
Switch(config) #interface vlan 30
Switch(config-if) #ip address 172.16.30.254 255.255.255.0
Switch(config-if) #no shutdown
Switch(config-if) #exit
Switch(config) #
```

在进行各 VLAN 主机的 IP 配置时，要注意将三层交换机的接口 IP 地址设置为此 VLAN 成员主机的网关地址。

(4) 进入三层交换机的 Fa0/1-3 接口，封装 dot1Q，设置 Trunk 口，透传 VLAN10，20，30：

```
Switch(config) #int range fast Ethernet 0/1-3
Switch(config-if-range) #switchport trunk encapsulation dot1q
Switch(config-if-range) #switchport mode trunk
Switch(config-if-range) #switchport trunk allowed vlan 10, 20, 30
Switch(config-if-range) #exit
Switch(config) #
```

(5) 启用三层交换机的路由功能：

```
Switch(config) #
Switch(config) #ip routing
```

实训项目 7：利用路由器构建互联互通的局域网

一、项目背景

在实训项目 6 中，只有公司财务处的计算机之间能够通信，但无法访问服务器，公司人力资源部、市场部、技术部也无法访问服务器。我们使用 VLAN 技术隔离只是为了优化网络，最终我们还是要让整个网络能够畅通，鉴于此要求，公司购买了一台路由器(或三层交换机)，网络技术人员重新进行了网络升级改造。

二、方案设计

根据项目背景网络技术人员设计出的改进网络拓扑结构如图 9-9 所示，即在实训项目 6 的基础上把服务器连接在公司的路由器 Gi0/0 接口上，把 SW1 的 Gi1/1 口与路由器的 Gi0/1 口连接、把 SW2 的 Gi1/2 口与路由器的 Gi0/2 口连接。

根据实验室的实际情况本项目可使用实体设备或 Packet Tracer 模拟器完成。

本项目使用 Packet Tracer 模拟器完成。

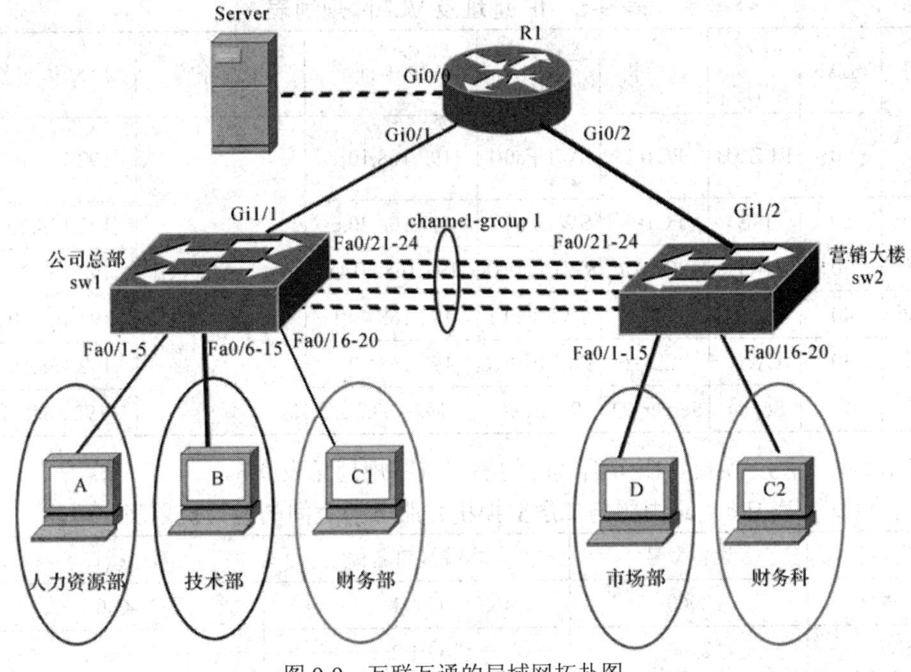

图 9-9　互联互通的局域网拓扑图

三、方案实施

(一) 连接网络拓扑

打开 Packet Tracer 模拟器，按照图 9-9 所示选择路由器 2911 进行网络连接，如图 9-10 所示。

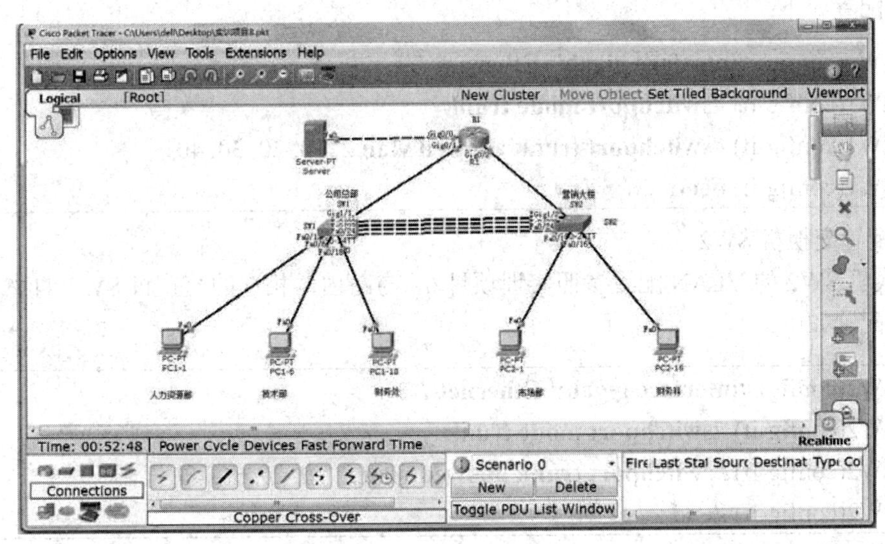

图 9-10　互联互通的局域网连接示图

(二) 规划设计

规划设计各计算机的 IP 地址、子网掩码、默认网关及所属 VLAN，见表 9-5。

表 9-5　IP 地址及 VLAN 规划表

部门	VLAN	VLAN 名称	计算机	连接设备/端口	IP 地址	子网掩码	默认网关
人力资源部	10	RLZYB	PC1-1	SW1/Fa0/1	192.168.10.1	255.255.255.0	192.168.10.254
技术部	20	JSB	PC1-6	SW1/Fa0/6	192.168.20.6		192.168.20.254
财务处	30	CWC	PC1-18	SW1/Fa0/18	192.168.30.18		192.168.30.254
市场部	40	SCB	PC2-1	SW2/Fa0/1	192.168.40.1		192.168.40.254
财务科	30	CWC	PC2-16	SW2/Fa0/16	192.168.50.1		192.168.50.254
服务器	/	Server	Server-PT	R1/Gi0/0	192.168.2.1		192.168.2.254

路由器与二层交换机、服务器之间的物理链路规划见表 9-6。

表 9-6　路由器与二层交换机、服务器之间的链路规划表

设备名称	设备型号	本端接口名称	对端接口名称
SW1	2960	Gi1/1	Gi0/1
SW2	2960	Gi1/2	Gi0/2
R1	2911	Gi0/1	F0

(三) 项目实施过程

在前几个项目的基础上，本项目的实施过程及命令不再进行详细的解释。

1. 配置交换机 SW1。

交换机 SW1 的 VLAN 配置参照实训项目 6，与路由器相连的交换机 SW1 的物理接口 Gi1/1 的配置如下：

```
SW1(config) #interface gigabit Ethernet 1/1
SW1(config-if) #switchport mode trunk
SW1(config-if) #switchport trunk allowed vlan 2, 10, 20, 30, 40
SW1(config-if) #end
```

2. 配置交换机 SW2。

交换机 SW2 的 VLAN 配置参照实训项目 6，与路由器相连的交换机 SW2 的物理接口 Gi1/2 的配置如下：

```
SW2(config) #interface gigabit Ethernet 1/2
SW2(config-if) #switchport mode trunk
SW2(config-if) #switchport trunk allowed vlan 2, 10, 20, 30, 40
SW2(config-if) #end
```

3. 路由器 R1 的具体配置。

(1) 将路由器命名为 R1：

```
Router>enable
```

```
Router #configure terminal
Router(config) #hostname R1
```

(2) 路由器接口 Gi0/1 的配置：

① 将路由器接口 Gi0/1 激活：

```
R1(config) #interface gigabit Ethernet 0/1
R1(config-if) #no shutdown
R1(config-if) #exit
```

② 将路由器子接口 Gi0/1.1 与 VLAN10 关联、分配 IP 地址并激活：

```
R1(config) #interface gigabit Ethernet 0/1.1
R1(config-subif) #encapsulation dot1Q 10
R1(config-subif) #ip address 192.168.10.254 255.255.255.0
R1(config-subif) #no shutdown
R1(config-subif) #exit
```

③ 将路由器子接口 Gi0/1.2 与 VLAN20 关联、分配 IP 地址并激活：

```
R1(config) #interface fast Ethernet 0/1.2
R1(config-subif) #encapsulation dot1Q 20
R1(config-subif) #ip address 192.168.20.254 255.255.255.0
R1(config-subif) #no shutdown
```

④ 将路由器子接口 Gi0/1.3 与 VLAN30 关联、分配 IP 地址并激活：

```
R1(config) #interface fast Ethernet 0/1.3
R1(config-subif) #encapsulation dot1Q 30
R1(config-subif) #ip address 192.168.30.254 255.255.255.0
R1(config-subif) #no shutdown
```

(3) 路由器接口 Gi0/2 的配置：

① 将路由器接口 Gi0/2 激活：

```
R1(config) #interface gigabit Ethernet 0/2
R1(config-if) #no shutdown
R1(config-if) #exit
```

② 将路由器子接口 Gi0/2.3 与 VLAN30 关联、分配 IP 地址并激活：

```
R1(config) #interface gigabit Ethernet 0/2.3
R1(config-subif) #encapsulation dot1Q 30
R1(config-subif) #ip address 192.168.50.254 255.255.255.0
R1(config-subif) #no shutdown
R1(config-subif) #exit
```

③ 将路由器子接口 Gi0/2.4 与 VLAN40 关联、分配 IP 地址并激活：

```
R1(config) #interface fast Ethernet 0/2.4
R1(config-subif) #encapsulation dot1Q 40
R1(config-subif) #ip address 192.168.40.254 255.255.255.0
R1(config-subif) #no shutdown
```

(4) 路由器接口 Gi0/0 配置 IP 地址并激活：

R1(config) #**interface gigabit Ethernet** *0/0*

R1(config-if) #**ip address** *192.168.2.254 255.255.255.0*

R1(config-if) #**no shutdown**

4. 查看交换机 SW1 和 SW2 的运行配置。

(略)

5. 对计算机和服务器按照表 9-5 进行 IP 配置。

(略)

6. 测试各计算机之间的通信。

(略)

在财务科的计算机 PC2-16 上测试与服务器的通信状况如图 9-11，通信正常。

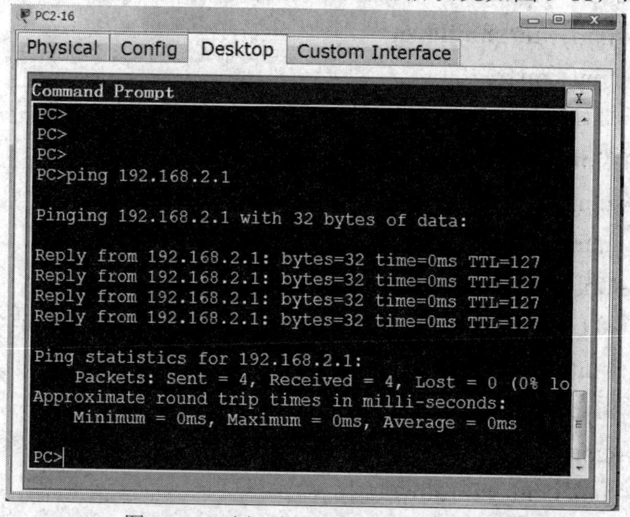

图 9-11　财务科与服务器的通信状况

在技术部的计算机 PC-6 上测试与服务器的通信状况如图 9-12，通信正常。

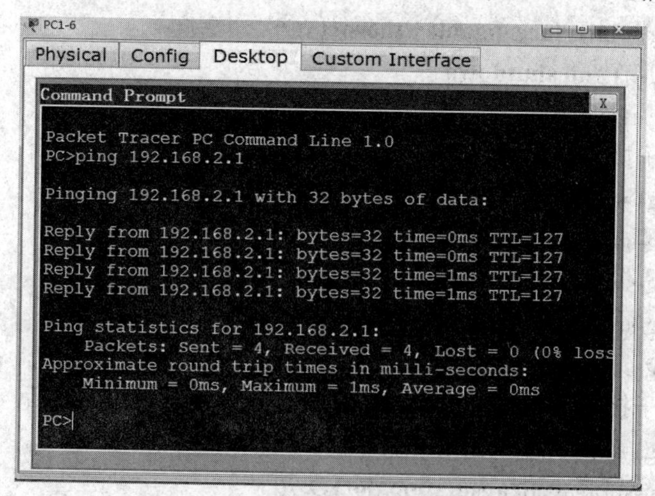

图 9-12　技术部与服务器的通信状况

其他计算机之间的测试略。

四、项目总结

针对方案实施过程中出现的问题和计算机之间的测试结果撰写项目总结报告。

习　题　9

一、选择题

1. 路由器有下面哪两种端口?(　　)

A. 打印机端口　　B. 控制盒端口

C. 以太网接口　　D. 广域网接口

2. 下面哪几项正确地描述了路由器的功能? (　　)

A. 路由器维护路由表并确保其他路由器知道网络中发生的变化

B. 路由器使用路由表来确定将分组转发到那里

C. 路由器所有以太网接口处于同一广播域中

D. 路由器导致冲突域更大

3. 如果路由器的广域网接口状态信息为“serialol/1 is up，line protocol is down”，这种错误是由下面哪两种原因导致的? (　　)

A. 没有设置时钟速率　　B. 该接口被手工禁用

C. 该接口没有连接电缆　　D. 没有收到存活消息

E. 封装类型不匹配

4. 对于路由器什么时候以太网接口必须配置 IP 地址? (　　)

A. 使用 shutdown 命令来关闭接口

B. 进入接口配置模式

C. 某局域网通过电缆连接到路由器以太网接口访问其他网络

D. 配置 IP 地址和子网掩码

5. 对于路由器使用下面哪个命令可以显示其运行配置？(　　)

A. show interface serial 0/0　　B. show interface fa0/1

C. show controllers serial 0/0　　D. show running

E. show ip interfaces

6. 三层交换机在转发数据包时，可以根据数据包的(　　)进行路由选择和转发

A. 源 IP 地址　　B. 目的 IP 地址

C. 源 MAC 地址　　D. 目的 MAC 地址

7. 在进行网络规划时，选择使用三层交换机而不选路由器，以下哪两个原因不确定？(　　)

A. 在一定条件下，三层交换机的技术性能远远高于路由器

B. 三层交换机可以实现路由器的所有功能

C. 三层交换机比路由器组网更灵活

D. 三层交换机的以太网口的数目比路由器多很多

8. 三层交换机中的三层表示的含义不正确的是以下哪一项?(　　)

A. 是指网络结构层次的第三层

B. 是指 OSI 模型的网络层

C. 是指交换机具备 IP 路由、转发的功能

D. 和路由器的功能类似

9. 实施单臂路由时，VLAN 间建立通信必须具有什么要素? (　　)

A. 多个交换机接口连接到一个路由器接口

B. 路由器物理接口上配置的本征 VLAN IP 地址

C. 在接口模式下配置所有中继接口

D. 路由器必须支持子接口的划分

10. 下面哪条命令将三层交换机端口配置为第三层模式? (　　)

A. no switchport　　B. switchport

C. ip adress 192.16810.1 255.255.255.0　　D. no ip address

二、简答题

1. 网络管理员可以用哪些命令来确定各 VLAN 间通信是否正常?

2. 在四个 VLAN 间实现单臂路由，路由器需要划分几个子接口?

三、实训题

某企业有三个主要部门，技术部、市场部和销售部，分处不同的楼层，为了安全和便于管理，对三个部门的主机进行了 VLAN 的划分，各部门分别处于不同的 VLAN。现由于业务的需要，它们之间的主机能够相互访问，三个部门的交换机通过一台三层交换机进行了连接，如图 9-13 所示。

(1) 如果使用在三层交换机上 SVI 配置，需要创建几个 VLAN?

(2) 三层交换机与二层交换机相连接的三个端口要做什么配置?

(3) 各部门 PC 的网关应如何配置?

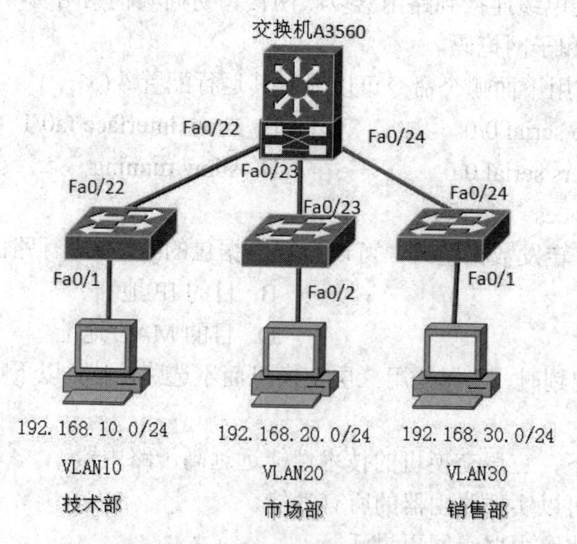

图 9-13　实训题网络拓扑图

第 10 章

第 10 章　路由协议及配置

❖ 学习目标：
- 了解非直联网络的通信原理
- 掌握静态路由和默认路由的配置与维护
- 掌握 RIP 的配置与维护
- 掌握 OSPF 路由协议原理
- 掌握 OSPF 路由协议配置

10.1　非直联网络通信

10.1.1　非直联网络通信原理

通过前面的学习，我们知道路由器可以实现几个不同网络之间的互相通信，对于直连网络，路由表的建立比较简单，但是对于那些非直连的网络，如第 9 章中的图 9-2 所示，它们之间如何通过路由器实现相互通信呢？路由器除了能够实现不同网络互联，还有路由选择和包过滤的功能，所以对于非直连的网络，路由器会为经过自己的每个数据包寻找一条最佳传输路径，并将该数据包有效地传送到目的网络，通过选择通畅快捷的路径，从而大大提高通信速度，减轻网络系统通信负荷，节约网络系统资源，提高网络系统畅通率。

由此可见，选择最佳路径的策略即路由算法或是路由协议是路由器的关键所在。为了完成这项工作，在路由器中保存着各种传输路径的相关数据——路由表(Routing Table)，供路由选择时使用。通常情况下，路由器根据接收到的 IP 数据包的目的网段地址查找路由表决定转发路径。路由表中需要保存子网的标志信息、网上路由器的个数和要到达此目的网段需要将 IP 数据包转发至哪一个“下一跳”相邻设备地址等内容，以供路由器查询使用。

而路由表可以是由系统管理员固定设置好的(静态路由表)，也可以是根据网络系统的运行情况而自动调整的(动态路由表)，它根据路由选择协议提供的功能，自动学习和记忆网络运行情况，在需要时自动计算数据传输的最佳路径。路由器的另一个作用是连通不同的网络。

10.1.2　非直联网络通信协议

一台路由器上可以同时运行多个路由协议。不同的路由协议都有自己的标准来衡量路由的好坏(有的采用“下一跳”次数、有的采用带宽、有的采用延时，一般在路由数据中使用度量值 Metric 来量化)，并且每个路由协议都把自己认为最好的路由送到路由表中。这样到达一个同样的目的地址，可能有多条分别由不同路由选择协议学习来的路由信息。虽然每个路由选择协议都有自己的度量值，但是不同协议间的度量值含义不同，也没有可比性。路由器必须选择其中一个路由协议计算出来的最佳路径作为转发路径添加到路由表中。我们需要有一种方法来实现这个目的，通过这种方法，我们能判断出最优的路由并使用它来转发数据包。在实际的应用中，我们使用路由优先级来解决这一问题。

表 10-1 中列出了各种路由选择协议和其缺省优先级。

表 10-1　路由选择协议和其缺省优先级

路由选择协议	优先级
直联路由	0
静态路由	1
外部 BGP(EBGP)协议	20
OSPF 协议	110
RIPv1、v2 协议	120
内部 BGP(IBGP)协议	200
Special(内部处理使用)	255

每个路由协议可以配置一个优先级参数，路由器选择不同路由协议的依据就是这个路由优先级。不同的路由协议有不同的路由优先级，数值小的优先级高，当到达同一个目的地址有多条路由时，可以根据优先级的大小，选择其中一个优先级最小的作为最优路由，同时将这条路由信息写进路由表中。

本章重点讲述静态路由和动态路由协议 RIP、OSPF。

10.2 静态路由

10.2.1 静态路由的概念

静态路由是指由网络管理员手工配置的路由信息，无开销，配置简单，需人工维护，适合简单拓扑结构的网络。静态路由除了具有简单、高效、可靠的优点外，它的另一个好处是网络安全保密性高。

10.2.2 路由器静态路由配置

1. 静态路由的配置命令

静态路由的配置命令如下：

router(config) #**ip route** [网络编号] [子网掩码] [转发路由器的接口 IP 地址/本地接口]

如图 10-1 所示，对于图中的路由器 A 来说，其目的网络是 172.16.1.0，转发路由器的接口 IP 是 172.16.2.1，所以配置命令如下：

A(config) #**ip route** *172.16.1.0 255.255.255.0 172.16.2.1*

或

A(config) #**ip route** *172.16.1.0 255.255.255.0 serial 0*

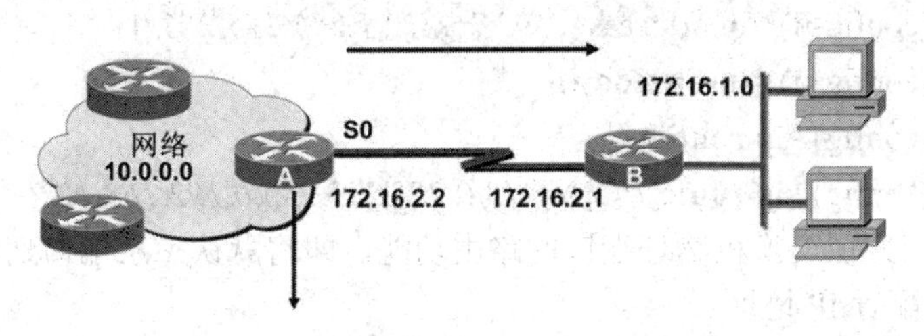

图 10-1 静态路由的配置命令示意图

2. 静态路由的配置案例

如图 10-2 所示，给路由器命名，为路由器接口分配 IP 地址并激活可参照第 9 章，这里不再重述。

R1 的静态路由配置如下：

R1(config) #**ip route** *172.16.3.0 255.255.255.0 172.16.2.2*

R2 的静态路由配置如下：

R2(config) #**ip route** *172.16.1.0 255.255.255.0 172.16.2.1*

注意在配置静态路由时，网络中的所有路由器分别都要进行相应配置。

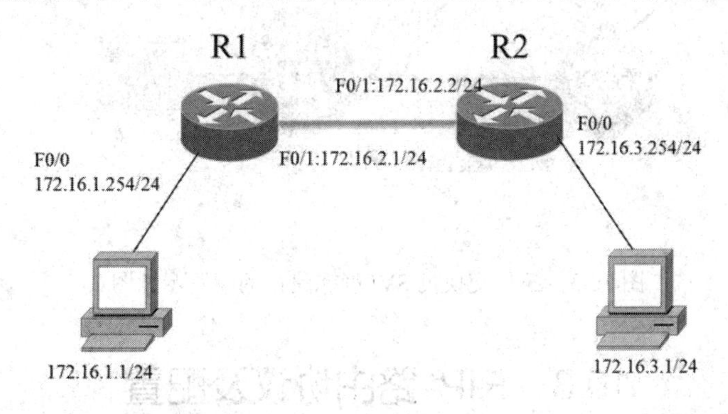

图 10-2 静态路由的配置案例

10.2.3 三层交换机静态路由配置

具有路由功能的设备除路由器外还有三层交换机，三层交换机本身具有根据 MAC 表转发数据帧的功能，同时，还具有根据路由表转发数据包的功能。三层交换机和路由器在路由时的主要区别：一是三层交换机的转发性能远大于路由器；二是三层交换机各端口连接相同类型网络，而路由器可以连接不同类型网络。

三层交换机路由功能有以下两种实现方法：

(1) 通过给 VLAN 对应的交换机虚拟端口(SVI)配置 IP 地址，使该端口具有路由功能，如图 10-3 所示，三层交换机的配置如下：

```
Switch(config) #vlan 80
Switch(config) #int  f  0/24
Switch(config-if) #switchport  access  vlan  80
Switch(config) #interface vlan  80
Switch(config-if) #ip address  192.168.12.1 255.255.255.0
Switch(config-if) #no shutdown
Switch(config) #ip routing
Switch(config) #ip route 192.168.13.0 255.255.255.0 192.168.12.2
```

(2) 通过开启三层交换机物理端口的路由功能，即将默认二层端口切换为三层端口，然后在该端口上配置 IP 地址。

以图 10-3 为例，三层交换机的配置如下：

```
Switch(config) #interface fastethernet 0/24
Switch(config-if) #no switchport
Switch(config-if) #ip address 192.168.12.1 255.255.255.0
Switch(config-if) #no shutdown
Switch(config-if) #exit
Switch(config) #ip routing
Switch(config) #ip route 192.168.13.0 255.255.255.0 192.168.12.2
```

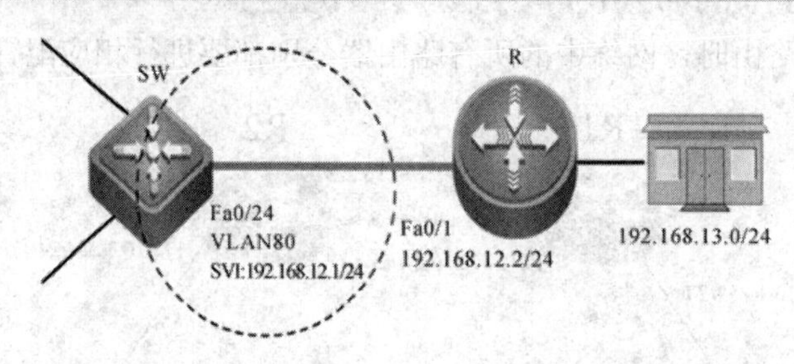

图 10-3　三层交换机 SVI 静态路由的配置示意图

10.3　RIP 路由协议及配置

动态路由是指在路由器之间运行某种动态路由协议，使路由器之间互相学习路由表。动态路由开销大，配置复杂，无需人工维护，适合拓扑结构复杂的网络。

10.3.1　RIP 概述

RIP 是路由信息协议(Routing Information Protocol)的简称，它是第一个实现动态选路的路由协议，该协议基于 D-V(距离矢量)算法实现，默认管理距离为 120。RIP 使用 UDP 协议来交换路由信息，默认端口号为 520。

运行 RIP 的路由器每隔一定的时间间隔(默认为 30s)发送一次路由信息的更新报文，它反映了该路由器所有的路由信息，这个过程称为路由信息通告。如果一个路由器在一段时间内(默认为 180s)未能从另一个路由器收到更新信息，便会将该路由器提供的路由标记为不可用路由。如果在后续的一段时间内(默认为 240s)还是未能得到更新，路由器将从路由表中彻底清除该路由。

RIP 在选路时以跳数(Hop Count)作为唯一度量值(Metric)，不考虑带宽、时延或其他可变因素。在 RIP 中，路由器到与它直接相连网络的跳数为 0，通过一个路由器可达的网络的跳数为 1，依此类推。RIP 总是把跳数最小的路径作为优选路径，有时这会导致所选路径不是最佳。为限制收敛时间，RIP 的度量值最大为 15，跳数大于或等于 16 的路由被认为不可达。

为提高性能，防止产生路由环路，RIP 支持水平分割、毒性逆转以及触发更新。

(1) 水平分割(Split Horizon)：不可以将路由信息再发送回源端口，源端口是指路由器学到这条路由信息的端口。

(2) 毒性逆转(Poison Reverse)：可以看作水平分割的一个修改版本，它不像水平分割那样过滤掉自身发出去的路由更新，而是当它的同一个接口收到一个由自身接口曾经发出的路由信息时，就将那条路由标识为不可达，通常通过将跳计数增加到“无限大”来实现。

(3) 触发更新：当路由器检测到链路有问题时立即进行问题路由的更新，迅速传递路由故障和加速收敛，减少环路产生的机会。

RIP 有 RIPv1 和 RIPv2 两个版本，RIPv1 不支持变长子网掩码(VLSM)，RIPv2 支持变长子网掩码，还支持明文认证和 MD5 密文认证。RIPv1 由 RFC 1058 定义，RIPv2 由 RFC 1723 定义。

RIPv1 使用广播发送报文。RIPv2 有两种传送方式：广播方式和组播方式，缺省采用组播发送报文，RIPv2 的组播地址为 224.0.0.9。组播发送报文的好处是在同一网络中那些没有运行 RIP 的网段可以避免接收 RIP 的广播报文，还可以使运行 RIPv1 的网段避免错误地接收和处理 RIPv2 中带有子网掩码的路由。

RIP 协议是最早使用的内部网关协议(Interior Gateway Protocol，IGP)之一，RIP 协议被设计用于使用同种技术的中小型网络，因此适用于大多数的校园网和变化不是很大的区域性网络。对于更复杂的环境，一般不使用 RIP 协议。

10.3.2　RIP 路由交换过程

RIP 路由交换过程如下：

(1) RIP 启动时的初始路由表仅包含本路由器的一些直连接口路由。

(2) RIP 协议启动后向各接口发送 Request 报文。

(3) 邻居路由器从某接口收到 Request 报文后，将形成包含其路由表的 Response 报文，发送到该接口对应的网络。

(4) 接收到邻居路由器的 Response 报文后，形成自己的路由表，并将收到的路由 Metric 加 1，“下一跳”设置为邻居路由器地址。

(5) 路由器定时(默认为 30 s)用 Response 报文发送自己的路由表。

(6) 收到邻居发送来的 Response 报文后，RIP 协议计算报文中路由的度量值，比较其与本地路由表中路由项度量值的差别，更新自己的路由表。

(7) 如收到路由的 Metric 为 16，或路由超时没有更新(默认为 180 s)，则置 Metric = 16，表示该路由失效。

(8) 继续向周围发送，通知邻居此路由失效。

(9) 超过 240 s 后，删除这个路由。

RIP 路由表的更新有以下四条原则：

(1) 对本路由表中已有的路由项，当发送报文的网关相同时，不论度量值增大或是减少，都更新该路由项(度量值相同时只将其老化定时器清零)。

(2) 对本路由表中已有的路由项，当发送报文的网关不同时，只在度量值减少时，更新该路由项。

(3) 对本路由表中不存在的路由项，在度量值小于 16 时，在路由表中增加该路由项。

(4) 路由表中的每一路由项都对应一个老化定时器，当路由项在 180 s 内没有任何更新时，定时器超时，该路由项的度量值变为不可达(16)。

10.3.3　RIP 的局限性

RIP 协议在使用时，有一定的局限性，主要表现在以下两个方面：

1. 路由环路下收敛慢

(1) 计数到无穷：Metric 达到 16 即表示路由不可达，不能迅速收敛。

(2) 水平分割：禁止路由从收到的接口发出去。

2. 组网规模小

(1) 最大 Metric 为 16，不适应大型网络。

(2) 路由表更新时，需要发送整个路由表，路由表较大时传输和处理的开销大。

10.3.4　RIP 配置思路

RIP 是一种相对简单的动态路由协议，配置需要确认以下几项：

(1) 确认需要运行 RIP 协议的组网规模，建议总数不要超过 16 台。

(2) 确认 RIP 协议使用的版本号，建议使用 RIPv2。

(3) 确认路由器上需要运行 RIP 的接口，确认需要引入的外部路由。

(4) 注意是否有协议验证部分的配置，对接双方的验证字符串必须一致。

10.3.5　RIP 配置命令

RIP 的配置分为基本配置和扩展配置。

1. 基本配置

(1) 启动 RIP 路由选择进程：

router(config) #**router rip**

(2) 设置 RIP 进程活动的网络范围：

router(config-router) #**network** *每一条直连地址*

2. 扩展配置

(1) 指定 RIP 邻居：

router(config-router) #**neighbor** *与邻居的直连地址*

(2) 指定 RIP 版本：

router(config-router) #**version** *2*

(3) 关闭路由汇总功能：

router(config-router) #**no auto-summary**

(4) 打开水平分割机制：

router(config-if) #**ip split-horizon**

10.3.6 基本配置实例

1. 网络拓扑

如图 10-4 所示，在下面的网络里，有三台路由器，所有的路由器都运行 RIP 协议，需要实现三台路由器互通。

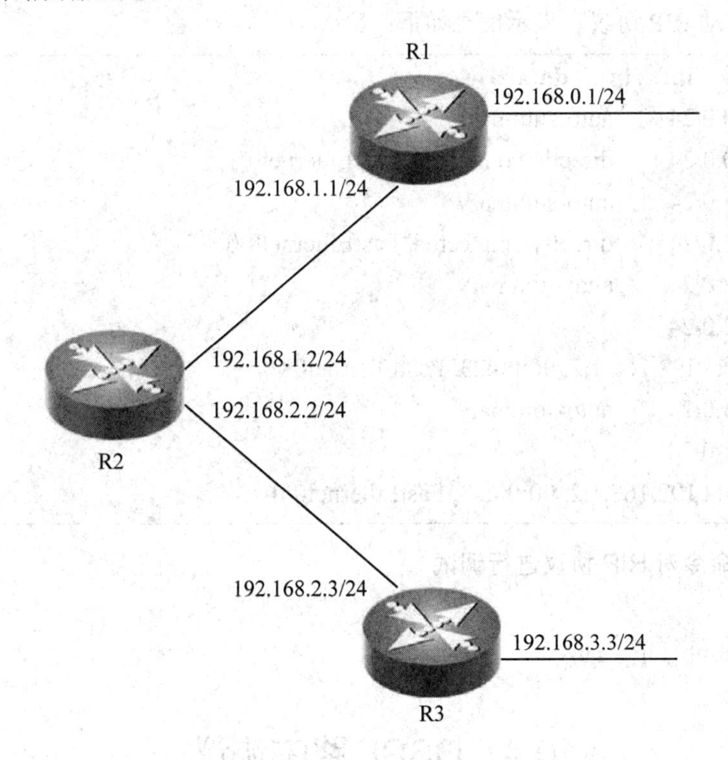

图 10-4　RIP 基本配置组网

2. 配置步骤

(1) R1 的配置：

R1(config) #**router rip**
R1(config-router-rip) #**network** *192.168.0.0*
R1(config-router-rip) #**network** *192.168.1.0*

(2) R2 的配置：

```
R2(config) #router rip
R2(config-router-rip) #network 192.168.1.0
R2(config-router-rip) #network 192.168.2.0
```

(3) R3 的配置：

```
R3(config) #router rip
R3(config-router-rip) #network 192.168.2.0
R3(config-router-rip) #network 192.168.3.0
```

配置完成后，R1、R2 和 R3 可以互通。

10.3.7 RIP 维护与诊断

1. 显示由 RIP 协议产生的路由条目

命令如下：

```
R1 #show ip rip database
```

如果已经启动 RIP 协议，显示信息如下：

```
R1 #show   ip   rip    database
192.168.0.0/24       auto-summary
192.168.0.0/24       directly connected, FastEthernet0/1
192.168.1.0/24       auto-summary
192.168.1.0/24       directly connected, FastEthernet0/0
192.168.2.0/24       auto-summary
192.168.2.0/24
     [1] via 192.168.1.2, 00:00:23, FastEthernet0/0
192.168.3.0/24       auto-summary
192.168.3.0/24
     [2] via 192.168.1.2, 00:00:23, FastEthernet0/0
```

2. Debug 命令对 RIP 协议进行调试

命令如下：

```
R1 #debug   ip   rip
```

10.4 OSPF 路由协议

10.4.1 OSPF 概述

OSPF 是 Open Shortest Path First(开放最短路由优先协议)的缩写。它是 IETF(Internet Engineering Task Force，国际互联网工程任务组)组织开发的一个基于链路状态的自治系统内部路由协议(IGP)，用于在单一自治系统(Autonomous System，AS)内决策路由。在 IP 网络上，它通过收集和传递自治系统的链路状态来动态地发现并传播路由。当前 OSPF 协议使用的是第二版，最新的 RFC 是 2328。

为了弥补距离矢量协议的局限性和缺点从而发展出链路状态协议，OSPF 链路状态协议有以下特点：

(1) OSPF 支持各种规模的网络，最多可支持几百台路由器。

(2) 采用最短路径树算法计算路由，故从算法本身保证了不会生成自环路由。

(3) 当网络的拓扑结构发生变化时，OSPF 立即发送更新报文，使这一变化在自治系统中同步，收敛速度快。

(4) 基于带宽来选择路径时，支持到同一目的地址的多条等值路由。

(5) 由于 OSPF 在描述路由时携带网段的掩码信息，所以 OSPF 协议不受自然掩码的限制，对 VLSM 和 CIDR 提供很好的支持。

(6) 支持区域的划分。

(7) OSPF 使用四类不同的路由，按优先顺序分别是：区域内路由、区域间路由、第一类外部路由(计算到 ASBR 花费以及到外部路由的花费)、第二类外部路由(不计算到 ASBR 的花费)。

(8) 支持基于接口的报文验证，以保证路由计算的安全性。

(9) OSPF 在有组播发送能力的链路层上以组播地址发送协议报文，既达到了广播的作用，又最大限度地减少了对其他网络设备的干扰。

10.4.2　OSPF 支持的网络类型

1. OSPF 支持的网络类型

OSPF 支持的网络类型有以下几种：

(1) Point-to-point(点到点)。链路层协议是 PPP 或 LAPB 时，默认网络类型为点到点网络。无需选举 DR 和 BDR，当只有两个路由器的接口要形成邻接关系的时候才使用。

(2) Broadcast(组播)。链路层协议是 Ethernet、FDDI、Token Ring 时，默认网络类型为广播网，以组播的方式发送协议报文。

(3) NBMA(非广播—多路访问网络)。链路层协议是帧中继、ATM、HDLC 或 X.25 时，默认网络类型为 NBMA，手工指定邻居。

(4) Point-to-Multi Point(点到多点，PTMP)。没有一种链路层协议会被缺省认为是 Point-to-Multi Point 类型。点到多点必然是由其他网络类型强制更改的，常见的做法是将非全连通的 NBMA 改为点到多点的网络。多播 Hello 包自动发现邻居，无需手工指定邻居。

2. NBMA 与 PTMP 之间的区别

OSPF 支持的网络类型 NBMA 与 PTMP 之间的区别如下：

(1) 在 OSPF 协议中 NBMA 是指那些全连通的、非广播、多点可达网络；而点到多点的网络，则并不需要一定是全连通的。

(2) NBMA 是一种缺省的网络类型；点到多点不是缺省的网络类型，点到多点必须是由其他的网络类型强制更改的。

(3) NBMA 用单播发送协议报文，需要手工配置邻居；点到多点是可选的，既可以用单播发送，又可以用多播发送报文。

(4) 在 NBMA 上需要选举 DR 与 BDR，而在 PTMP 网络中没有 DR 与 BDR；另外，广播网中也需要选举 DR 和 BDR。

10.4.3 OSPF 术语

1. Router ID

Router ID 采用 32 位无符号整数，形式如 X.X.X.X，唯一标识一台 OSPF 设备。

Router ID 一般需要手工配置，通常将其配置为该路由器的某个接口的 IP 地址；在没有手工配置 Router ID 的情况下，一些厂家的路由器支持自动从当前所有接口的 IP 地址中自动选举一个 IP 地址作为 Router ID。OSPF 协议用 IP 报文直接封装协议报文，协议号是 89。

2. 指定路由器(DR)

在广播和 NBMA 类型的网络上，任意两台路由器之间都需要传递路由信息(Flood)，如果网络中有 N 台路由器，则需要建立 $N\times(N-1)/2$ 个邻接关系。任何一台路由器的路由变化，都需要在网段中进行 $N\times(N-1)/2$ 次传递。这是没有必要的，也浪费了宝贵的带宽资源。为了解决这个问题，OSPF 协议指定一台路由器 DR(Designated Router)来负责传递信息。所有的路由器都只将路由信息发送给 DR，再由 DR 将路由信息发送给本网段内的其他路由器。两台不是 DR 的路由器(DR Other)之间不再建立邻接关系，也不再交换任何路由信息。这样在同一网段内的路由器之间只需建立 N 个邻接关系，每次路由变化只需进行 $2N$ 次的传递即可。

哪台路由器会成为本网段内的 DR 并不是人为指定的，而是由本网段中所有的路由器共同选举出来的。DR 的选举过程如下：

(1) 登记选民：本网段内运行 OSPF 的路由器。

(2) 登记候选人：本网段内 Priority 大于 0 的 OSPF 路由器；Priority 是接口上的参数，可以配置，缺省值是 1。

(3) 竞选演说：一部分 Priority 大于 0 的 OSPF 路由器自己是 DR。

(4) 投票：在所有自称是 DR 的路由器中选 Priority 值最大的，若两台路由器的 Priority 值相等，则选 Router ID 最大的；选票就是 Hello 报文，每台路由器将自己选出的 DR 写入 Hello 中，发给网段上的每台路由器。

在指定路由器 DR 的产生过程中，稳定压倒一切。由于网段中的每台路由器都只和 DR 建立邻接关系，如果 DR 频繁地更迭，则每次都要重新引起本网段内的所有路由器与新的 DR 建立邻接关系，这样会导致在短时间内网段中有大量的 OSPF 协议报文在传输，降低网络的可用带宽，所以协议中规定应该尽量减少 DR 的变化。具体的处理方法是，每一台新加入的路由器并不急于参加选举，而是先考察一下本网段中是否已有 DR 存在；如果目前网段中已经存在 DR，即使本路由器的 Priority 比现有的 DR 还高，也不会再声称自己是 DR 了，而是承认现有的 DR。

3. 备份指定路由器(BDR)

如果 DR 由于某种故障而失效，这时必须重新选举 DR，并与之同步。这需要较长的时间，在这段时间内，路由计算是不正确的。为了能够缩短这个过程，OSPF 提出了 BDR(Backup Designated Router)的概念。BDR 实际上是对 DR 的一个备份，在选举 DR 的同时也选举出 BDR，BDR 也和本网段内的所有路由器建立邻接关系并交换路由信息。当 DR 失效后，BDR 会立即成为 DR，由于不需要重新选举，并且邻接关系事先已建立，所以这个过程是非常短暂的。当然这时还需要重新选举一个新的 BDR，虽然一样需要较长的时间，但并不会影响路由计算。

在广播网和 NBMA 网中必须选举一个 DR 和 BDR 来代表这个网络，减少在局域网上的 OSPF 的流量。

4. 邻居表(Neighbor Database)

邻居表中包括所有建立联系的邻居路由器。

5. 链接状态表(拓扑表)(Link State Database)

链接状态表中包含了网络中所有路由器的链接状态，它表示着整个网络的拓扑结构。同 Area 内的所有路由器的链接状态表都是相同的。

6. 路由表(Routing Table)

RIP 协议的路由表是在链接状态表的基础之上利用 SPF 算法计算而来。

10.4.4　OSPF 报文类型

OSPF 网络中传递链路状态信息，完成数据库的同步，主要是通过 OSPF 的报文来完成的，OSPF 的报文共有五种类型：

1. Hello 报文(Hello Packet)

Hello 报文是最常用的一种报文，周期性地发送给本路由器的邻居，内容包括一些定时器的数值、DR、BDR 以及自己已知的邻居。Hello 报文中包含有很多信息，其中 Hello/Dead Intervals、Area-ID、Authentication Password、Stub Area Flag 必须一致，相邻路由器才能建立邻居关系。

2. DBD 报文(Data Base Description Packet)

DBD 报文描述自己的 LSDB，包括 LSDB 中每一条 LSA 的摘要(摘要是指 LSA 的 HEAD，可唯一标识一条 LSA)，根据 Head，对端路由器就可以判断出是否已经有了这条 LSA；DBD 用于数据库同步。

3. LSR 报文(Link State Request Packet)

LSR 报文用于向对方请求自己所需的 LSA，内容包括所请求的 LSA 的摘要。

4. LSU 报文(Link State Update Packet)

LSU 报文用来向对端路由器发送所需要的 LSA，内容是多条 LSA(全部内容)的集合。

5. LSAck 报文(Link State Acknowledgment Packet)

LSAck 报文用来对接收到的 DBD、LSU 报文进行确认，内容是需要确认的 LSA 的 Head(一个报文可对多个 LSA 进行确认)。

10.4.5　OSPF 邻居状态机

在数据库的同步过程中，OSPF 设备会在以下一些状态之间转换，共有八种状态，转换关系如图 10-5 所示。

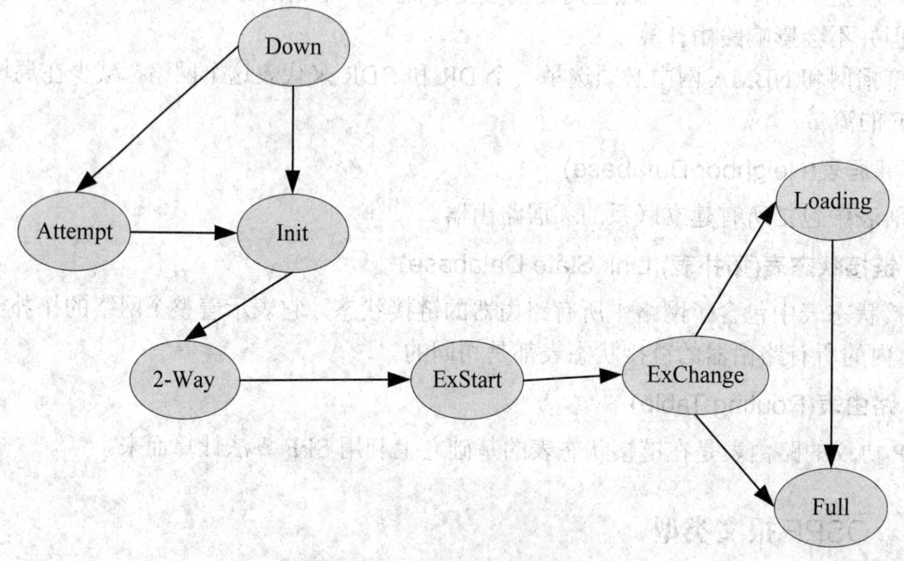

图 10-5　邻居状态机转换图

(1) Down：邻居状态机的初始状态，是指在过去的 Dead-Interval 时间内没有收到对方的 Hello 报文。

(2) Attempt：只适用于 NBMA 类型的接口，处于本状态时，定期向那些手工配置的邻居发送 Hello 报文。

(3) Init：表示已经收到了邻居的 Hello 报文，但是该报文列出的邻居中没有包含我的 Router ID(对方并没有收到我发的 Hello 报文)。

(4) 2-Way：表示双方互相收到了对端发送的 Hello 报文，建立了邻居关系。在广播和 NBMA 类型的网络中，两个接口状态是 DR Other 的路由器之间将停留在此状态，其他情况状态机将继续转入高级状态。

(5) ExStart：在此状态下，路由器和它的邻居之间通过互相交换 DBD 报文(该报文并不包含实际的内容，只包含一些标志位)来决定发送时的主/从关系。建立主/从关系主要是为了保证在后续的 DBD 报文交换中能够有序地发送。

(6) ExChange：路由器将本地的 LSDB 用 DBD 报文来描述，并发给邻居。

(7) Loading：路由器发送 LSR 报文向邻居请求对方的 DBD 报文。

(8) Full：在此状态下，邻居路由器的 LSDB 中所有的 LSA 本路由器全都有了。即，本路由器和邻居建立了邻接(Adjacency)状态。

> 注意：
> 稳定的状态是 Down、2-Way、Full，其他状态则是在转换过程中瞬间(一般不会超过几分钟)存在的状态。

10.4.6　OSPF 路由计算

通过上面的介绍可知，OSPF 数据库的同步过程伴随着 OSPF 邻居状态的转换。数据库同步以后，紧接着就进行路由的计算，如图 10-6 所示。

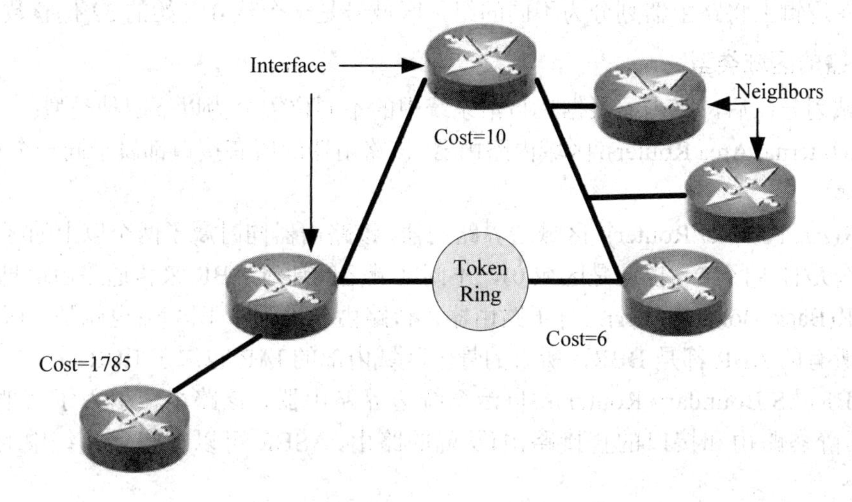

图 10-6　OSPF 路由计算过程

通过 OSPF 协议进行路由计算的过程如下：

(1) 6 台路由器组成的网络，Cost 表示从一台路由器到另一台路由器所需要的花费。简单起见，我们假定两台路由器相互之间发送报文所需花费是相同的。

(2) 路由器都根据自己周围的网络拓扑结构生成一条 LSA(链路状态广播)，并通过相互之间发送协议报文将这条 LSA 发送给网络中其他的所有路由器；这样每台路由器都收到了其他路由器的 LSA，所有的 LSA 放在一起称作 LSDB(链路状态数据库)。显然，6 台路由器的 LSDB 都是相同的。

(3) 由于一条 LSA 是对一台路由器周围网络拓扑结构的描述，那么 LSDB 则是对整个网络的拓扑结构的描述。路由器很容易将 LSDB 转换成一张带权的有向图，这张图便是对整个网络拓扑结构的真实反映。显然，6 台路由器得到的是一张完全相同的图。

(4) 接下来每台路由器在图中以自己为根节点，使用 SPF 算法计算出一棵最短路径树，由这棵树得到了到网络中各个节点的路由表。显然，6 台路由器各自得到的路由表是不同的。这样每台路由器都计算出了到其他路由器的路由。

综上所述，OSPF 协议计算路由有以下三个主要步骤：

第一步：描述本路由器周边的网络拓扑结构并生成 LSA。

第二步：将自己生成的 LSA 在自治系统中传播并同时收集所有的其他路由器生成的 LSA。

第三步：根据收集的所有的 LSA 计算路由。

10.4.7　OSPF 区域划分

随着网络规模日益扩大，网络中的路由器数量不断增加。当一个巨型网络中的路由器都运行 OSPF 路由协议时，就会遇到一些问题，如庞大的 LSDB 会占用大量的存储空间，增加 SPF 计算的复杂度，LSDB 同步时间长，降低网络的带宽利用率等。

解决上述问题的关键主要有两点：一是减少 LSA 的数量，二是屏蔽网络变化波及的范围。OSPF 协议通过将自治系统划分成不同的区域(Area)来解决上述问题。

区域是在逻辑上将路由器划分为不同的组，区域号是一个从 0 开始的 32 位整数。

1. 路由器的区域类型

进行区域划分以后，路由器根据在自治系统中的不同位置分为以下四种类型：

(1) IAR(Internal Area Router)：区域内路由器，该路由器的所有接口都属于同一个 OSPF 区域。

(2) ABR(Area Border Router)：区域边界路由器，该路由器同时属于两个以上的区域(其中必须有一个是骨干区域，也就是区域 0)，不同区域之间通过 ABR 来传递路由信息。

(3) BBR(Back Bone Router)：骨干路由器，该路由器属于骨干区域(也就是 0 区域)。由此可知，所有的 ABR 都是 BBR，所有的骨干区域内部的 IAR 也属于 BBR。

(4) ASBR(AS Boundary Router)：自治系统边界路由器，该路由器引入了其他路由协议(也包括静态路由和接口的直接路由)发现的路由，ASBR 可以在自治系统中的任意位置。

2. 区域的类型

将自治系统进行区域划分以后，区域的特性决定着它可以接收的路由信息的类型。区域类型如下：

(1) 标准区域：默认区域，接收链路状态更新、路由汇总和外部路由信息。

(2) 骨干区域(转发区域)：区域号总是“0”，是连接所有其他区域的中心点，所有其他区域都连接到这个区域以交换路由信息，OSPF 骨干区域拥有所有标准区域的特性。

(3) 末节区域：这种区域不接受任何自治系统外部路由的信息，比如非 OSPF 网络的信息。如果路由器需要连接 AS 外的网络，它们应用缺省的 0.0.0.0 路由，末节区域不能包含 ASBR。

(4) 完全末节区域：这种区域不接受任何 AS 外部的路由，也不接收 AS 内部的其他区域的汇总信息。如果路由器需要发送数据到外部网络或是其他区域，它使用缺省的路由发送数据包，完全末节区域不能包含 ASBR。

(5) 非完全末节区域(NSSA)：是对 OSPF RFC 的补充。NSSA 提供末节区域和完全末节区域同样的好处；但是，在 NSSA 中允许存在 ASBR，这点与末节区域不同。

3. LSA 的类型

OSPF 是基于链路状态算法的路由协议，所有对路由信息的描述都是封装在 LSA 中发送出去。LSA 根据不同的用途分为不同的种类，目前使用最多的是以下六种 LSA。

(1) Router LSA(Type = 1)：最基本的 LSA 类型，所有运行 OSPF 的路由器都会生成这种 LSA，它主要描述本路由器运行 OSPF 的接口的连接状况、花费等信息。对于 ABR，它会为每个区域生成一条 Router LSA，该 LSA 传递的范围是它所属的整个区域。

(2) Network LSA(Type = 2)：由 DR 生成，在 DR Other 和 BDR 的 Router LSA 中只描述到 DR 的连接，而 DR 则通过 Network LSA 来描述本网段中所有已经同其建立了邻接关

系的路由器(分别列出它们 Router ID)，该 LSA 传递的范围是它所属的整个区域。

(3) Network Summary LSA(Type = 3)：由 ABR 生成，当 ABR 完成它所属一个区域中的区域内路由计算之后，查询路由表，将本区域内的每一条 OSPF 路由封装成 Network Summary LSA 发送到区域外。LSA 中描述了某条路由的目的地址、掩码、花费值等信息，该 LSA 传递的范围是 ABR 中除了该 LSA 生成区域之外的其他区域。

(4) ASBR Summary LSA(Type = 4)：由 ABR 生成，内容主要是描述到达本区域内部的 ASBR 的路由，其描述的目的地址是 ASBR，是主机路由，所以掩码为 0.0.0.0，该 LSA 传递的范围与 Type3 的 LSA 相同。

(5) AS External LSA(Type = 5)：由 ASBR 生成，主要描述了到自治系统外部路由的信息，LSA 中包含某条路由的目的地址、掩码、花费值等信息，本类型的 LSA 是唯一一种与区域无关的 LSA 类型，该 LSA 传递的范围是整个自治系统(STUB 区域除外)。

(6) AS External LSA(Type = 7)：类型 7 的 LSA 被应用在非完全末节区域中(NSSA)。

4. 区域间路由计算

OSPF 将自治系统划分为不同的区域后，路由计算方法也发生了很多变化，具体内容如下：

(1) 只有同一个区域内的路由器之间会保持 LSDB 的同步，网络拓扑结构的变化首先在区域内更新。

(2) 区域之间的路由计算是通过 ABR 来完成的。ABR 首先完成一个区域内的路由计算，然后查询路由表，为每一条 OSPF 路由生成一条 Type3 类型的 LSA，内容主要包括该条路由的目的地址、掩码、花费等信息，然后将这些 LSA 发送到另一个区域中。

(3) 在另一个区域中的路由器根据每一条 Type3 的 LSA 生成一条路由，由于这些路由信息都是由 ABR 发布的，所以这些路由的“下一跳”都指向该 ABR。

5. 虚连接

由于网络的拓扑结构复杂，有时无法满足每个区域必须和骨干区域直接相连的要求，如图 10-7 所示；也有可能是骨干区域自身就不能满足物理上直连，如图 10-8 所示。

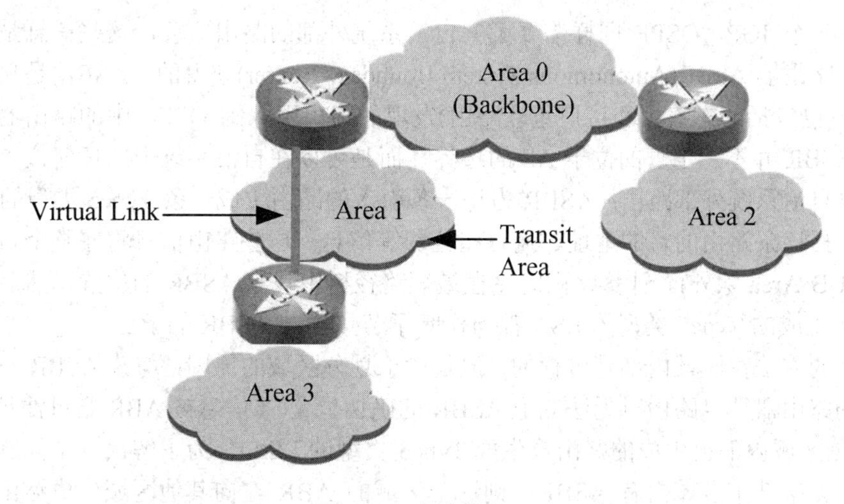

图 10-7　虚连接 1

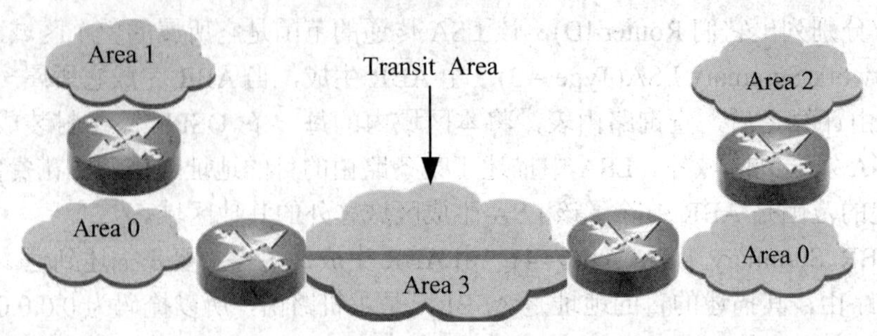

图 10-8　虚连接 2

为解决此问题，OSPF 提出了虚连接的概念。虚连接是指在两台 ABR 之间，穿过一个非骨干区域(即转换区域，Transit Area)建立的一条逻辑上的连接通道，可以理解为两台 ABR 之间存在一个点对点的连接。逻辑通道是指两台 ABR 之间的多台运行 OSPF 的路由器只是起到一个转发报文的作用(由于协议报文的目的地址不是这些路由器，所以这些报文对于它们是透明的，只是当作普通的 IP 报文来转发)，两台 ABR 之间直接传递路由信息。这里的路由信息是指由 ABR 生成的 Type3 的 LSA，区域内的路由器同步方式没有因此改变。

如果自治系统被划分成一个以上的区域，则必须有一个区域是骨干区域，并且保证其他区域与骨干区域直接相连或逻辑上相连，且骨干区域自身也必须是连通的。

10.4.8　与自治系统外部的通信

1. 自治系统

OSPF 是自治系统内部路由协议，负责计算同一个自治系统内的路由。在这里自治系统是指彼此相连的运行 OSPF 路由协议的所有路由器的集合。对于 OSPF 来说，整个网络只有自治系统内和自治系统外之分。需要注意的是：自治系统外并不一定在物理上或拓扑结构中真正地位于自治系统的外部，而是指那些没有运行 OSPF 的路由器或者是某台运行 OSPF 协议的路由器中没有运行 OSPF 的接口。

2. 计算自治系统外部路由

作为一个 IGP，OSPF 同样需要了解自治系统外部的路由信息，这些信息是通过自治系统边界路由器 ASBR(Autonomous System Boundary Router)获得的，ASBR 是那些将其他路由协议(也包括静态路由和接口直联路由)发现的路由引入到 OSPF 中的路由器。需要注意的是 ASBR 并不一定真的位于 AS 的边界，而是可以在自治系统中的任何位置。

计算自治系统外部路由：ASBR 为每一条引入的路由生成一条 Type5 类型的 LSA，主要内容包括该条路由的目的地址、掩码和花费等信息。这些路由信息将在整个自治系统中传播(STUB Area 除外)。计算路由时先在最短路径树中找到 ASBR 的位置，然后将所有由该 ASBR 生成的 Type5 类型的 LSA 都当作叶子节点挂在 ASBR 的下面。

以上的方法在区域内部是可行的，但是由于划分区域的原因，与该 ASBR 不处于同一个区域的路由器计算路由时无法知道 ASBR 的确切位置(该信息被 ABR 给过滤掉了，因为 ABR 根据区域内的已生成的路由再生成 Type3 类型的 LSA)。为了解决这个问题，协议规定如下：如果某个区域内有 ASBR，则这个区域的 ABR 在向其他区域生成路由信息时必须单独为这个 ASBR 生成一条 Type 4 类型的 LSA，内容主要包括这个 ASBR 的 Router ID

和到它所需的花费值。

10.4.9　ABR 上的聚合

自治系统被划分成不同的区域，其主要目的是为了减少路由信息及路由表的规模。这主要通过区域间的路由聚合来实现。ABR 在计算出一个区域的区域内路由之后，查询路由表，将其中每一条 OSPF 路由封装成一条 Type3 类型的 LSA 发送到区域之外。

如图 10-9 所示，Area 1 内路由器 A 有六条区域内路由：172.16.8.0/22，172.16.12.0/22，172.16.16.0/22，172.20.0/22，172.16.24.0/22，172.16.28.0/22。正常情况下 A 应该将这六条路由生成六条 Type3 类型的 LSA。如果此时配置了路由聚合，即将六条路由聚合成 172.16.8.0/21，172.16.16.0/20 两条，在路由器 B 上就会只生成两条描述聚合后路由的 LSA。

需要注意的是，路由聚合只有在 ABR 上配置才会有效。

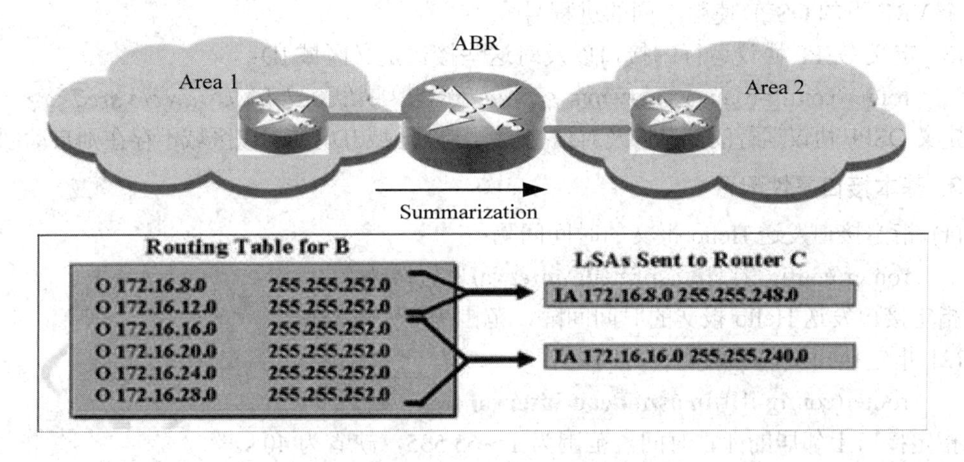

图 10-9　ABR 上进行路由聚合

在 ASBR 上，路由器会将每一条外部路由以一个 Type 5 的 LSA 进行表述。对于 ASBR 来说，本身就需要发布 Type 5 的 LSA，所以将多个 Type 5 LSA 聚合为一个 Type 5 LSA 不会影响整个网络的拓扑。

10.5　OSPF 路由协议的配置

10.5.1　OSPF 配置

1. OSPF 的配置思路

首先是基本配置：

(1) 设置路由器的 ID 号。

(2) 启动 OSPF。

(3) 宣告相应的网段。

这三个步骤是配置 OSPF 的最基本的三个步骤，其中启动 OSPF 和宣告相应网段是其中必需的两个步骤，而 Router ID 的设置则不是必须完成的，可以由系统自动配置，最好是手工配置；然后可对接口属性进行设置；如果网络规模较大，需划分区域；最后进行其他设置，如路由聚合、重分布、过滤、认证等。

2. OSPF 基础配置命令

(1) 指定一个 OSPF 进程的 Router ID：

router(config-router) #**router-id** <*ip-addr*>

Router ID 可以手动配置，也可以由设备自动生成，一般选择 Loopback 地址，若没配置 Loopback，则从物理接口地址中选择一个。

(2) 启动 OSPF 路由选择进程：

router(config) #**router ospf** <*process-id*>

如果已启动 OSPF 协议且 OSPF 协议有效，直接进入 OSPF 协议配置模式。全局的 OSPF 及各个 VRF 下的 OSPF 使用不同的进程号。

(3) 定义 OSPF 协议运行的接口以及对这些接口定义区域 ID：

router(config-router) #**network** <*ip-address*> <*wildcard-mask*> *area* <*area-id*>

定义 OSPF 协议运行的接口以及对这些接口定义区域 ID，如果该区域不存在则自动创建。

3. 基本接口属性配置

(1) 指定接口发送 Hello 报文的时间间隔：

router(config-if) #**ip ospf hello-interval** <*seconds*>

指定接口发送 Hello 报文的时间间隔，范围为 1～65 535。

(2) 指定接口上邻居的死亡时间：

router(config-if) #**ip ospf dead-interval** <*seconds*>

指定接口上邻居的死亡时间，范围为 1～65 535，缺省为 40 s。

(3) 配置接口开销：

router(config-if) #**ip ospf cost** <*cost*>

配置接口开销，范围为 1～65 535，缺省为 1。

(4) 配置接口优先级：

router(config-if) #**ip ospf priority** <*priority*>

配置接口优先级，范围为 0～255，缺省为 1。

4. 区域配置：

(1) 定义一个区域为末节区域或完全末节区域：

router(config-router) #**area** <*area-id*> *stub* [*no-summary*] [*default-cost* <*cost*>]

其中：no-summary 为关键字，禁止 ABR 将汇总路由信息发送到该 stub 区域；default-cost <cost>表示向该 stub 区域通告的缺省路由的费用，范围为 0～65 535。

(2) 定义一个区域为非完全末节区域：

router(config-route) #**area** <*area-id*> ***nssa*** <*no-summary*>

其中：no-summary 表示不向该 NSSA 区域发送汇总链路状态通告。

(3) 配置区域内的汇总地址范围：

router(config) #**area** *area-id* **range** <*ip-address*> <*net-mask*>

(4) 定义 OSPF 虚拟链路：

routerA(config) #**area** *area-id* **virtual-link** *B 地址*

routerB(config) #**area** *area-id* **virtual-link** *A 地址*

OSPF 网络中的所有区域必须直接连接到骨干区域，虚链路的方式使得一个远程区域通过其他区域连接到骨干区域上。虚链路跨越的区域必须有完全的路由选择信息，因此，这个区域不能是一个末节区域。

5. OSPF 重分布

(1) 重分发静态路由：

router(config-router) #**redistribute static subnets**

(2) 重分发直联路由：

router(config-router) #**redistribute connected subnets**

(3) 将 Rip 重发布：

router(config-router) #**redistribute rip metric** *200* **subnets**

不同的动态路由协议通过路由重分布可以实现路由信息共享。在 OSPF 中，其他路由协议的路由信息属于自治系统外部路由信息。自治系统外部路由信息只有被重分布到 OSPF 协议中后，才能通过 OSPF 的 LSA 扩散到整个 OSPF 网络中。使用该命令后路由器成为一个 ASBR。

6. OSPF 的认证

为了增强网络上路由进程的安全性，可以在路由器上配置 OSPF 认证。给接口设置密码，网络邻居必须在该网络上使用相同的密码。

(1) 在 OSPF 区域上使认证起作用：

router(config-if) #**area** *<area-id>* **authentication** [*message-digest*]

其中，message-digest 表示在该区域使用类型 2 认证，即报文摘要认证。如果不带参数，则为类型 1 认证，即简单口令认证；如果带参数，则为类型 2 认证，即报文摘要认证。

(2) 简单口令认证类型的接口设置口令：

router(config-if) #**ip ospf message-digest-key** *<password>*

10.5.2　OSPF 配置实例

1. OSPF 的基础配置

1) 网络拓扑

网络拓扑如图 10-10 所示，在路由器 R1 和 R2 上运行 OSPF，并将网络划分为三个区域。

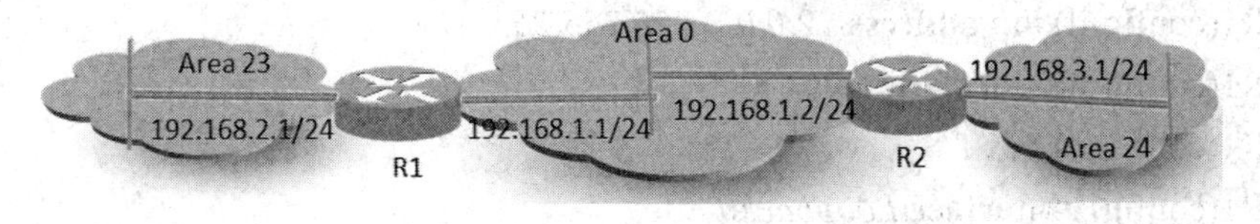

图 10-10　OSPF 的基础配置组网

2) 配置步骤

(1) R1 的配置：

```
R1(config) #router ospf 1
R1(config-router) #network 192.168.2.0 0.0.0.255 area 23
R1(config-router) #network 192.168.1.0 0.0.0.255 area 0
```

(2) R2 的配置：

```
R2(config) #router ospf 1
R2(config-router) #network 192.168.3.0 0.0.0.255 area 24
R2(config-router) #network 192.168.1.0 0.0.0.255 area 0
```

2. 多区域 OSPF 配置

1) 网络拓扑

某高校有东(East)、西(West)两个校区，分别建立了两个校区的校园网子网，两个校区的校园网边界路由器分别为 R2 和 R3，将两个校区的校园网子网连接起来，形成一个完整的互联互通的校园网。网络分区：一个主干区域 Area 0，两个标准区域 Area 1 和 Area 2，如图 10-11 所示。

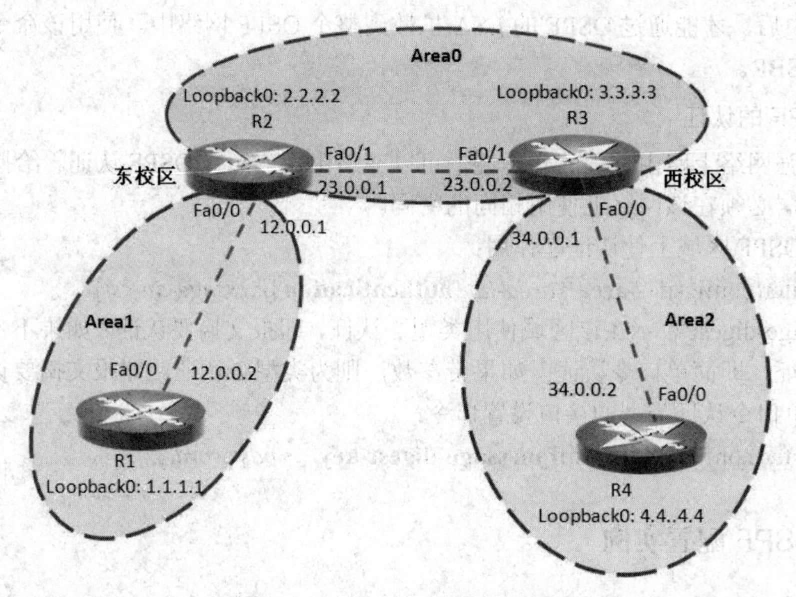

图 10-11　多区域 OSPF 配置组网

2) 配置步骤：

(1) R1 的配置：

```
R1(config) #interface fastEthernet 0/0
R1(config-if) #ip address 12.0.0.1 255.255.255.0
R1(config-if) #no shutdown
R1(config-if) #ex
R1(config) #interface Loopback0
R1(config-if) #ip    address    1.1.1.1 255.255.255.255
```

```
R1(config-if) #no shutdown
R1(config-if) #ex
R1(config) #router ospf 10
R1(config-router) #router-id   1.1.1.1
R1(config-router) #network 12.0.0.0 0.0.0.255 area 1
R1(config-router) #network 1.1.1.1 0.0.0.0 area 1
```

(2) R2 的配置：

```
R2(config) #interface fastEthernet 0/0
R2(config-if) #ip   address 12.0.0.2 255.255.255.0
R2(config-if) #no shutdown
R2(config-if) #ex
R2(config) #interface fastEthernet 0/1
R2(config-if) #ip address 23.0.0.1 255.255.255.0
R2(config-if) #no shutdown
R2(config-if) #ex
R2(config) #interface Loopback0
R2(config-if) #ip address 2.2.2.2 255.255.255.255
R2(config-if) #no shutdown
R2(config-if) #ex
R2(config) #router ospf 10
R2(config-router) #router-id 2.2.2.2
R2(config-router) #network 12.0.0.0 0.0.0.255 area 1
R2(config-router) #network 23.0.0.0 0.0.0.255 area 0
R2(config-router) #network 2.2.2.2 0.0.0.0 area 0
```

(3) R3 的配置：

```
R3(config) #interface fastEthernet 0/0
R3(config-if) #ip address 34.0.0.1 255.255.255.0
R3(config-if) #no shutdown
R3(config-if) #ex
R3(config) #interface fastEthernet 0/1
R3(config-if) #ip address 23.0.0.2 255.255.255.0
R3(config-if) #no shutdown
R3(config-if) #ex
R3(config) #interface Loopback0
R3(config-if) #ip address 3.3.3.3 255.255.255.255
R3(config-if) #no shutdown
R3(config-if) #ex
R3(config) #router ospf 10
R3(config-router) #router-id 3.3.3.3
```

R3(config-router) #**network** *34.0.0.0 0.0.0.255 area 2*

R3(config-router) #**network** *23.0.0.0 0.0.0.255 area 0*

R3(config-router) #**network** *3.3.3.3 0.0.0.0 area 0*

(4) R4 的配置：

R4(config) #**interface** *fast Ethernet 0/0*

R4(config-if) # **ip address** *34.0.0.2 255.255.255.0*

R4(config-if) #**no shutdown**

R4(config-if) #**ex**

R4(config) #**interface** *Loopback0*

R4(config-if) #**ip address** *4.4.4.4 255.255.255.255*

R4(config-if) #**no shutdown**

R4(config-if) #**ex**

R4(config) #**router ospf** *10*

R4(config-router) #**router-id** *4.4.4.4*

R4(config-router) #**network** *34.0.0.0 0.0.0.255 area 2*

R4(config-router) #**network** *4.4.4.4 0.0.0.0 area 2*

3. 配置 OSPF 虚链路

1) 网络拓扑

在一些大型的网络中，不能保证所有的区域都和骨干区域物理上直连。图 10-12 中，Area 2 通过 Area 1 与骨干区域相连，采用虚链路的方式。

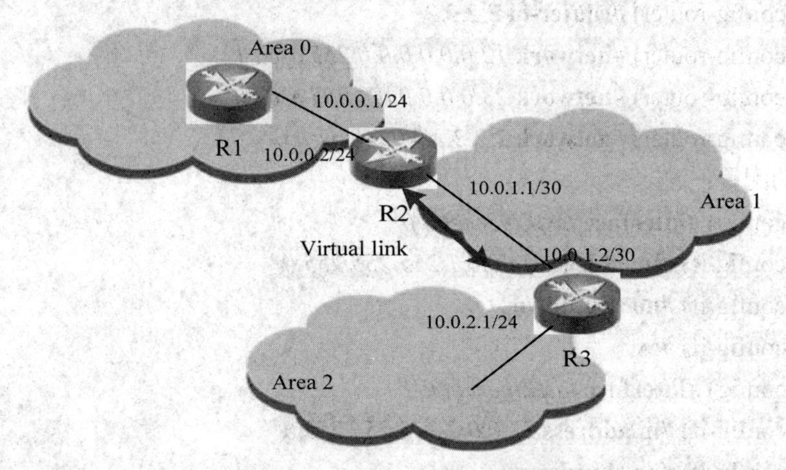

图 10-12　OSPF 虚链路配置组网

2) 配置步骤

(1) R1 的配置：

R1(config) #**interface** *fei_1/1*

R1(config-if) #**ip address** *10.0.0.1 255.255.255.0*

R1(config) #**router ospf** *1*

R1(config-router) #**network** *10.0.0.0 0.0.0.255* **area** *0.0.0.0*

(2) R2 的配置：

R2(config) #**interface** *fei_1/1*
R2(config-if) #**ip address** *10.0.0.2 255.255.255.0*
R2(config) #**interface** *fei_1/2*
R2(config-if) #**ip address** *10.0.1.1 255.255.255.252*
R2(config) #**router ospf** *1*
R2(config-router) #**network** *10.0.0.0 0.0.0.255* **area** *0.0.0.0*
R2(config-router) #**network** *10.0.1.0 0.0.0.3* **area** *0.0.0.1*
R2(config-router) #**area** *1* **virtual-link** *10.0.1.2*

(3) R3 的配置：

R3(config) #**interface** *fei_1/1*
R3(config-if) #**ip address** *10.0.1.2 255.255.255.252*
R3(config) #**interface** *fei_1/2*
R3(config-if) #**ip address** *10.0.2.1 255.255.255.0*
R3(config) #**router ospf** *1*
R3(config-router) #**network** *10.0.1.0 0.0.0.3* **area** *0.0.0.1*
R3(config-router) #**network** *10.0.2.0 0.0.0.255* **area** *0.0.0.2*
R3(config-router) #**area** *1* **virtual-link** *10.0.0.2*

10.5.3 OSPF 的维护与诊断

1. 查看 OSPF 进程的详细信息

命令如下：

route #**show ip ospf**

如果已经启动 OSPF 协议，显示信息如下：

```
route #show ip ospf
OSPF Router ID 200.1.1.1 enable/disable
Number of areas 2. Normal 2, Stub 0，Transit 1
Number of interfaces 5
Number of neighbors 5
Number of virtual links 8
Total number of entries in LSDB 20
Number of ASEs in LSDB 10. Checksum Sum 0x0
Number of new LSAs received 10
Number of self originated LSAs 10
Area 0.0.0.1 enable/disable
//It is a stub area/It is a stub area, no summary LSA
//Metric for default route 5
Area has no authentication/Area has simple password authentication
```

```
Times spf has been run 5
Number of interfaces 1. Up 1
Number of ASBR local to this area 2
Number of ABR local to this area 2
Total number of intra/inter entries in LSDB 20. Checksum Sum 0x0
Area ranges count 2
100.1.1.0 255.255.255.0
110.1.1.0 255.255.255.0
```

2. 查看 OSPF 接口的现行配置和状态

命令如下：

route #**show ip ospf interface fastEthernet 0/0**

显示 OSPF 接口 fei_0/0 的信息：

```
route #show  ip  ospf interface fastEthernet 0/0
FastEthernet0/0 is up, line protocol is up
  Internet address is 192.168.1.1/24, Area 0
  Process ID 10, Router ID 1.1.1.1, Network Type BROADCAST, Cost: 1
  Transmit Delay is 1 sec, State DR, Priority 1
  Designated Router (ID) 1.1.1.1, Interface address 192.168.1.1
  No backup designated router on this network
  Timer intervals configured, Hello 10, Dead 40, Wait 40, Retransmit 5
    Hello due in 00:00:04
  Index 3/3, flood queue length 0
  Next 0x0(0)/0x0(0)
  Last flood scan length is 1, maximum is 1
  Last flood scan time is 0 msec, maximum is 0 msec
  Neighbor Count is 0, Adjacent neighbor count is 0
  Suppress hello for 0 neighbor(s)
```

3. 查看 OSPF 邻居的信息

命令如下：

route #**show ip ospf neighbor**

显示 OSPF 邻居信息：

```
route# show ip  ospf neighbor
Neighbor ID   Pri   State      Dead Time   Address        Interface
2.2.2.2        1    FULL/DR    00:00:32    192.168.2.2    FastEthernet0/1
```

4. 显示特定路由器 OSPF 数据库相关信息列表

命令如下：

route # **show ip ospf database**

范例：

```
route #show ip    ospf database
        OSPF Router with ID (1.1.1.1) (Process ID 10)
          Router Link States (Area 0)
Link ID          ADV Router        Age           Seq#          Checksum Link count
1.1.1.1          1.1.1.1           626           0x80000004 0x00c718 3
2.2.2.2          2.2.2.2           626           0x80000006 0x00baa5 3
3.3.3.3          3.3.3.3           626           0x80000005 0x001da3 3
                         Net Link States (Area 0)
Link ID          ADV Router        Age           Seq#          Checksum
192.168.2.2      2.2.2.2           626           0x80000001 0x006929
192.168.3.2      3.3.3.3           626           0x80000001 0x007411
```

实训项目 8：RIP 与 OSPF 路由重分发

一、项目背景

你是大型企业网络管理员，现在你想在企业内部多台路由器上进行配置 RIP 与 OSPF 路由重分发，通过路由重分发实现在不同路由协议之间通信，保证企业网络工作正常。

二、方案设计

以企业内部有四台路由器为例，R1 运行 RIP 路由协议，R2、R3 和 R4 运行 OSPF 协议，R2、R3 属于骨干区域，R3、R4 属于区域 1，利用 Packet Tracer 模拟器完成配置 RIP 与 OSPF，通过路由重分发实验，实现在不同路由协议之间发布路由的要点。设计的网络拓扑结构如图 10-13 所示。

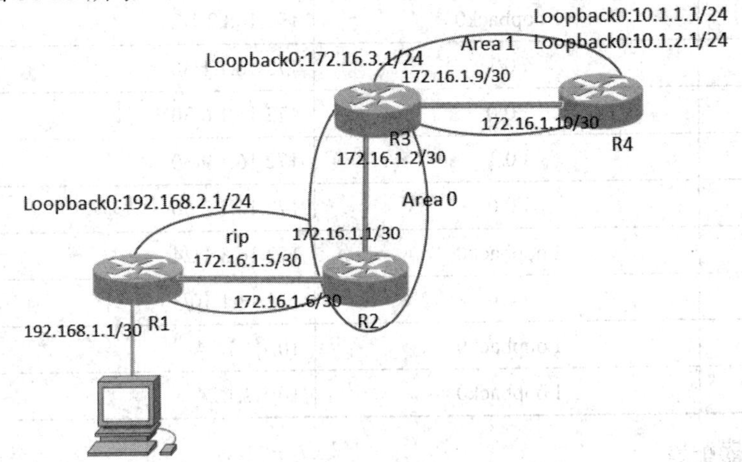

图 10-13　RIP 与 OSPF 路由重分发网络拓扑结构

三、方案实施

(一) 连接网络拓扑

打开 Packet Tracer 模拟器，按照图 10-10 选择路由器(本例中选择 2811)进行网络连接，如图 10-14 所示。

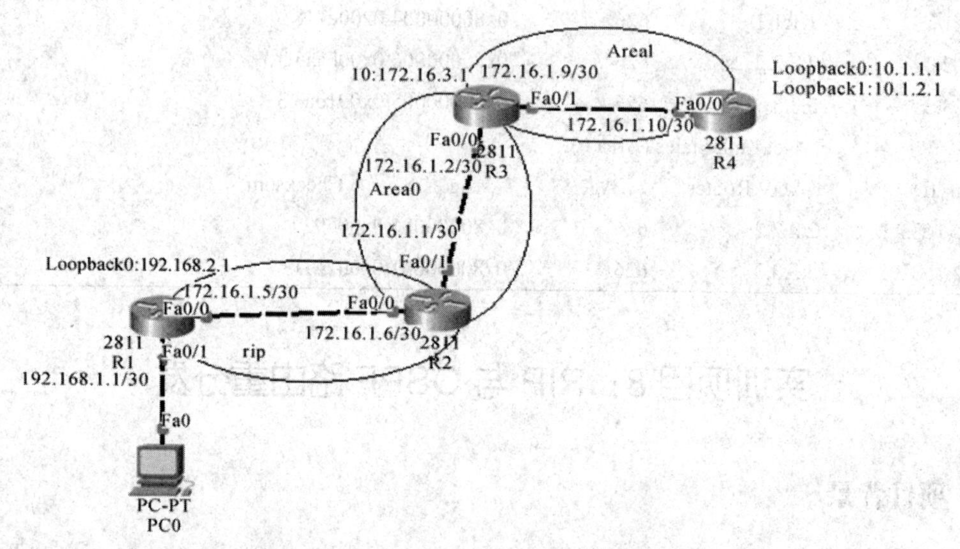

图 10-14　RIP 与 OSPF 路由重分发连接示图

(二) 规划设计

规划设计各路由器的名称、IP 地址，见表 10-2。

表 10-2　IP 规划表

设备	接口	IP 地址
R1	F0/1	192.168.1.1/30
R1	F0/0	172.16.1.5/30
R1	Loopback0	192.168.2.1/24
R2	F0/1	172.16.1.1/30
R2	F0/0	172.16.1.6/30
R3	F0/1	172.16.1.9/30
R3	F0/0	172.16.1.2/30
R3	Loopback0	172.16.3.1/24
R4	F0/0	172.16.1.10/30
R4	Loopback0	10.1.1.1/24
R4	Loopback0	10.1.2.1/24

(三) 路由器配置

1. R1 配置。

```
R1(config) #interface fastethernet0/0
R1(config-if) #ip address 172.16.1.5 255.255.255.252
R1(config-if) #no shutdown
R1(config-if) #exit
R1(config) #interface loopback 0
R1(config-if) #ip address 192.168.2.1 255.255.255.0
R1(config-if) #no shutdown
R1(config-if) #exit
R1(config) #interface fastethernet0/1
R1(config-if) #ip address 192.168.1.1 255.255.255.252
R1(config-if) #no shutdown
R1(config-if) #exit
R1(config) #router rip
R1(config-router) #version 2
R1(config-router) #network 172.16.1.4
R1(config-router) #network 192.168.1.0
R1(config-router) #network 192.168.2.0
R1(config-router) #no auto-summary
R1(config-router) #default-information originate
```

2. R2 配置。

```
R2(config) #interface fastethernet0/0
R2(config-if) #ip address 172.16.1.6 255.255.255.252
R2(config-if) #no shutdown
R2(config-if) #exit
R2(config) #interface fastethernet0/1
R2(config-if) #ip address 172.16.1.1 255.255.255.252
R2(config-if) #no shutdown
R2(config-if) #exit
R2(config) #router rip
R2(config-router) #version 2
R2(config-router) #network 172.16.1.4
R2(config-router) #exit
R2(config) #router ospf 10
R2(config-router) #network 172.16.1.0 0.0.0.3 area 0
R2(config-router) #redistribute rip metric 50 subnets
R2(config-router) #default-information originate
R2(config-router) #exit
R2(config) #router rip
R2(config-router) #redistribute ospf 10 metric 1
```

3. R3 配置。

```
R3(config) #interface fastethernet0/0
R3(config-if) #ip address 172.16.1.2 255.255.255.252
R3(config-if) #no shutdown
R3(config-if) #exit
R3(config) #interface loopback 0
R3(config-if) #ip address 172.16.3.1 255.255.255.0
R3(config-if) #no shutdown
R3(config-if) #exit
R3(config) #interface fastethernet0/1
R3(config-if) #ip address 172.16.1.9 255.255.255.252
R3(config-if) #no shutdown
R3(config-if) #exit
R3(config) #router ospf 10
R3(config-router) #network 172.16.1.0 0.0.0.3 area 0
R3(config-router) #network 172.16.3.0 0.0.0.255 area 0
R3(config-router) #network 172.16.1.8 0.0.0.3 area 1
```

4. R4 配置。

```
R4(config) #interface fastethernet0/0
R4(config-if) #ip address 172.16.1.10 255.255.255.252
R4(config-if) #no shutdown
R4(config-if) #exit
R4(config) #interface loopback 0
R4(config-if) #ip address 10.1.1.1 255.255.255.0
R4(config-if) #no shutdown
R4(config-if) #exit
R4(config) #interface loopback 1
R4(config-if) #ip address 10.1.2.1 255.255.255.0
R4(config-if) #no shutdown
R4(config-if) #exit
R4(config) #router ospf 10
R4(config-router) #network 172.16.1.8 0.0.0.3 area 1
R4(config-router) #network 10.1.1.0 0.0.0.255 area 1
R4(config-router) #network 10.1.2.0 0.0.0.255 area 1
R4(config-router) #redistribute static subnets
```

(四) 项目测试

1. 查看 R1 的路由信息(如图 10-15 所示)。

```
R1#sho  ip  route
Codes: C - connected, S - static, I - IGRP, R - RIP, M - mobile, B - BGP
       D - EIGRP, EX - EIGRP external, O - OSPF, IA - OSPF inter area
       N1 - OSPF NSSA external type 1, N2 - OSPF NSSA external type 2
       E1 - OSPF external type 1, E2 - OSPF external type 2, E - EGP
       i - IS-IS, L1 - IS-IS level-1, L2 - IS-IS level-2, ia - IS-IS inter area
       * - candidate default, U - per-user static route, o - ODR
       P - periodic downloaded static route

Gateway of last resort is not set

     10.0.0.0/8 is variably subnetted, 3 subnets, 2 masks
R       10.0.0.0/8 [120/1] via 172.16.1.6, 00:00:02, FastEthernet0/0
R       10.1.1.1/32 is possibly down, routing via 172.16.1.6, FastEthernet0/0
R       10.1.2.1/32 is possibly down, routing via 172.16.1.6, FastEthernet0/0
     172.16.0.0/16 is variably subnetted, 4 subnets, 2 masks
R       172.16.1.0/30 [120/1] via 172.16.1.6, 00:00:02, FastEthernet0/0
C       172.16.1.4/30 is directly connected, FastEthernet0/0
R       172.16.1.8/30 [120/1] via 172.16.1.6, 00:00:02, FastEthernet0/0
R       172.16.3.1/32 [120/1] via 172.16.1.6, 00:00:02, FastEthernet0/0
     192.168.1.0/30 is subnetted, 1 subnets
C       192.168.1.0 is directly connected, FastEthernet0/1
C    192.168.2.0/24 is directly connected, Loopback0
```

图 10-15　R1 的路由信息

2. 查看 R2 的路由信息(如图 10-16 所示)。

```
R2#sho ip  rou
Codes: C - connected, S - static, I - IGRP, R - RIP, M - mobile, B - BGP
       D - EIGRP, EX - EIGRP external, O - OSPF, IA - OSPF inter area
       N1 - OSPF NSSA external type 1, N2 - OSPF NSSA external type 2
       E1 - OSPF external type 1, E2 - OSPF external type 2, E - EGP
       i - IS-IS, L1 - IS-IS level-1, L2 - IS-IS level-2, ia - IS-IS inter area
       * - candidate default, U - per-user static route, o - ODR
       P - periodic downloaded static route

Gateway of last resort is 172.16.1.5 to network 0.0.0.0

     10.0.0.0/32 is subnetted, 2 subnets
O IA    10.1.1.1 [110/3] via 172.16.1.2, 00:05:01, FastEthernet0/1
O IA    10.1.2.1 [110/3] via 172.16.1.2, 00:05:01, FastEthernet0/1
     172.16.0.0/16 is variably subnetted, 4 subnets, 2 masks
C       172.16.1.0/30 is directly connected, FastEthernet0/1
C       172.16.1.4/30 is directly connected, FastEthernet0/0
O IA    172.16.1.8/30 [110/2] via 172.16.1.2, 00:05:01, FastEthernet0/1
O       172.16.3.1/32 [110/2] via 172.16.1.2, 00:05:01, FastEthernet0/1
     192.168.1.0/30 is subnetted, 1 subnets
R       192.168.1.0 [120/1] via 172.16.1.5, 00:00:21, FastEthernet0/0
R    192.168.2.0/24 [120/1] via 172.16.1.5, 00:00:21, FastEthernet0/0
R*   0.0.0.0/0 [120/1] via 172.16.1.5, 00:00:21, FastEthernet0/0
```

图 10-16　R2 的路由信息

3. 查看 R3 的路由信息(如图 10-17 所示)。

```
R3#sho  ip  route
Codes: C - connected, S - static, I - IGRP, R - RIP, M - mobile, B - BGP
       D - EIGRP, EX - EIGRP external, O - OSPF, IA - OSPF inter area
       N1 - OSPF NSSA external type 1, N2 - OSPF NSSA external type 2
       E1 - OSPF external type 1, E2 - OSPF external type 2, E - EGP
       i - IS-IS, L1 - IS-IS level-1, L2 - IS-IS level-2, ia - IS-IS inter area
       * - candidate default, U - per-user static route, o - ODR
       P - periodic downloaded static route

Gateway of last resort is 172.16.1.1 to network 0.0.0.0

     10.0.0.0/32 is subnetted, 2 subnets
O       10.1.1.1 [110/2] via 172.16.1.10, 00:08:38, FastEthernet0/1
O       10.1.2.1 [110/2] via 172.16.1.10, 00:08:38, FastEthernet0/1
     172.16.0.0/16 is variably subnetted, 4 subnets, 2 masks
C       172.16.1.0/30 is directly connected, FastEthernet0/0
O E2    172.16.1.4/30 [110/50] via 172.16.1.1, 00:08:33, FastEthernet0/0
C       172.16.1.8/30 is directly connected, FastEthernet0/1
C       172.16.3.0/24 is directly connected, Loopback0
     192.168.1.0/30 is subnetted, 1 subnets
O E2    192.168.1.0 [110/50] via 172.16.1.1, 00:08:33, FastEthernet0/0
O E2 192.168.2.0/24 [110/50] via 172.16.1.1, 00:08:33, FastEthernet0/0
O*E2 0.0.0.0/0 [110/1] via 172.16.1.1, 00:08:33, FastEthernet0/0
```

图 10-17　R3 的路由信息

4. 查看 R4 的路由信息(如图 10-18 所示)。

```
R4#sho ip  route
Codes: C - connected, S - static, I - IGRP, R - RIP, M - mobile, B - BGP
       D - EIGRP, EX - EIGRP external, O - OSPF, IA - OSPF inter area
       N1 - OSPF NSSA external type 1, N2 - OSPF NSSA external type 2
       E1 - OSPF external type 1, E2 - OSPF external type 2, E - EGP
       i - IS-IS, L1 - IS-IS level-1, L2 - IS-IS level-2, ia - IS-IS inter area
       * - candidate default, U - per-user static route, o - ODR
       P - periodic downloaded static route

Gateway of last resort is 172.16.1.9 to network 0.0.0.0

     10.0.0.0/24 is subnetted, 2 subnets
C       10.1.1.0 is directly connected, Loopback0
C       10.1.2.0 is directly connected, Loopback1
     172.16.0.0/16 is variably subnetted, 4 subnets, 2 masks
O IA    172.16.1.0/30 [110/2] via 172.16.1.9, 00:10:11, FastEthernet0/0
O E2    172.16.1.4/30 [110/50] via 172.16.1.9, 00:10:11, FastEthernet0/0
C       172.16.1.8/30 is directly connected, FastEthernet0/0
O IA    172.16.3.1/32 [110/2] via 172.16.1.9, 00:10:11, FastEthernet0/0
     192.168.1.0/30 is subnetted, 1 subnets
O E2    192.168.1.0 [110/50] via 172.16.1.9, 00:10:11, FastEthernet0/0
O E2 192.168.2.0/24 [110/50] via 172.16.1.9, 00:10:11, FastEthernet0/0
O*E2 0.0.0.0/0 [110/1] via 172.16.1.9, 00:10:11, FastEthernet0/0
```

图 10-18　R4 的路由信息

5. 测试 R1(如图 10-19 所示)。

```
R1#ping  172.16.1.6

Type escape sequence to abort.
Sending 5, 100-byte ICMP Echos to 172.16.1.6, timeout is 2 seconds:
!!!!!
Success rate is 100 percent (5/5), round-trip min/avg/max = 0/0/1 ms

R1#ping  172.16.1.9

Type escape sequence to abort.
Sending 5, 100-byte ICMP Echos to 172.16.1.9, timeout is 2 seconds:
!!!!!
Success rate is 100 percent (5/5), round-trip min/avg/max = 0/2/11 ms

R1#ping  172.16.1.2

Type escape sequence to abort.
Sending 5, 100-byte ICMP Echos to 172.16.1.2, timeout is 2 seconds:
!!!!!
Success rate is 100 percent (5/5), round-trip min/avg/max = 0/0/1 ms

R1#ping  10.1.2.1

Type escape sequence to abort.
Sending 5, 100-byte ICMP Echos to 10.1.2.1, timeout is 2 seconds:
!!!!!
Success rate is 100 percent (5/5), round-trip min/avg/max = 0/2/13 ms
```

图 10-19　R1 测试

6. 测试 R4(如图 10-20 所示)。

```
R4#ping  172.16.1.9

Type escape sequence to abort.
Sending 5, 100-byte ICMP Echos to 172.16.1.9, timeout is 2 seconds:
!!!!!
Success rate is 100 percent (5/5), round-trip min/avg/max = 0/0/0 ms

R4#ping  172.16.1.1

Type escape sequence to abort.
Sending 5, 100-byte ICMP Echos to 172.16.1.1, timeout is 2 seconds:
!!!!!
Success rate is 100 percent (5/5), round-trip min/avg/max = 0/0/0 ms

R4#ping  172.16.1.5

Type escape sequence to abort.
Sending 5, 100-byte ICMP Echos to 172.16.1.5, timeout is 2 seconds:
!!!!!
Success rate is 100 percent (5/5), round-trip min/avg/max = 0/1/3 ms

R4#ping 192.168.1.1

Type escape sequence to abort.
Sending 5, 100-byte ICMP Echos to 192.168.1.1, timeout is 2 seconds:
!!!!!
Success rate is 100 percent (5/5), round-trip min/avg/max = 0/2/10 ms
```

图 10-20　R4 测试

(五) 项目总结

根据项目实施的过程撰写项目总结报告，对出现的问题进行分析，写出解决问题的方法和体会。

习　题　10

一、选择题

1. 关于 RIP 动态路由协议说法正确的是(　　)。

A. RIP 提供跳跃计数(Hop Count)作为尺度来衡量路由距离

B. RIP 属于 EGP

C. RIP 最多支持的跳数为 32

D. RIP 是典型的链路状态协议

2. 关于 RIP v1 和 RIP v2，下列说法哪些正确？(　　)

A. RIP v1 报文支持子网掩码

B. RIP v2 报文支持子网掩码

C. RIP v2 缺省使用路由聚合功能

D. RIP v1 只支持报文的简单口令认证，而 RIP v2 支持 MD5 认证

3. RIP v2 有两种传送路由信息的方式，其中采用组播方式时使用的组播地址为(　　)。

A. 224.0.0.7　　B. 224.0.0.9

C. 224.0.0.11　　D. 以上皆不是

4. 路由引入(Redistribute)可以实现什么功能？(　　)

A. 将 RIP 发现的路由引入到 OSPF 中

B. 实现路由协议之间发现路由信息的共享

C. 消除路由环路

D. 以上都不正确

5. RIP 解决路由环路的方法有(　　)。

A. 水平分割　　B. 抑制时间

C. 毒性逆转　　D. 触发更新

6. 与 RIP v1 相比，OSPF 的优点是(　　)。

A. 收敛快　　B. 没有 16 跳限制

C. 支持 VLSM　　D. 基于带宽来选择路径

7. 对于 RIP 协议，可以到达目标网络的跳数(所经过路由器的个数)最多为(　　)。

A. 12　　B. 15

C. 16　　D. 没有限制

8. 对于 OSPF 支持的报文认证，下列哪些描述是正确的？(　　)

A. OSPF 在相邻路由器之间仅仅支持 MD5 密文验证，不支持明文验证(Simple)

B. OSPF 在相邻路由器之间支持明文验证和 MD5 密文验证

C. 缺省情况下，不对报文进行验证

D. 缺省情况下，对报文进行 MD5 验证

9. 以下有关 OSPF 网络中 DR 的说法正确的是(　　)。

A. 一个 OSPF 区域(Area)中必须有一个 DR

B. 某一网段中的 DR 必须是经过路由器之间按照协议规定协商产生的

C. 只有网络中 Priority 最小的路由器才能成为 DR

D. 只有 NBMA 或广播网络中才会选择 DR

10. 下列关于 OSPF 的描述，哪些是正确的？(　　)

A. OSPF 基于端口的 Bandwidth 设定来计算链路的 Cost 值

B. OSPF 对于跳数(Hop)没有限制

C. OSPF 发送单播包而不是广播包

D. OSPF 发送的是一张完整的路由表

11. 下面关于 OSPF 区域表达正确的有(　　)。

A. 所有的 OSPF 区域必须通过域边界路由器与区域 0 相连，或采用 OSPF 虚链路

B. 所有区域间通信必须通过骨干区域 0，因此所有区域路由器必须包含到区域 0 的路由

C. 同一区域内的 ABR 之间必须要有物理连接

D. 虚链路可以穿越 Stub 区域

12. 下面关于 DR 和 BDR 说法错误的是(　　)。

A. 不设置抢占机制，即 DR 一旦选举出来，即便有更高优先级的路由器加入，也不重新选举

B. DR 失效后，立刻重新选举新的 DR

C. 网段中 DR 一定是 Priority 最大的路由器

D. BDR 不一定就是 Priority 第二大的路由器

13. OSPF 协议中 LSR 报文的作用是(　　)。

A. 发现并维持邻居关系

B. 描述本地 LSDB 的情况

C. 向对端请求本端没有的 LSA

D. 向对方更新 LSA

14. 在 OSPF 中，Hello 报文是以(　　)形式发送的。

A. 单播　　　　B. 组播

C. 广播　　　　D. 据配置决定

二、简答题

1. RIP 协议有几种版本？都有什么区别？

2. OSPF 协议报文有几种？分别是什么？

3. 请详细描述 OSPF 的邻居状态及相互间的转换过程。

4. 点到多点网络与 NBMA 网络在 OSPF 有关 DR 和 BDR 选举方面最本质的区别是什么？

三、实训题

某公司在小型办公区域网络建设的基础上，增加一台路由器实现访问外网 Web 服务器，网络拓扑如图 10-21 所示。

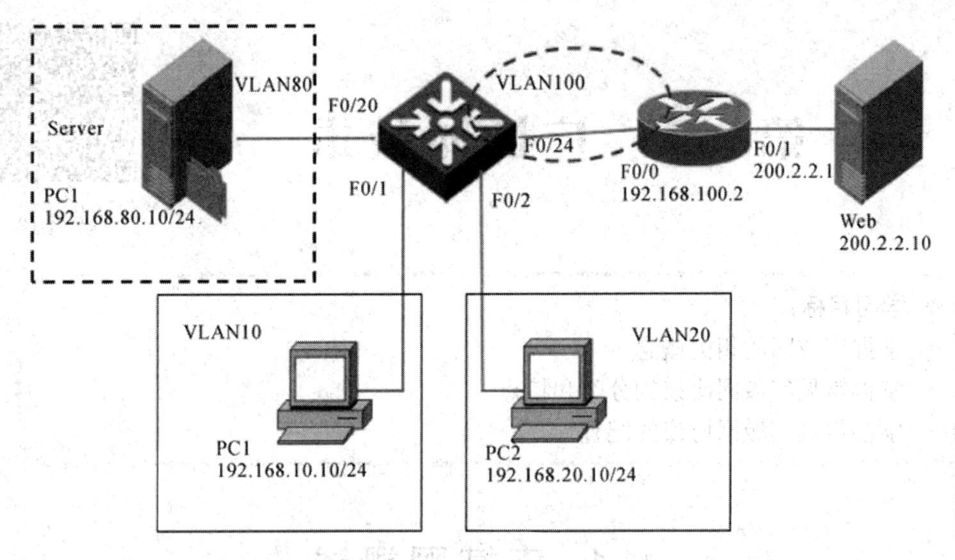

图 10-21　实训题网络拓扑图

1. 在三层交换机上使用静态路由访问 Web 服务器，有几种配置方法？
2. 在路由器上配置静态路由，要配置几条静态路由？目的网络分别是什么？

第 11 章

第 11 章　广域网技术

❖ 学习目标：

- 掌握广域网的相关概念
- 掌握常见广域网协议的分类和特点
- 学会常见广域网协议的配置

11.1　广域网概述

11.1.1　广域网的概念

通过签名的学习，我们知道根据网络的范围大小，可以将网络分为局域网(LAN)、城域网(MAN)与广域网(WAN)。

局域网由于地理范围较小，通常要比广域网具有更高的传输速率，例如，目前局域网的传输速率为 100Mb/s、1000 Mb/s，而广域网的传输速率国内一般有 64 kb/s、128 kb/s、512 kb/s、1 Mb/s 或 2 Mb/s，有些集团用户才可以达到 10 Mb/s 甚至 100 Mb/s 的带宽。

城域网是近几年出现的新名词，它的大小介于局域网和广域网之间。城域网一般是指一些 ISP 在一定的范围内(如某个省、市等)建立起来的一个网络。城域网一般根据网络分布的地域来建立 1 级、2 级、3 级节点。通常不把城域网作为衡量网络范围大小的尺度。在一定程度上来说，城域网可以看做是一种广域网。

超过一个局域网的时候，就会进入到广域网的范围了。广域网实际上是把局域网连接起来成为更大的网络。比如说，一个学校的每一栋大楼是一个局域网，所有的大楼连接起来就构成了校园网，很多校园网互联起来构成了教育网，这个“教育网”可以认为是一个广域网。

那广域网和 Internet 又是怎样界定的呢？哪一个范围更大呢？当然是 Internet 范围更大。比如说一个国家应该算是一个广域网，将许多国家级的广域网结合在一起，就成为目前遍布全球的国际互联网了。

我们可以用一个比较形象的比喻来说明三者之间的关系，国际互联网如果是宇宙的话，那么广域网可以比拟为银河系，你的公司网络可以算是银河中的一个太阳系，公司的主机呢，就是一个太阳，而你的电脑就是围绕太阳运行的一颗行星。

11.1.2　广域网协议

广域网是一种跨地区的数据通信网络，使用电信运营商提供的设备作为信息传输平台。对照 OSI 参考模型，广域网技术主要位于底层的三个层次，分别是物理层、数据链路层和网络层。图 11-1 列出了一些经常使用的广域网技术同 OSI 参考模型之间的对应关系。

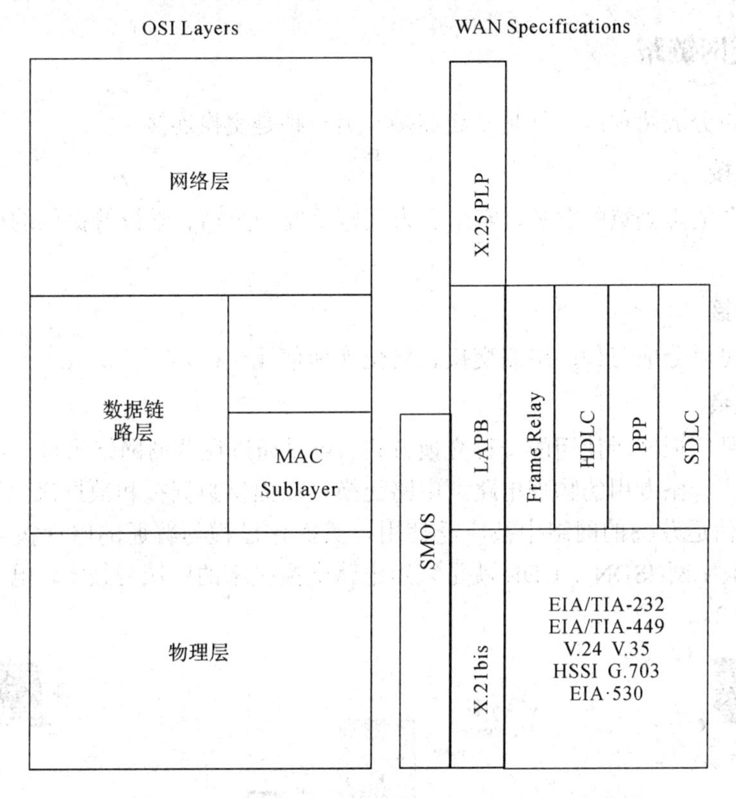

图 11-1　广域网技术与 OSI 参考模型之间的对应关系

1. 物理层协议

广域网物理层协议描述了广域网连接的电气、机械的运行和功能，还描述了数据终端设备(DTE)和数据通信设备(DCE)的接口标准。

(1) 数据终端设备(DTE)如计算机、路由器能够产生数据。

(2) 数据通信设备(DCE)能够通过网络发送和接收数据，如 Modem、数据包交换机。DCE 是服务供应商如通信服务商的交换机。

(3) DTE 产生数据，连同必要的控制字符传送给 DCE，DCE 将信号转换成适用于传输介质的信号，将它发送到网络链路中，当信号到达另一端，相反的过程将发生。

广域网物理层协议接口标准有 EIA-232、V.35、V.24 等。

2. 数据链路层协议

广域网数据链路层协议描述了在单一数据链路中，帧是如何在系统间传输的，其中包括为运行点到点、点到多点、多路访问交换业务等设计的协议。

(1) 点到点协议(PPP)：提供主机到主机、路由器到路由器的连接(即点到点的连接)。

(2) 高级数据链路控制协议(HDLC)：既支持点到点又支持多点配置，实现简单，效率高，但安全性和灵活性不如 PPP。HDLC 不能提供验证，验证是为了保证链路的安全。

(3) 帧中继(Frame Relay)：一种面向连接的、没有内在纠错机制的协议。优点是传输速度高，能动态、合理地分配带宽，吞吐量大，端口共享，费用较低；缺点是无法保证传输质量，可靠性差。

11.1.3 广域网链路

广域网链路分成两种：一种是专线连接，另一种是交换连接。

1. 专线连接

专线是永久的点到点的服务，常用于为某些重要的公司、学校等提供的核心或者骨干连接。

2. 交换连接

交换连接可以分成三种：电路交换、包交换和信元交换。

1) 电路交换

电路交换是广域网所使用的一种交换方式。可以通过运营商网络为每一次会话过程建立、维持和终止一条专用的物理电路。电路交换可以提供数据报和数据流两种传送方式。电路交换在电信运营商的网络中被广泛使用，其操作过程与普通的电话拨叫过程非常相似。综合业务数字网(ISDN)、DDR 就是采用电路交换技术的广域网技术。电路交换技术的示意图见图 11-2。

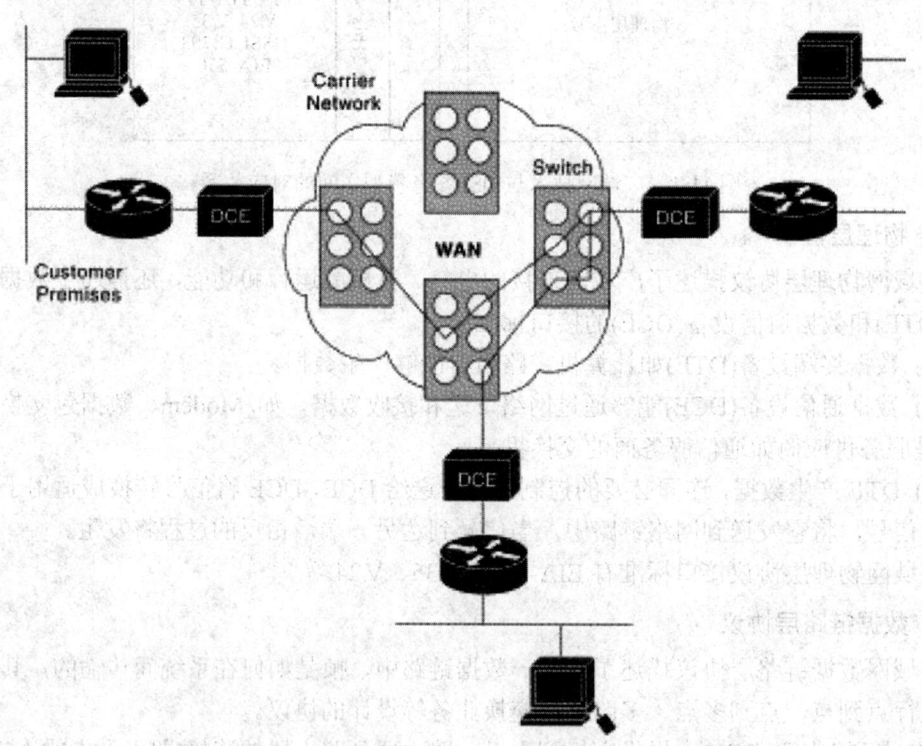

图 11-2 电路交换技术示意图

2) 包交换

包交换也是一种广域网上经常使用的交换技术，通过包交换，网络设备可以共享一条点对点链路，通过运营商网络在设备之间进行数据包的传递。包交换主要采用统计复用技术在多台设备之间实现电路共享。帧中继、SMDS(交还式多兆位数据服务)以及 X.25 等都是采用包交换技术的广域网技术。广域网上进行包交换的示意图见图 11-3。

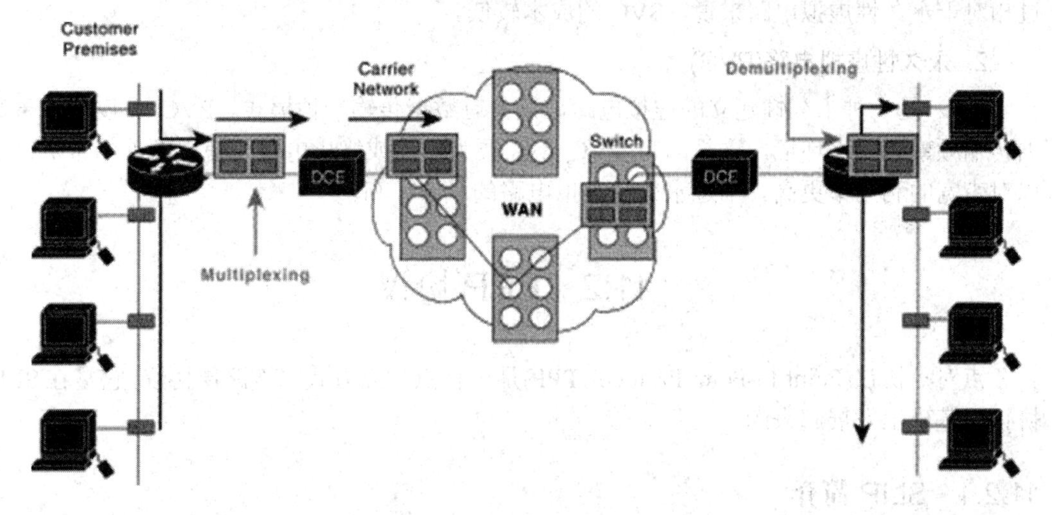

图 11-3　包交换的示意图

3) 信元交换

把已经数字化的语音、数据和图像等信息分割成许多固定长度的分组，这个分组就叫信元。信元的主要特征如下：

(1) 每个信元的固定长度是 53 个字节，分成信头和信息域两个部分。

(2) 信头的长度是 5 个字节，在信元的前面部分，内容是各种控制信息，主要是去向地址等。

(3) 信息域的长度是 48 个字节，在信头的后面，内容是用户要传送的信息。

(4) 传送是采用“统计复用”、“见空就传”的方式。

各种要传送的信息不论是语音、数据还是图像，都要先分割成信元。所有用户发出的信元都汇集到一个缓冲存储器中，在这里排队等候传送。不论是哪个用户发的信息，都同样排队输入，使任何业务都能按实际需要使用信道资源，最大限度地利用信道资源，并能真正实现业务的综合。

异步转移模式(Asynchronocis Transfer Mode)，也有人称之为异步传递方式，简称 ATM，就是一种信元交换方式 ATM 的基本特征是信息的传输、复用和交换都是以信元为基本单位。

11.1.4　虚拟电路

虚拟电路是一种逻辑电路，可以在两台网络设备之间实现可靠通信。虚拟电路有两种不同形式，分别是交换虚拟电路(SVC)和永久性虚拟电路(PVC)。

1. 交换虚拟电路(SVC)

SVC 是一种按照需求动态建立的虚拟电路，当数据传输结束时，电路将被自动终止。SVC 上的通信过程包括三个阶段，电路创建、数据传输和电路终止。电路创建阶段主要是在通信双方设备之间建立起虚拟电路；数据传输阶段通过虚拟电路在设备之间传输数据；电路终止阶段则是撤销在通信设备之间已经建立起来的虚拟电路。SVC 主要适用于非经常性的数据传输网络，这是因为在电路创建和终止阶段 SVC 需要占用更多的网络带宽。不过相对于永久性虚拟电路来说，SVC 的成本较低。

2. 永久性虚拟电路(PVC)

PVC 是一种永久性建立的虚拟电路，只具有数据传输一种模式。PVC 可以应用于数据传输频繁的网络环境，这是因为 PVC 不需要为创建或终止电路而使用额外的带宽，所以对带宽的利用率更高。不过永久性虚拟电路的成本较高。

11.2 PPP 协议

点对点协议(Point-to-Point Protocol，PPP)是一种点到点方式的链路层协议，它是在 SLIP 协议的基础上发展起来的。

11.2.1 SLIP 简介

串行线 IP 协议 SLIP(Serial Line IP)出现在 20 世纪 80 年代中期，它是一种在串行线路上封装 IP 包的简单形式。SLIP 并不是 Internet 的标准协议。

因为 SLIP 简单好用，所以后来被大量使用在线路速率从 1200b/s 到 19.2Kb/s 的专用线路和拨号线路上，用于互连主机和路由器。SLIP 也常被使用在 BSD UNIX 主机和 SUN 的工作站上，到目前为止仍有部分 UNIX 主机支持该协议。

在 20 世纪 80 年代末至 90 年代初期，SLIP 被广泛用于家庭计算机和 Internet 的连接，通常这些计算机都用 RS-232 串口和调制解调器连接到 Internet。

如图 11-4 所示，SLIP 的帧格式由 IP 包加上 END 字符组成。SLIP 通过在被发送 IP 数据报的尾部增加特殊的 END 字符(0XC0)形成一个简单的数据帧，该帧会被传送到物理层进行发送。END 字符是判断一个 SLIP 帧结束的标志。

图 11-4 SLIP 帧封装格式

为了防止线路噪声被当成数据报的内容在线路上传输，通常发送端在被传送数据报的开始处也传一个 END 字符，如果线路上存在噪声，则该数据报起始位置的 END 字符将结束这份错误的报文，从而保证了当前正确的数据报文能正确地进行传输，而前一个含有无意义报文的数据帧会在对端的高层被丢弃，不会影响下一个数据报文的传输。

SLIP 只支持 IP 网络层协议，不支持 IPX 网络层协议，并且因为其帧格式中没有类型字段，如果一条串行线路用于 SLIP，那么在网络层只能使用一种协议。

SLIP 不提供纠错机制，纠错只能依靠对端的上层协议实现，并且 SLIP 协议只支持异步传输方式，无协商过程，尤其是不能协商诸如双方 IP 地址等网络层属性。

由于 SLIP 具有的种种缺陷，在以后的发展过程中逐步被 PPP 协议所替代。

11.2.2　PPP 概述

1. PPP 协议基本概念

PPP 协议从 1994 年诞生至今，其本身并没有太大的改变，但由于 PPP 协议具有其他链路层协议所无法比拟的特性，它得到了越来越广泛的应用，其扩展支持协议也层出不穷。

PPP 链路提供了一条预先建立的从客户端经过运营商网络到达远端目标网络的广域网通信路径。一条点对点链路就是一条租用的专线，可以在数据收发双方之间建立起永久性的固定连接。网络运营商负责点对点链路的维护和管理。点对点链路可以提供两种数据传输方式：一种是数据报传输方式，该方式主要是将数据分割成一个个小的数据帧进行传输，其中每一个数据帧都带有自己的地址信息，都需要进行地址校验；另外一种是数据流传输方式，该方式与数据报传输方式不同，用数据流取代一个个数据帧作为数据发送单位，整个数据流具有一个地址信息，只需要进行一次地址验证即可。如图 11-5 所示的就是一个典型的跨越广域网的点对点链路。

图 11-5　跨越广域网的点对点链路

2. PPP 的特点

作为目前使用最广泛的广域网协议，PPP 具有如下特点：

(1) PPP 是面向字符的，在点到点串行链路上使用字符填充技术，既支持同步链路又支持异步链路。

(2) PPP 通过链路控制协议 LCP(Link Control Protocol)部件能够有效控制数据链路的建立。

(3) PPP 支持验证协议族中密码验证协议 PAP(Password Authentication Protocol)和 CHAP 竞争握手验证协议(Challenge-Handshake Authentication Protocol)，更好地保证了网络的安全性。

(4) PPP 支持各种网络控制协议 NCP(Network Control Protocol)，可以同时支持多种网络层协议。典型的 NCP 包括支持 IP 的网际协议控制协议(IPCP)和支持 IPX 的网际信息包交换控制协议(IPXCP)等。

(5) PPP 可以对网络层地址进行协商，支持 IP 地址的远程分配，能满足拨号线路的需求。

(6) PPP 无重传机制，网络开销小。

3. PPP 协议的组成

PPP 协议有三个组成部分：

(1) 一个将 IP 数据报封到串行链路的方法。PPP 既支持异步链路(无奇偶校验的 8 bit

数据)，也支持面向比特的同步链路。

(2) 一个用来建立、配置和测试数据链路的链路控制协议 LCP。通信的双方可协商一些选项。在[RFC 1661]中定义了 11 种类型的 LCP 分组。

(3) 一套网络控制协议 NCP，支持不同的网络层协议，如 IP、OSI 的网络层、DECnet、AppleTalk 等。

4. PPP 帧格式

PPP 帧格式如图 11-6 所示。

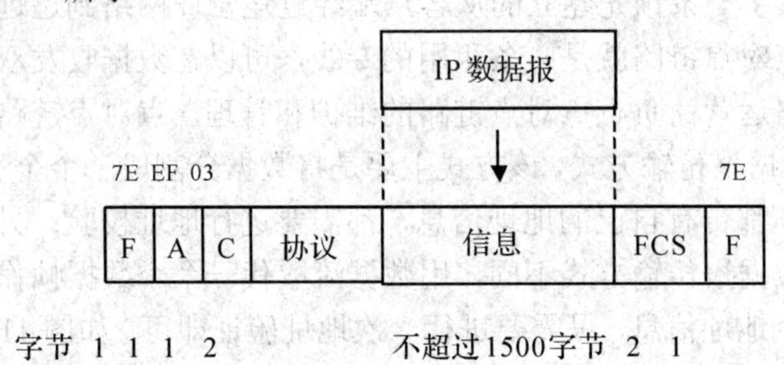

图 11-6　PPP 帧格式

PPP 帧格式的特点如下：

(1) PPP 帧的标志字段 F 为 0x7E(0x 表示 7E)

(2) 地址字段 A 和控制字段 C 都是固定不变的，分别为 0xFF、0x03。

(3) PPP 协议不是面向比特的，因而所有的 PPP 帧长度都是整数个字节。

(4) 协议字段不同，后面的信息字段类型就不同，如：

- 0x0021——信息字段是 IP 数据报；
- 0xC021——信息字段是链路控制数据 LCP；
- 0x8021——信息字段是网络控制数据 NCP；
- 0xC023——信息字段是安全性认证 PAP；
- 0xC025——信息字段是 LQR；
- 0xC223——信息字段是安全性认证 CHAP。

(5) 当信息字段中出现和标志字段一样的比特 0x7E 时，就必须采取一些措施。

(6) PPP 协议是面向字符型的，所以它不能采用 HDLC 所使用的零比特插入法，而是使用一种特殊的字符填充。具体的做法是将信息字段中出现的每一个 0x7E 字节转变成 2 byte 序列(0x7D，0x5E)；若信息字段中出现一个 0x7D 的字节，则将其转变成 2 byte 序列(0x7D，0x5D)；若信息字段中出现 ASCII 码的控制字符，则在该字符前面要加入一个 0x7D 字节。这样做的目的是防止这些表面上的 ASCII 码控制字符被错误地解释为控制字符。

5. PPP 链路工作过程

当用户拨号接入 ISP 时，路由器的调制解调器对拨号作出应答，并建立一条物理连接。这时 PC 向路由器发送一系列的 LCP 分组(封装成多个 PPP 帧)，这些分组及其响应选择了将要使用的一些 PPP 参数，接着就进行网络层配置，NCP 给新接入的 PC 分配一个临时的 IP 地址，这样 PC 就成为 Internet 上的一个主机了。

当用户通信完毕时，NCP 释放网络层连接，收回原来分配出去的 IP 地址；接着 LCP

释放数据链路层连接，最后释放的是物理层的连接。

上述过程如图 11-7 所示。

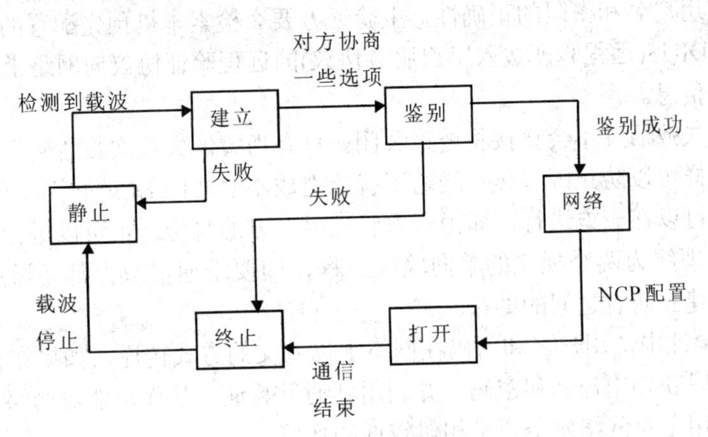

图 11-7　PPP 协议过程状态图

当线路处于静止状态时，并不存在物理层的连接；当检测到调制解调器的载波信号并建立物理层连接后，线路就进入建立状态，这时 LCP 开始协商一些选项；协商结束后就进入鉴别状态；若通信的双方鉴别身份成功，则进入网络状态；NCP 配置网络层，分配 IP 地址，然后就进入可进行数据通信的打开状态；数据传输结束后就转到终止状态；载波停止后则回到静止状态。

11.2.3　PPP 协议验证

PPP 协议验证有两种：密码验证协议 PAP(Password Authentication Protocol)和挑战握手验证协议 CHAP (Challenge Hand Authentication Protocol)。

1. PAP 验证

PAP 验证为两次握手验证，验证过程仅在链路初始建立阶段进行，验证的过程如图 11-8 所示。

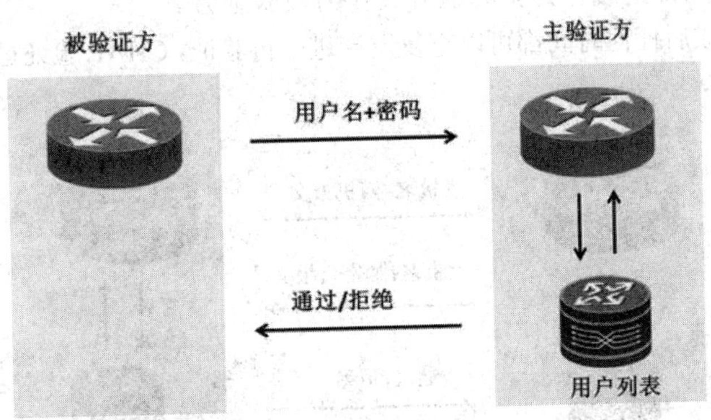

图 11-8　PAP 验证过程

(1) 被验证方以明文发送用户名和密码到主验证方。

(2) 主验证方核实用户名和密码。如果此用户合法且密码正确，则会给对端发送 ACK

消息，通告对端验证通过，允许进入下一阶段协商；如果用户名或密码不正确，则发送NAK 消息，通告对端验证失败。

为了确认用户名和密码的正确性，主验证方要么检索本机预先配置的用户列表，要么采用类似 RADIUS(远程验证拨入用户服务协议)的远程验证协议向网络上的验证服务器查询用户名密码信息。

PAP 验证失败后并不会直接将链路关闭。只有当验证失败次数达到一定值时，链路才会被关闭，这样可以防止因误传、线路干扰等造成不必要的 LCP 重新协商过程。

PAP 验证可以在一方进行，即由一方验证另一方的身份，也可以进行双向身份验证，双向验证可以理解为两个独立的单向验证过程，即要求通信双方都要通过对方的验证程序，否则无法建立两者之间的链路。

在 PAP 验证中，用户名和密码在网络上以明文的方式传递，如果在传输过程中被监听，监听者可以获知用户名和密码，并利用其通过验证，从而可能对网络安全造成威胁。因此，PAP 适用于对网络安全要求相对较低的环境。

2. CHAP 验证

CHAP 验证为三次握手验证，过程如下：

(1) 主验证方主动发起验证请求，主验证方向被验证方发送一个随机产生的数值，并同时将本端的用户名一起发送给被验证方。

(2) 被验证方接收到主验证方的验证请求后，检查本地密码。如果本端接口上配置了默认的 CHAP 密码，则被验证方选用此密码；如果没有配置默认的 CHAP 密码，则被验证方根据此报文中的主验证方的用户名在本端的用户表中查找该用户对应的密码，并选用找到的密码。随后，被验证方利用 MD5 算法对报文 ID、密码和随机数生成一个摘要，并将此摘要和自己的用户名发回主验证方。

(3) 主验证方用 MD5 算法对报文 ID、本地保存的被验证方密码和原随机数生成一个摘要，并与收到的摘要值进行比较。如果相同，则向被验证方发送 Acknowledge 消息声明验证通过；如果不同，则验证不通过，向被验证方发送 Not Acknowledge。

CHAP 单向验证是指一端作为主验证方，另一端作为被验证方。双向验证是单向验证的简单叠加，即两端都是既作为主验证方又作为被验证方。

在链路建立完成后任何时间都可以重复发送进行再验证，CHAP 验证过程如图 11-9 所示。

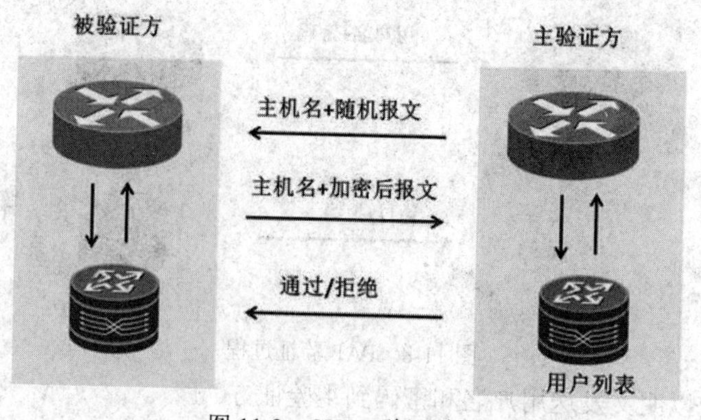

图 11-9　CHAP 验证过程

3. PAP与CHAP对比

PPP支持两种验证方式PAP与CHAP，它们的区别如下：

(1) PAP通过两次握手的方式来完成验证，而CHAP通过三次握手验证远端节点。PAP验证由被验证方首先发起验证请求，而CHAP验证由主验证方首先发起验证请求。

(2) PAP密码以明文方式在链路上发送，并且当PPP链路建立后，被验证方会不停地在链路上反复发送用户名和密码，直到身份验证过程结束，所以不能防止攻击。CHAP只在网络上传输用户名，而并不传输用户密码，因此它的安全性要比PAP高。

(3) PAP和CHAP都支持双向身份验证，即参与验证的一方可以同时是验证方和被验证方。

PAP和CHAP都支持双向身份验证，但由于CHAP的安全性优于PAP，其应用更加广泛。

11.3 PPP协议的配置

11.3.1 PPP基本配置命令

由于PPP协议PAP/CHAP验证双方分为被验证方和主验证方，所以验证双方路由器的配置略有不同。

1. 被验证方路由器的配置

被验证方路由器上配置PAP/CHAP步骤如下：

(1) 封装PPP：

Router(config-if) #**encapsulation ppp**

(2) 设置验证类型：

Router(config-if) #**ppp authentication** { ***pap*** | ***chap*** }

(3) 设置用户名、口令：

Router(config-if) #**ppp pap sent-username name password *0/7 password***

注意：

- 若使用0关键字，则密码以明文形式出现在配置文件中；
- 若使用7关键字，密码以密文形式出现的配置文件中，
- 若直接输入密码，默认是明文密码。

2. 主验证方路由器的配置

(1) 封装PPP：

Router(config-if) #**encapsulation ppp**

(2) 设置验证类型：

Router(config-if) #**ppp authentication** { ***pap*** | ***chap*** }

(3) 配置用户列表：

全局配置模式下将对端用户名和密码加入本地用户列表：

Router (config) #**username *name* password 0 *password***

注意：

➢ ***name*** 是被验证方的用户名；

➢ ***password*** 是被验证方的用户名和密码；

3. PPP 基本配置命令

(1) 显示接口下 PPP 配置和运行状态的命令如下：

Router #**show interface** *interface-name*

(2) 显示 PPP 验证的本地用户的命令如下：

Router #**show user**

11.3.2 PAP 验证配置示例

如图 11-10 所示，两台路由器之间通过背靠背的方式互连，双方互连的接口为 Serial0/3/0，验证方式为 PAP 验证。

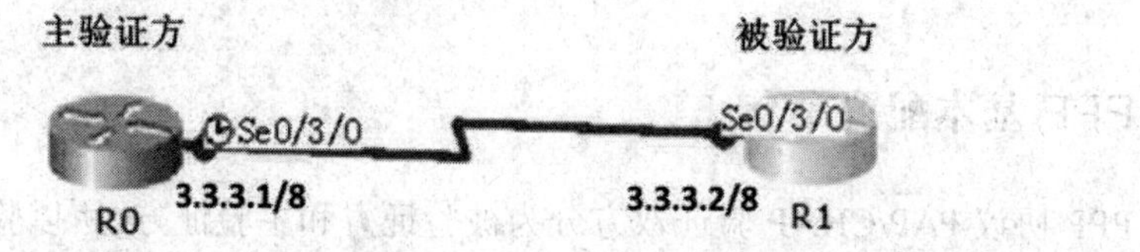

图 11-10 PAP 验证网络拓扑

1. 被验证方 R1 的配置

被验证方 R1 的配置及相关描述见表 11-1。

表 11-1 被验证方 R1 的配置及相关描述

命 令	描 述
R1(config) #interface serial *0/3/0*	进入接口
R1(config-if) #ip address *3.3.3.2 255.0.0.0*	配置 IP 地址
R1(config-if) #encapsulation *ppp*	封装 PPP 协议
R1(config-if) #ppp pap sent-username papuser password *123*	配置协商的用户名和密码
router-b(config-if) #exit	

2. 主验证方 R0 的配置

主验证方 R0 的配置及相关描述见表 11-2。

表 11-2 主验证方 R0 的配置及相关描述

命 令	描 述
R0 #configure terminal	进入全局配置模式
R0(config) #interface serial *0/3/0*	进入接口模式
R0(config-if) #ip address *3.3.3.1 255.0.0.0*	配置 IP 地址
R0(config-if) #encapsulation ppp	封装 PPP 协议
R0(config-if) #ppp authentication *pap*	配置 PAP 认证

续表

命　令	描　述
R0(config-if) #exit	退出接口模式
R0(config) #user papuser password 0 *123*	将对端用户名 papuser 和密码 123 加入本地用户列表

11.3.3　CHAP 验证配置示例

CHAP 不只在链路建立初期需要验证，在链路建立后也需要多次验证，其验证过程更加复杂，但安全性更高。

如图 11-10 所示，两台路由器之间通过背靠背的方式互连，双方互连的接口为 Serial0/3/0，验证方式为 CHAP 验证，则 R0 和 R1 均需在全局下配置用户名和密码，双方互相验证。

1. 主验证方 R0 的配置

主验证方 R0 的配置及相关描述见表 11-3。

表 11-3　主验证方 R0 的配置及相关描述

命　令	描　述
R0 #configure terminal	进入全局配置模式
R0(config) #username *123* password 0 *123*	配置对端用户名、密码
R0(config) #interface serial *0/3/0*	进入接口模式
R0(config-if) #encapsulation *ppp*	封装 PPP 协议
R0 (config-if) #ppp authentication *chap*	配置 CHAP 认证
R0 (config-if)) #ip address *3.3.3.1 255.0.0.0*	设置 IP 地址
R0 (config-if) #exit	退出接口模式

2. 被验证方 R1 的配置

被验证方 R1 的配置及相关描述见表 11-4。

表 11-4　被验证方 R1 的配置及相关描述

命　令	描　述
R1 #configure terminal	进入全局配置模式
R1(config) #user 123 password 0 123	配置对端用户名、密码
R1(config) #interface serial0/3/0	进入接口
R1(config-if) #encapsulation ppp	封装 PPP 协议
R1(config-if) #ppp authentication chap	配置 CHAP 认证
R1(config-if) #ip address 3.3.3.2 255.0.0.0	设置 IP 地址
R1(config-if) #exit	退出接口模式

实训项目 9：PPP CHAP 的配置及应用

一、项目背景

你是一个公司的网络管理员，公司的出口路由器与运营商的网络通过广域网连接，承载公司所有的上网业务，为实现路由器双向认证，并保证用户名、密码在传输的过程中不被监听，要求用 CHAP 认证实现网络互联。

二、方案设计

PPP 链路提供的是一条预先建立的从客户端经过运营商网络到达远端目标网络的广域网通信路径。一条点对点链路就是一条租用的专线，可以在数据收发双方之间建立起永久性的固定连接。

CHAP 认证可以实现双向认证，并能保证用户名、密码在传输过程中的安全性，所以设计的网络拓扑结构如图 11-11 所示。

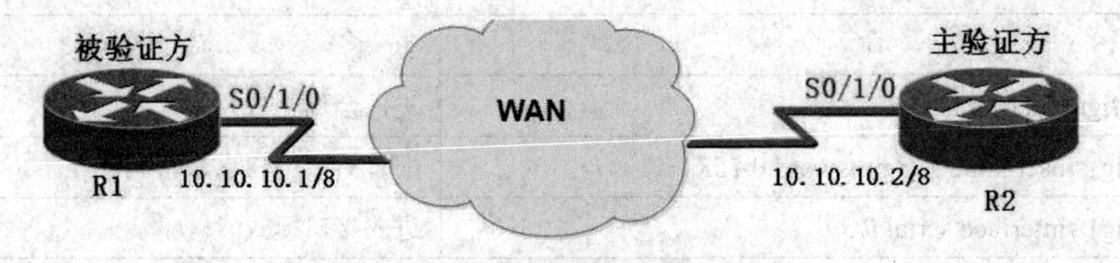

图 11-11　CHAP 认证网络拓扑结构

根据实际情况可使用实体设备或 Packet Tracer 模拟器完成。

本项目使用 Packer 模拟器完成。

三、方案实施

(一) 物理连接

路由器 R1 与 R2 使用广域口 S0/1/0 互联。

(二) 规划设计

完成路由器的接口、接口 IP 规划以及 PC 的 IP 地址规划，见表 11-5。

表 11-5　IP 地址端口规划表

序号	本端设备:接口	本端 IP 地址	对端设备:接口	对端 IP 地址
1	R1: S0/1/0	10.10.10.1/8	R2: S0/1/0	10.10.10.1/8

(三) 在模拟器中构建网络拓扑

在 Packet Tracer 中按项目要求构建网络拓扑如图 11-12 所示，并登录设备进行业务配置。

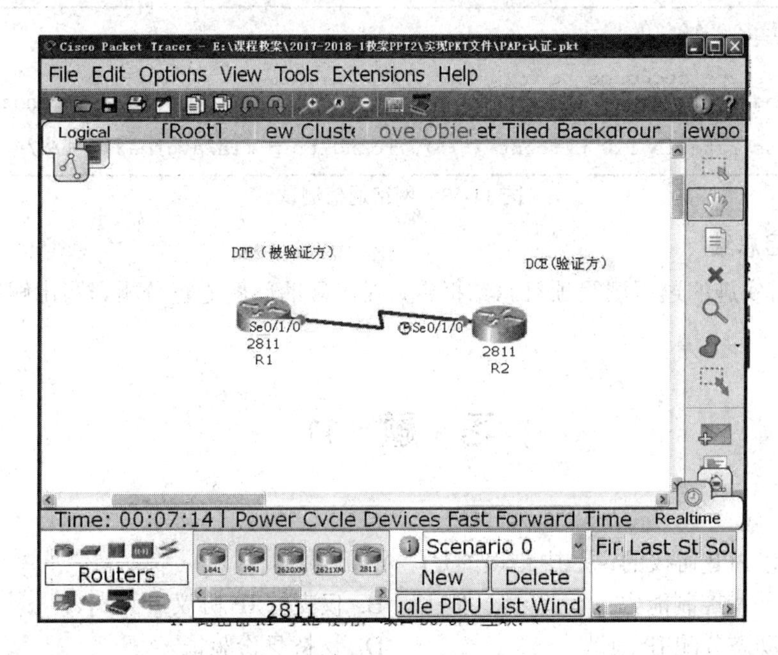

图 11-12　CHAP 配置网络拓扑图

(四) 配置步骤

1. 路由器基本配置。

路由器 R1、R2 基本配置及 IP 接口地址配置等略。

2. PPP CHAP 基本配置。

(1) 路由器 R1：

```
R1 #configure terminal
R1(config) #user 123 password 0 123
R1(config) #interface serial 0/1/0
R1(config-if) #encapsulation ppp
R1(config-if) #ppp authentication chap
```

(2) 路由器 R2：

```
R2 #configure terminal
R2(config) #user 123 password 0 123
R2(config) #interface serial 0/1/0
R2(config-if) #encapsulation ppp
R2 (config-if) #ppp authentication chap
```

3. 保存路由器的状态配置文件。

命令如下：

```
R2 #write [memory]
R2 #copy running-config startup-config
```

(五) 项目测试

在 R2 上拼 R1 接口地址，通信正常，如图 11-13 所示。

```
R2#ping 10.10.10.1

Type escape sequence to abort.
Sending 5, 100-byte ICMP Echos to 10.10.10.1, timeout is 2 seconds:
!!!!!
Success rate is 100 percent (5/5), round-trip min/avg/max = 1/5/8 ms
```

图 11-13　网络通信测试

(六) 项目总结

根据项目实施的过程撰写项目总结报告，对出现的问题进行分析，写出解决问题的方法和体会。

习　题　11

一、选择题

1. 以下对 PPP 协议的说法中错误的是(　)。

A. 具有差错控制能力　　B. 仅支持 IP 协议

C. 支持动态分配 IP 地址　　D. 支持身份验证

2. 下列哪些协议不属于 PPP 协议的组成协议？(　)

A. HDLC　　B. LCP

C. NCP　　D. IP

3. PPP 协议是哪一层的协议？(　)

A. 物理层　　B. 数据链路层

C. 网络层　　D. 高层

4. 关于 PPP 协议下列说法正确的是(　)。

A. PPP 协议是物理层协议

B. PPP 协议是在 HDLC 协议的基础上发展起来的

C. PPP 协议支持的物理层可以是同步电路或异步电路

D. PPP 主要由两类协议组成：链路控制协议族(CLCP)和网络安全方面的验证协议族(PAP 和 CHAP)

二、简答题

1. 广域网链路的交换方式分为哪几种？

2. PPP 认证有哪几种方式，区别是什么？

3. 请写出配置 CHAP 认证的步骤。

第 12 章

第 12 章　用访问控制列表管理数据流

❖ 学习目标：
- 掌握 ACL 概念及其作用
- 掌握 ACL 分类、特点和应用要求
- 学会标准 ACL 和扩展 ACL 的配置

12.1　ACL 基本原理

12.1.1　ACL 简介

1. ACL 的定义

ACL(Access Control List)访问控制列表就是一种对经过路由器的数据流进行判断、分类和过滤的方法。

随着网络规模和网络中流量的不断扩大，网络管理员面临一个问题：如何在保证合法访问的同时，拒绝非法访问。这就需要对路由器转发的数据包作出区分，哪些是合法的流量，哪些是非法的流量，通过这种区分来对数据包进行过滤并达到有效控制的目的。

这种包过滤技术是在路由器上实现防火墙的一种主要方式，而实现包过滤技术最核心的内容就是使用访问控制列表。

2. ACL 的作用

常见的 ACL 的应用是将 ACL 应用到接口上，其主要作用是根据数据包与数据段的特征进行判断，决定是否允许数据包通过路由器转发，其主要目的是对数据流量进行管理和控制。

我们还常使用 ACL 实现策略路由和特殊流量的控制。在一个 ACL 中可以包含一条或多条特定类型的 IP 数据包的规则。ACL 可以简单到只包括一条规则，也可以是复杂到包括很多规则，通过多条规则来定义与规则中相匹配的数据分组。

ACL 作为一个通用的数据流量的判别标准还可以和其他技术配合，应用在不同的场合，如防火墙、QoS 与队列技术、策略路由、数据速率限制、路由策略、NAT 等。

12.1.2　ACL 分类

1. 常用访问控制列表的几种类型

(1) 标准 ACL。标准 ACL 只针对数据包的源地址信息作为过滤的标准而不能基于协议或应用来进行过滤，即只能根据数据包是从哪里来的进行控制，而不能基于数据包的协议类型及应用对其进行控制。只能粗略地限制某一类协议，如 IP 协议。

(2) 扩展 ACL。扩展 ACL 可以针对数据包的源地址、目的地址、协议类型及应用类型(端口号)等信息作为过滤的标准，即可以根据数据包是从哪里来、到哪里去、何种协议、什么样的应用等特征来进行精确的控制。ACL 可被应用在数据包进入路由器的接口方向，也可被应用在数据包从路由器外出的接口方向，并且一台路由器上可以设置多个 ACL。但对于一台路由器的某个特定接口的特定方向上，针对某一个协议，如 IP 协议，只能同时应用一个 ACL。

(3) 二层 ACL。二层 ACL 对源 MAC 地址、目的 MAC 地址、源 VLAN ID、二层以太网协议类型、802.1p 优先级值等进行匹配。

(4) 混合 ACL。混合 ACL 对源 MAC 地址、目的 MAC 地址、源 VLAN ID、源 IP 地址、目的 IP 地址、TCP 源端口号、TCP 目的端口号、UDP 源端口号、UDP 目的端口号等进行匹配。

2. 标准 ACL 和扩展 ACL 的对比

标准 ACL 和扩展 ACL 各有自己的特点和运用场景，表 12-1 很直观地体现了标准 ACL 和扩展 ACL 的特点。

表 12-1　标准 ACL 和扩展 ACL 的对比

标准 ACL	扩展 ACL
基于源地址过滤	基于源、目的地址过滤
允许/拒绝整个 TCP/IP 协议族	指定特定的 IP 协议和协议号
范围从 1～99	范围从 100～199

12.2 ACL 规 则

12.2.1 ACL 工作流程

下面以路由器为例说明 ACL 的基本工作过程。

(1) 当 ACL 应用在出接口上时，工作流程如图 12-1 所示。

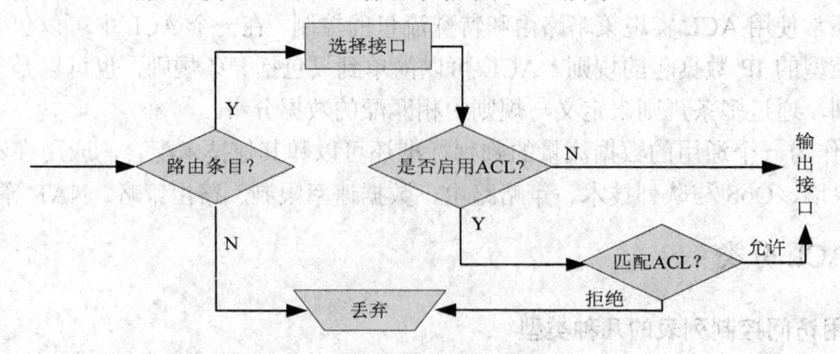

图 12-1　应用在出接口上的 ACL

首先数据包进入路由器的接口，根据目的地址查找路由表，找到转发接口(如果路由表中没有相应的路由条目，路由器会直接丢弃此数据包，并给源主机发送目的不可达消息)。确定外出接口后需要检查是否在外出接口上配置了 ACL，如果没有配置 ACL，路由器将做与外出接口数据链路层协议相同的二层封装，并转发数据。如果在外出接口上配置了 ACL，则要根据 ACL 制定的原则对数据包进行判断，如果匹配了某一条 ACL 的判断语句并且这条语句的关键字是 Permit，则转发数据包；如果匹配了某一条 ACL 的判断语句并且这条语句的关键字是 Deny，则丢弃数据包。

(2) 当 ACL 应用在入接口上时，工作流程如图 12-2 所示。

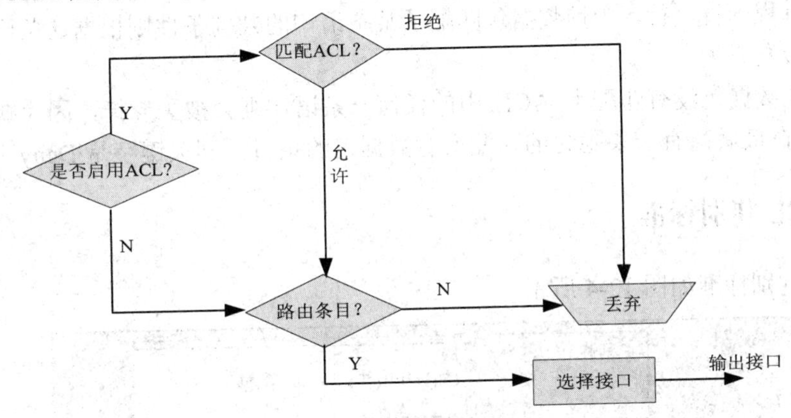

图 12-2　应用于入接口的 ACL

当路由器的接口接收到一个数据包时，首先会检查访问控制列表，如果执行控制列表中有拒绝和允许的操作，则被拒绝的数据包将会被丢弃，允许的数据包进入路由选择状态。对进入路由选择状态的数据再根据路由器的路由表执行路由选择，如果路由表中没有到达目标网络的路由，那么相应的数据包就会被丢弃；如果路由表中存在到达目标网络的路由，则数据包被送到相应的网络接口。

12.2.2　ACL 语句内部处理过程

ACL 内部匹配规则如图 12-3 所示。

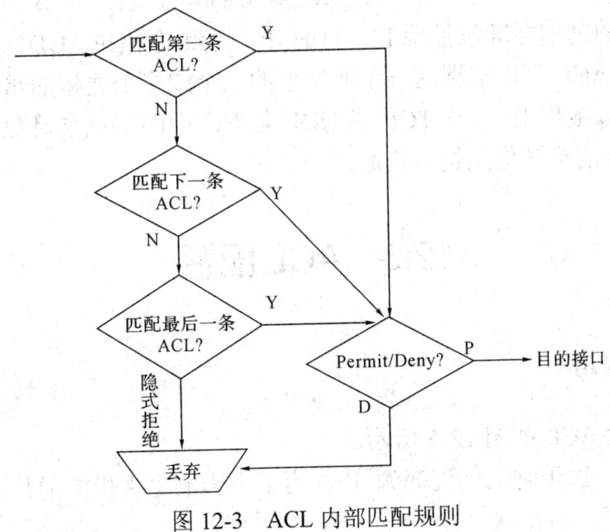

图 12-3　ACL 内部匹配规则

每个 ACL 都是多条语句(规则)集合，当一个数据包要通过 ACL 的检查时首先检查 ACL 中的第一条语句，如果匹配其判别条件则依据这条语句所配置的关键字对数据包操作；如果关键字是 Permit 则转发数据包；如果关键字是 Deny 则直接丢弃此数据包。当匹配到一条语句后，就不会再往下进行匹配了，所以语句的顺序很重要。

如果没有匹配第一条语句的判别条件则进行下一条语句的匹配，同样如果匹配其判别条件则依据这条语句所配置的关键字对数据包操作，如果关键字是 Permit 则转发数据包，如果关键字是 Deny 则直接丢弃此数据包。

这样的过程一直进行，一旦数据包匹配了某条语句的判别条件则根据这条语句所配置的关键字或转发或丢弃。

如果一个数据包没有匹配上 ACL 中的任何一条语句则会被丢弃掉，因为缺省情况下每一个 ACL 在最后都有一条隐含的匹配所有数据包的条目，其关键字是 Deny。

12.2.3　ACL 判别标准

ACL 的判别标准如图 12-4 所示。

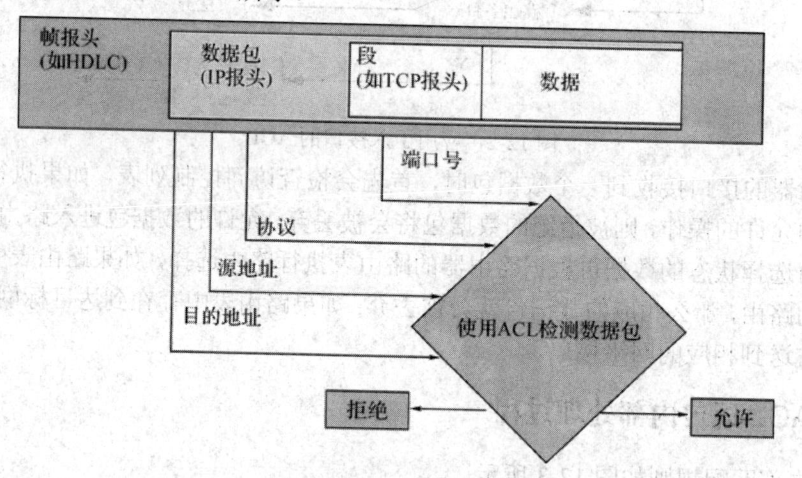

图 12-4　ACL 判别标准

ACL 可以使用的判别标准包括源 IP、目的 IP、协议类型(IP、UDP、TCP、ICMP)源端口号、目的端口号。ACL 可以根据这五个要素中的一个或多个要素的组合来作为判别的标准。总之，ACL 可以根据 IP 包及 TCP 或 UDP 数据段中的信息来对数据流进行判断，即根据第三层及第四层的头部信息进行判断。

12.3　ACL 配置

12.3.1　ACL 的应用

在什么地方配置 ACL 如图 12-5 所示。

对于标准 ACL，由于它只能过滤源 IP，为了不影响源主机的通信，一般我们将标准

ACL 放在离目的端比较近的地方；扩展 ACL 可以精确地定位某一类的数据流，为了不让无用的流量占据网络带宽，一般我们将扩展 ACL 放在离源端比较近的地方。

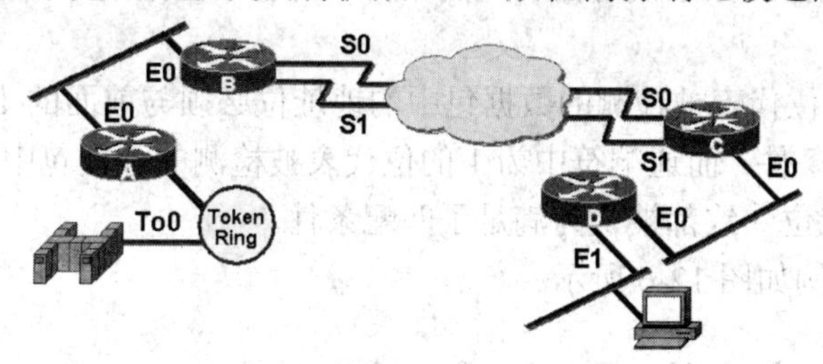

图 12-5 在什么地方配置 ACL

12.3.2 ACL 配置规则

ACL 配置规则如下：

1. ACL 语句执行顺序

ACL 按照由上到下的顺序执行，找到第一个匹配后即执行相应的操作，然后跳出 ACL 而不会继续匹配下面的语句。所以 ACL 中语句的顺序很关键，如果顺序错误则有可能效果与预期完全相反。

配置 ACL 应该遵循如下原则：

(1) 对于扩展 ACL，具体的判别条目应放置在前面。

(2) 标准 ACL 可以自动排序：主机、网段、ANY。

2. 隐含的拒绝所有的条目

末尾隐含为 Deny 全部，意味着 ACL 中必须有明确的允许数据包通过的语句，否则将没有数据包能够通过。

3. ACL 可应用于 IP 接口或某种服务

ACL 是一个通用的数据流分类与判别的工具，可以被应用到不同的场合，常见将 ACL 应用在接口上或应用到服务上。

4. ACL 配置顺序

在应用 ACL 之前，要首先创建好 ACL，否则可能出现错误。

5. ACL 的应用

对于一个协议，一个接口的一个方向上同一时间内只能设置一个 ACL，并且 ACL 配置在接口上的方向很重要，如果配置错误可能不起作用。

6. ACL 的方向

如果 ACL 既可以应用在路由器的入方向，也可以用在出方向，那么优先选择入方向，这样可以减少无用的流量对设备资源的消耗。

12.3.3 ACL 通配符

路由器使用通配符与源或目标地址一起来分辨匹配的地址范围，通配符告诉路由器为了判断出匹配，它需要检查 IP 地址中的多少位。这个地址掩码可以只使用两个 32 位的号码来确定 IP 地址的范围，如果没有掩码，则不得不对每个匹配的 IP 客户地址加入一个单独的访问列表语句。

通配符中为 0 的位代表被检测的数据包中的地址位必须与前面的 IP 地址相应位一致才被认为满足了匹配条件。而通配符中为 1 的位代表被检测的数据包中的地址位无论是否与前面的 IP 地址相应位一致都被认为满足了匹配条件。

通配符的作用举例如图 12-6 所示。

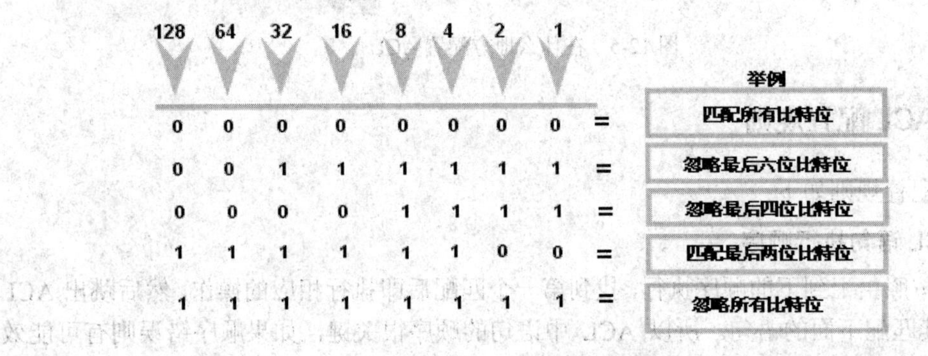

图 12-6　ACL 通配符的作用

ACL 通配符举例

用通配符指定特定地址范围 172.30.16.0/24 到 172.30.31.0/24，通配符应设置成 0.0.15.255，具体计算方法如图 12-7 所示。

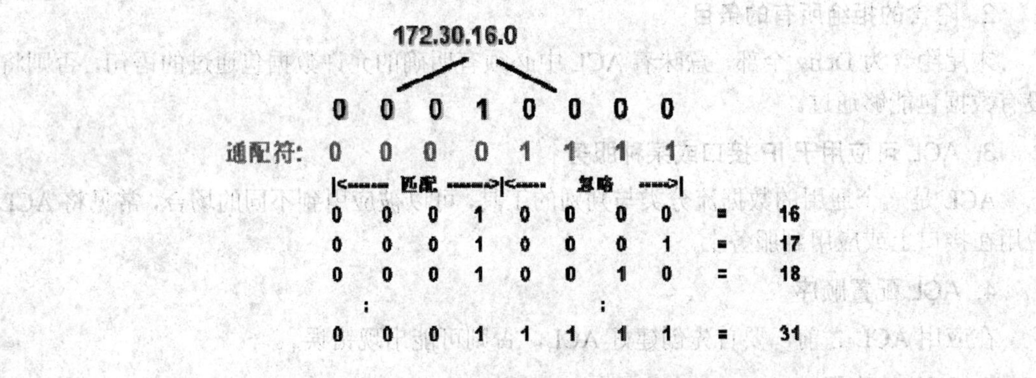

图 12-7　ACL 通配符的应用举例

12.4　标准 ACL 配置方法和实例

12.4.1　标准 ACL 配置命令

1. 标准 ACL 配置方法

标准访问控制列表只是根据数据包的源地址对数据包进行区分。

配置标准 ACL 的命令如下：

```
Router(config) #ip access-list standard   {<access-list -number> | < name>}
Router(config-std-nacl) #{deny | permit} {source[source-wildcard] | any}
```

此命令格式表示：允许或拒绝来自指定网络的数据包，该网络由 IP 地址(ip-address)和反掩码(source-wildcard)指定，其中：

access-list-number 表示规则序号，标准访问列表的规则序号范围为 1～99。

permit 和 deny 表示如果满足条件则允许或禁止该数据包通过。

ip-address 和 source-wildcard 分别为 IP 地址和反掩码，用来指定某个网络。

2. 反掩码

IP 地址与反掩码都是 32 位的数。反掩码的作用和子网掩码很相似，通常情况下反掩码看起来很像一个颠倒过来的 IP 地址子网掩码，但用法是不一样的。IP 地址与反掩码的关系语法规定如下：在反掩码中相应位为 1 的地址中的位在比较中被忽略，相应位为 0 的必须被检查。

例如：192.168.1.1/25 网段

用子网掩码表示：192.168.1.1　255.255.255.128

用反掩码表示：192.168.1.1 0.0.0.127

如果想指定匹配所有地址可使用 IP 地址与反掩码为 0.0.0.0 255.255.255.255，其中 IP 地址 0.0.0.0 代表所有网络地址，而反掩码 255.255.255.255 代表不管数据包中的 IP 地址是什么都满足匹配条件；所以 0.0.0.0 255.255.255.255 意为接受所有地址并且可简写为 any。

如果想匹配某个主机 10.10.1.1，可使用 IP 地址与反掩码为 10.10.1.1 0.0.0.0。

12.4.2　标准 ACL 配置实例

标准 ACL 配置实例如图 12-8 所示。

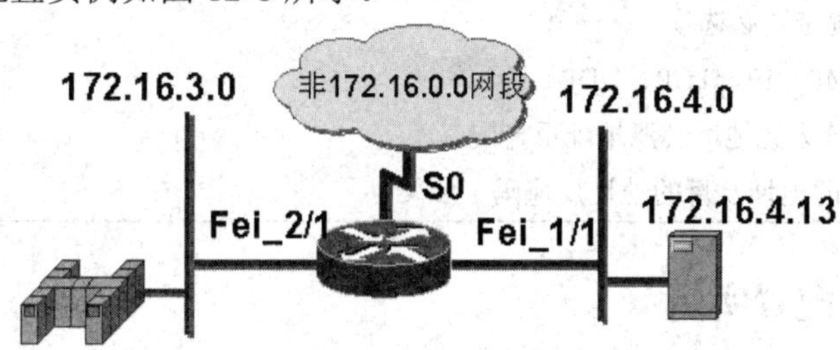

图 12-8　标准 ACL 配置实例

1. 应用到接口上的标准 ACL

需求是只允许两边的网络(172.16.3.0，172.16.4.0)互通，配置语句如下：

```
Router(config) #ip access-list standard 1
Router(config-std-nacl) #permit 172.16.3.0 0.0.0.255
Router(config) #interface Fei_1/1
Router(config-if) #ip access-group 1 out
```

本例中 ACL 1 只允许源地址为 172.16.3.0 网段的主机通过，并且 ACL1 被应用在接口 Fei_1/1 的外出方向。而处于 172.16.3.0 与处于 172.16.4.0 两个网段内的主机也不能访问非 172.16.0.0 网络的主机，原因是一般的数据通信都是双向的，回来的数据包被 ACL 拒绝导致通信不能正常进行。

2. 应用到服务上的 ACL

如果只允许 192.89.55.0 网段中的主机才能对路由器进行 Telnet 访问，配置如下语句：

```
Router(config) #ip access-list standard 12
Router(config-std-nacl) #permit 192.89.55.0 0.0.0.255
Router(config) #line vty 0 4
Router(config-line) #access-class 12 in
```

使用命令 access-class *access-list-number* {in|out} 来引用一个 ACL 并作用在路由器的 Telnet 服务上，利用 ACL 针对地址限制进入的 VTY 连接。

12.5 扩展 ACL 配置方法和实例

12.5.1 扩展 ACL 配置命令

配置扩展 ACL 命令如下：

```
Router(config) #ip access-list extended {<access-list-number>|<name>}
```

其中：access-list-number 表示规则序号，标准访问列表的规则序号范围为 100～199。

定义规则：

```
Router(config-ext-nacl) #{permit|deny}  协议类型  {<source> <source-wildcard> | any} {<dest> <dest-wildcard>|any}
```

其中：
{ **permit** | **deny** }为关键字，必选项
协议类型常用的有 ICMP、IP、TCP、UDP
source　source-wildcard 为源地址及源地址反掩码
dest dest-wildcard 为目的地址及目的地址反掩码

12.5.2 扩展 ACL 配置实例

网络拓扑图请参照图 12-8。

需求：拒绝从子网 172.16.4.0 到子网 172.16.3.0 通过 fei_ 2 / 1 口出去的 FTP 访问，允许其他所有流量通过路由器转发。

配置语句如下：

```
Router(config) #ip access-list standard 101
Router(config-ext-nacl) #deny tcp 172.16.4.0 0.0.0.255 172.16.3.0 0.0.0.255 Eq ftp
Router(config-ext-nacl) #permit ip any any
Router(config) #interface fei_2/1
Router(config-if) #ip access-group 101 out
```

本例中首先配置编号为 101 的扩展 ACL，拒绝从 172.16.4.0/24 网段发出的到达

172.16.3.0/24 网段的 TCP 端口号 FTP 的数据流。

12.5.3　ACL 维护与诊断

在特权模式下使用命令 show ip access-list 可显示 IP ACL 的具体内容：

```
Router #show ip access-list 1
```

实训项目 10：ACL 的配置及应用

一、项目背景

你是一个公司的网络管理员，公司的经理部、财务部门和销售部门分属不同的三个网段，三部门之间用路由器进行信息传递，为了安全起见，公司领导要求销售部门不能对财务部门进行访问，但经理部可以对财务部门进行访问。

PC1 代表经理部的主机，PC2 代表销售部门的主机、PC3 代表财务部门的主机。

二、方案设计

IP ACL(IP 访问控制列表或 IP 访问列表)实现对流经路由器或交换机的数据包根据一定的规则进行过滤，从而提高网络可管理性和安全性。

标准 IP 访问列表可以根据数据包的源 IP 地址定义规则，进行数据包的过滤。所以设计的网络拓扑结构如图 12-9 所示。

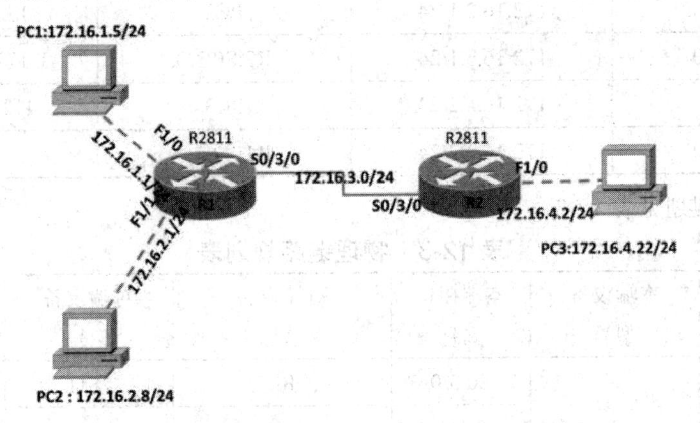

图 12-9　标准 ACL 配置的网络拓扑结构

根据实际情况可使用实体设备或 Packet Tracer 模拟器完成。

本项目使用 Packet Tracer 模拟器完成。

三、方案实施

(一) 连接网络拓扑

打开 Packet Tracer 模拟器，按照拓扑图 12-9 选择路由器(本例中选择 2811)进行网络连接，如图 12-10 所示。

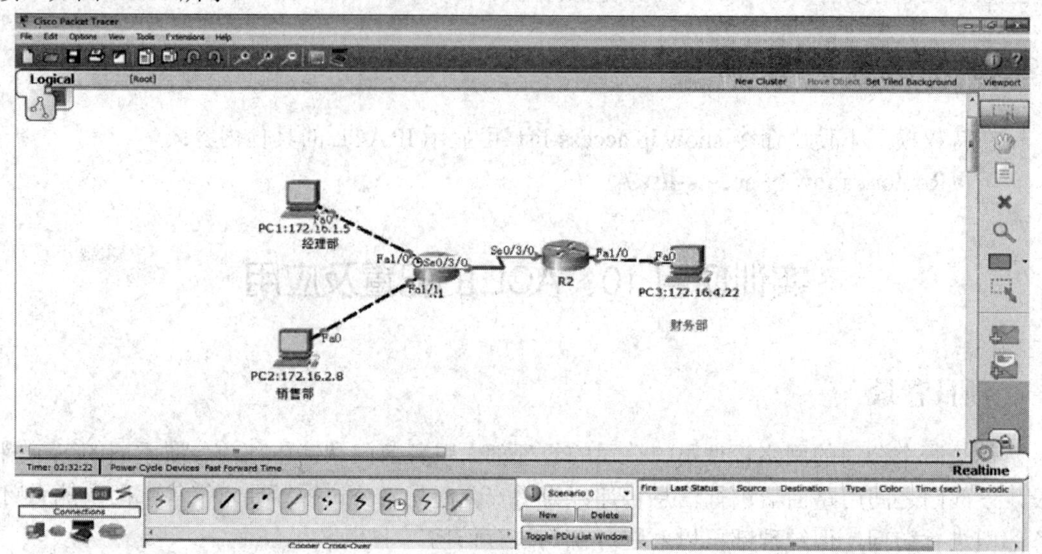

图 12-10　标准 ACL 配置的网络连接

(二) 规划设计

完成路由器的接口、接口 IP 规划以及 PC 的 IP 地址规划，见表 12-2。

表 12-2　IP 地址规划表

本端设备:接口	本端 IP 地址	对端设备:接口	对端 IP 地址
R1:F1/0	172.16.1.1/24	PC1	172.16.1.5/24
R1:F1/1	172.16.2.1/24	PC2	172.16.2.8/24
R1:S0/3/0	172.16.3.1/24	R2:S0/3/0	172.16.3.2/24
R2:F1/0	172.16.4.2/24	PC3	172.16.4.22/24
R2:S0/3/0	172.16.3.2/24	R1:S0/3/0	172.16.3.1/24

物理链路规划见表 12-3。

表 12-3　物理链路规划表

本端设备名称	本端设备型号	本端接口名称	对端设备名称	对端设备型号	对端接口名称
R1		S0/3/0	R2	2811	S0/3/0
R1		F1/0	PC1	PC	F0
R1	2811	F1/1	PC2	PC	F0
R2		S0/3/0	R1	2811	S0/3/0
R2		F1/0	PC3	PC	F0

(三) 项目实施过程

配置步骤如下：

1. 路由器基本配置。

R1、R2 基本配置、IP 接口地址配置等(略)。

2. 路由表配置。

配置静态路由：

```
R1(config) #ip route 172.16.4.0 255.255.255.0 serial 0/3/0
R2(config) #ip route 172.16.1.0 255.255.255.0 serial 0/3/0
R2(config) #ip route 172.16.2.0 255.255.255.0 serial 0/3/0
```

3. 配置标准 IP 访问控制列表。

命令如下：

```
R2(config) #ip access-list standard 1
R2(config-std-nacl) #permit 172.16.1.0 0.0.0.255
//允许来自 172.16.1.0 网段的流量通过
R2(config-std-nacl) #deny 172.16.2.0 0.0.0.255
//拒绝来自 172.16.2.0 网段的流量通过
```

4. 把访问控制列表在接口下应用。

命令如下：

```
R2(config) #interface fastEthernet 1/0
R2(config-if) #ip access-group 1 out
//在接口下访问控制列表出栈流量调用
```

5. 查看路由器的状态信息。

(1) 显示路由器系统及版本信息：

```
R2 #show version
```

(2) 显示当前运行的配置参数：

```
R2 #show running-config
```

(3) 显示路由器路由表：

```
R2 #show ip route
```

(4) 显示访控列表具体表项：

```
R2 #show access-lists 1
```

6. 保存路由器的状态配置文件。

命令如下：

```
R2 #write
R2 #copy running-config startup-config
```

(四) 项目测试

1. 设置 PC1、PC2、PC3 的 IP 地址(具体配置过程略)。

2. 网络通信测试。

(1) 显示访控列表具体表项如下所示：

```
R2 #show ip access-lists 1
Standard IP access list 1
```

```
permit 172.16.1.0 0.0.0.255 (10 match(es))
deny 172.16.2.0 0.0.0.255 (22 match(es))
```

(2) 测试 PC1 与 PC3 的网络通信状态，如图 12-11 所示。

```
Command Prompt
PC>ping 172.16.4.22

Pinging 172.16.4.22 with 32 bytes of data:

Request timed out.
Reply from 172.16.4.22: bytes=32 time=1ms TTL=126
Reply from 172.16.4.22: bytes=32 time=1ms TTL=126
Reply from 172.16.4.22: bytes=32 time=1ms TTL=126

Ping statistics for 172.16.4.22:
    Packets: Sent = 4, Received = 3, Lost = 1 (25% loss),
Approximate round trip times in milli-seconds:
    Minimum = 1ms, Maximum = 1ms, Average = 1ms
```

图 12-11　网络通信测试

(3) 测试 P2 与 PC3 的网络通信状态(略)。

(五) 项目总结

根据项目实施的过程撰写项目总结报告，对出现的问题进行分析，写出解决问题的方法和体会。

习　题　12

一、选择题

1. 路由器上配置了如下一条访问列表 access-list 4 deny 202.38.0.0 0.0.255.255 access-list 4 permit 202.38.160.1 0.0.0.255 表示：(　　)。

A. 只禁止源地址为 202.38.0.0 网段的所有访问

B. 只允许目的地址为 202.38.0.0 网段的所有访问

C. 检查源 IP 地址，禁止 202.38.0.0 大网段的主机，但允许其中的 202.38.160.0 小网段上的主机

D. 检查目的 IP 地址，禁止 202.38.0.0 大网段的主机，但允许其中的 202.38.160.0 小网段的主机

2. 公司的内部网络接在 Ethernet0，在 Serial0 通过地址转换访问 Internet。如果想禁止公司内部所有主机访问 202.38.160.1/16 的网段，但是可以访问其他站点，如下的配置可以达到要求的是：(　　)。

A. access-list 1 deny 202.38.160.1 0.0.255.255 在 Serial0 口：access-group 1 in

B. access-list 1 deny 202.38.160.1 0.0.255.255 在 Serial0 口：access-group 1 out

C. access-list 101 deny ip any 202.38.160.1 0.0.255.255 在 Ethernet0：access-group 101 in

D. access-list 101 deny ip any 202.38.160.1 0.0.255.255 在 Ethernet0：access-group 101 out

3. 如下访问控制列表的含义是：(　　)。

access-list 100 deny icmp 10.1.10.10 0.0.255.255 any host-unreachable

A. 规则序列号是 100，禁止到 10.1.10.10 主机的所有主机不可达报文

B. 规则序列号是 100，禁止到 10.1.0.0/16 网段的所有主机不可达报文

C. 规则序列号是 100，禁止从 10.1.0.0/16 网段来的所有主机不可达报文

D. 规则序列号是 100，禁止从 10.1.10.10 主机来的所有主机不可达报文

4. 如果在一个接口上使用了 access group 命令，但没有创建相应的 access list，对此接口下面描述正确的是(　)。

A. 发生错误

B. 拒绝所有的数据包 in

C. 拒绝所有的数据包 out

D. 拒绝所有的数据包 in、out

E. 允许所有的数据包 in、out

二、简答题

1. ACL 的作用是什么？

2. ACL 可以分为哪几种类别？它们的区别是什么？

3. 你该如何安排访问列表中的条目顺序？

第 13 章

第 13 章　DHCP 服务及应用

❖ 学习目标：
- 掌握 DHCP 概念及组网方式
- 掌握 DHCP 原理
- 掌握 DHCP Server 配置和 DHCP Relay 配置

13.1　DHCP 的概念和特点

13.1.1　DHCP 概述

在常见的小型网络中(例如家庭网络和学生宿舍网)，网络管理员都是采用手动分配 IP 地址的方法。在大型网络中，往往有超过 100 台的客户机，手动分配 IP 地址的方法就不太合适了。因此，我们必须引入一种高效的 IP 地址分配方法，DHCP 为我们解决了这一难题。

1. 什么是 DHCP

DHCP(Dynamic Host Configuration Protocol，动态主机分配协议)是用来动态分配 IP 地址的协议，是基于 UDP 协议之上的应用。DHCP 能够让网络上的主机从一个 DHCP 服务器上获得一个可以让其正常通信的 IP 地址以及相关的配置信息。

2. DHCP 协议的特点

DHCP 协议的主要特点如下：

(1) 整个 IP 分配过程自动实现。在客户端上，除了将 DHCP 选项打钩外，无需做任何 IP 环境设定，如图 13-1 所示。

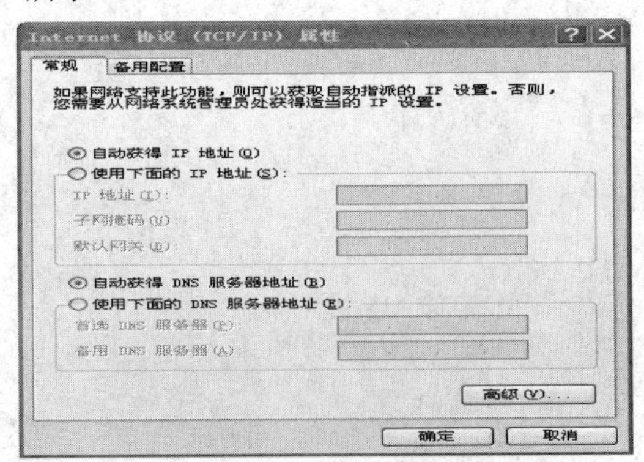

图 13-1　自动获取 IP 地址

(2) 所有的 IP 地址参数(IP 地址、子网掩码、缺省网关、DNS)都由 DHCP 服务器统一管理。

(3) 基于 C/S——客户端/服务器模式。

(4) DHCP 采用 UDP 作为传输协议，主机发送消息到 DHCP 服务器的 67 号端口，服务器返回消息给主机的 68 号端口。

(5) DHCP 协议的安全性较差，服务器容易受到攻击。

13.1.2　DHCP 组网方式

DHCP 协议采用客户端/服务器体系结构，客户端靠发送广播方式发现信息来寻找 DHCP 服务器，即向地址 255.255.255.255 发送特定的广播信息，服务器收到请求后进行响应，如图 13-2 所示。而路由器默认情况下是隔离广播域的，对此类报文不予处理，因此 DHCP 的组网方式分为同网段组网和不同网段组网两种方式。

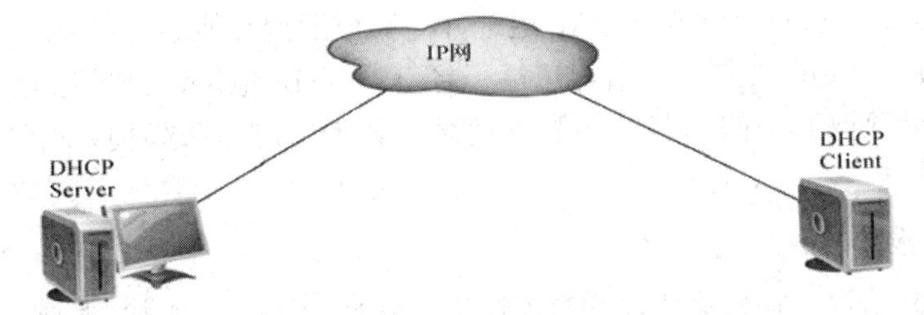

图 13-2　同网段的组网方式

当 DHCP 服务器和客户机不在同一个子网时，如图 13-3 所示，充当客户主机默认网关的路由器必须将广播包发送到 DHCP 服务器所在的子网，这一功能称为 DHCP 中继(DHCP Relay)。标准的 DHCP 中继的功能相对来说也比较简单，只是重新封装、续传 DHCP 报文。

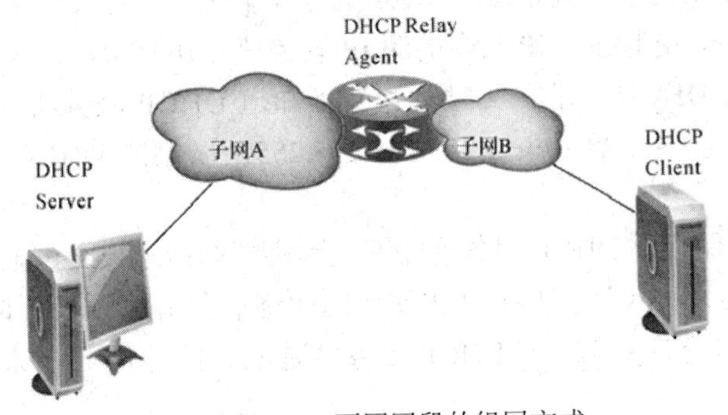

图 13-3　不同网段的组网方式

13.2　DHCP 工作原理

13.2.1　DHCP 协议报文

1. DHCP 报文的格式

DHCP 协议采用客户端/服务器方式进行交互，其报文格式共有 8 种，由报文中“DHCP

message type”字段的值来确定，后面括号中的值即为相应类型的值，具体含义如下：

(1) DHCP_Discover 报文，是客户端开始 DHCP 过程的第一个报文。

(2) DHCP_Offer 报文，是服务器对 DHCP_Discover 报文的响应。

(3) DHCP_Request 报文，是客户端开始 DHCP 过程中对服务器的 DHCP_Offer 报文的回应，或者是客户端续延 IP 地址租期时发出的报文。

(4) DHCP_Decline 报文，当客户端发现服务器分配给它的 IP 地址无法使用时，如 IP 地址冲突时，将发出此报文，通知服务器禁止使用 IP 地址。

(5) DHCP_Ack 报文，是服务器对客户端 DHCP_Request 报文的确认响应报文，客户端收到此报文后，才真正获得了 IP 地址和相关的配置信息。

(6) DHCP_Nack 报文，是服务器对客户端 DHCP_Request 报文的拒绝响应报文，客户端收到此报文后，一般会重新开始新的 DHCP 过程。

(7) DHCP_Release 报文，是客户端主动释放服务器分配给它的 IP 地址的报文，当服务器收到此报文后，就可以回收这个 IP 地址并能够分配给其他的客户端。

(8) DHCP_Inform 报文，是指客户端已经获得了 IP 地址，则发送此报文，为了从 DHCP 服务器处获取其他的一些网络配置信息，如 DNS 等。这种报文的应用报文非常少见。

2. DHCP 报文的封装

由于 DHCP 协议是初始化协议，简单地说，就是让终端获取 IP 地址的协议。既然终端连IP地址都没有，何以能够发出IP报文呢？服务器给客户端回送的报文该怎么封装呢？为了解决这些问题，DHCP 报文的封装采取了如下措施：

(1) 首先链路层的封装必须是广播形式的，即让在同一物理子网中的所有主机都能够收到这个报文。在以太网中，就是目的 MAC 为全 1。

(2) 由于终端没有 IP 地址，IP 头中的源 IP 规定填为 0.0.0.0。

(3) 当终端发出 DHCP 请求报文时，它并不知道 DHCP 服务器的 IP 地址，因此 IP 头中的目的 IP 填为子网广播 IP——255.255.255.255，以保证 DHCP 服务器不丢弃这个报文。

(4) 上面的措施保证了 DHCP 服务器能够收到终端的请求报文，但仅凭链路层和 IP 层信息，DHCP 服务器无法区分出 DHCP 报文，因此终端发出的 DHCP 请求报文的 UDP 层中源端口为 68，目的端口为 67，即 DHCP 服务器通过知名端口号 67 来判断一个报文是否是 DHCP 报文。

(5) DHCP 服务器发给终端的响应报文将会根据 DHCP 报文中的内容决定是广播还是单播，一般都是广播形式。广播封装时，链路层的封装必须是广播形式，在以太网中，就是目的 MAC 为全 1，IP 头中的目的 IP 为广播 IP——255.255.255.255。单播封装时，链路层的封装是单播形式，在以太网中，就是目的 MAC 为终端的网卡 MAC 地址，IP 头中的目的 IP 填为有限的子网广播 IP——255.255.255.255 或者是即将分配给用户的 IP 地址(当终端能够接收这样的 IP 报文时)。两种封装方式中 UDP 层都是相同的，源端口为 67，目的端口为 68。终端通过知名端口号 68 来判断一个报文是否是 DHCP 服务器的响应报文。

13.2.2　DHCP Sever 的工作过程

1. 发现阶段

如图 13-4 所示，DHCP 客户机以广播方式(因为 DHCP 服务器的 IP 地址对于客户机来说是未知的)发送 DHCP Discover 发现信息来寻找 DHCP 服务器，即向地址 255.255.255.255 发送特定的广播信息。网络上每一台安装了 TCP/IP 协议的主机都会接收到这种广播信息，但只有 DHCP 服务器才会作出响应。

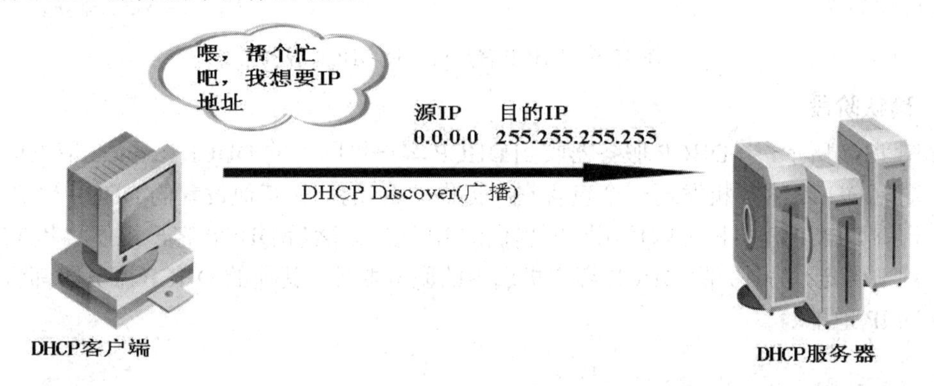

图 13-4　DHCP 客户机寻找 DHCP 服务器

2. 提供阶段

如图 13-5 所示，在网络中接收到 DHCP Discover 发现信息的 DHCP 服务器都会作出响应，它从尚未出租的 IP 地址中挑选一个分配给 DHCP 客户机，向 DHCP 客户机发送一个包含出租的 IP 地址和其他设置的 DHCP Offer 提供信息。

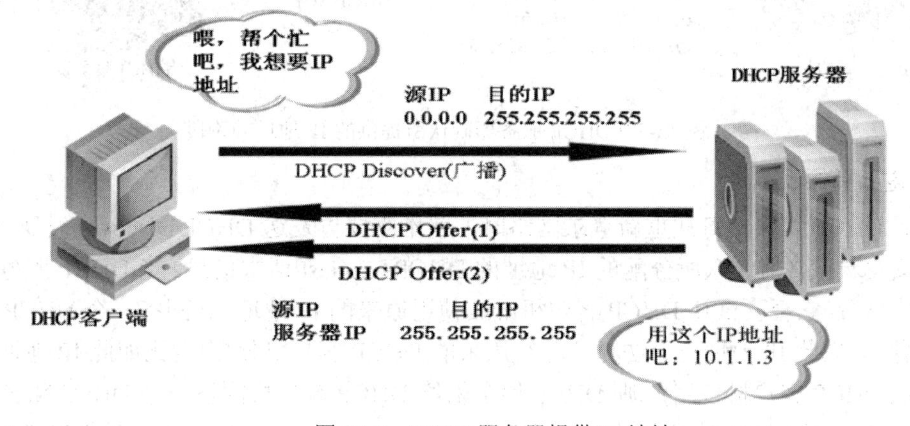

图 13-5　DHCP 服务器提供 IP 地址

3. 选择阶段

如果有多台 DHCP 服务器向 DHCP 客户机发来 DHCP Offer 提供信息，则 DHCP 客户机只接受第一个收到的 DHCP Offer 提供信息，然后它就以广播方式回答一个 DHCP Request 请求信息，该信息中包含向它所选定的 DHCP 服务器请求 IP 地址的内容，如图 13-6 所示。之所以要以广播方式回答，是为了通知所有的 DHCP 服务器，它将选择某台 DHCP 服务器所提供的 IP 地址。

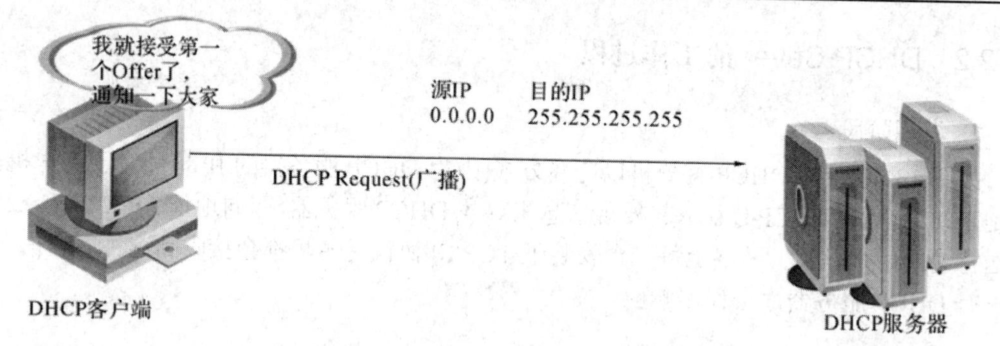

图 13-6　DHCP 客户机选择 DHCP 服务器

4. 确认阶段

如图 13-7 所示，当 DHCP 服务器收到 DHCP 客户机回答的 DHCP Request 请求信息之后，它便向 DHCP 客户机发送一个包含它所提供的 IP 地址和其他设置的 DHCP ACK 确认信息，告诉 DHCP 客户机可以使用它所提供的 IP 地址。然后 DHCP 客户机便将其 TCP/IP 协议与网卡绑定，另外，除 DHCP 客户机选中的服务器外，其他的 DHCP 服务器都将收回曾提供的 IP 地址。

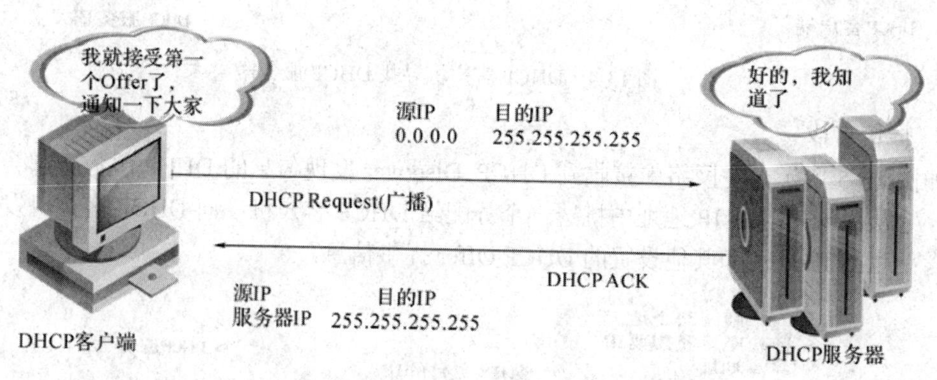

图 13-7　DHCP 服务器确认所提供的 IP 地址的阶段

5. 重新登录

以后 DHCP 客户机每次重新登录网络时，就不需要再发送 DHCP Discover 发现信息，而是直接发送包含前一次所分配的 IP 地址的 DHCP Request 请求信息。当 DHCP 服务器收到这一信息后，它会尝试让 DHCP 客户机继续使用原来的 IP 地址，并回答一个 DHCP ACK 确认信息。如果此 IP 地址已无法再分配给原来的 DHCP 客户机使用时(比如此 IP 地址已分配给其他 DHCP 客户机使用)，则 DHCP 服务器给 DHCP 客户机回答一个 DHCP NACK 否认信息。当原来的 DHCP 客户机收到此 DHCP NACK 否认信息后，它就必须重新发送 DHCP Discover 发现信息来请求新的 IP 地址。

6. 更新租约

DHCP 服务器向 DHCP 客户机出租的 IP 地址一般都有一个租借期限，期满后 DHCP 服务器便会收回出租的 IP 地址。如果 DHCP 客户机要延长其 IP 租约，则必须更新其 IP 租约。DHCP 客户机启动时和 IP 租约期限过一半时，DHCP 客户机都会自动向 DHCP 服务器发送更新其 IP 租约的信息，如图 13-8 所示。

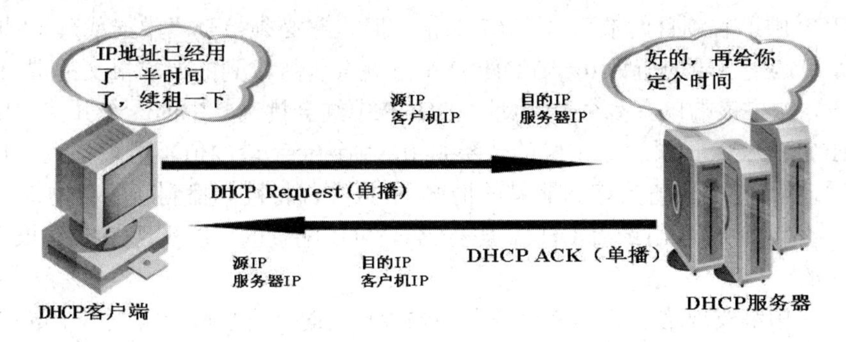

图 13-8　IP 租约过半时续约过程

如果成功即收到 DHCP 服务器的 DHCP ACK 报文，则租期相应延长；如果失败即没有收到 DHCP ACK 报文，则客户端继续使用这个 IP 地址，在使用租期过去 87.5%时刻处，DHCP 客户机会再次向 DHCP 服务器发送广播 DHCP_Request 报文更新其 IP 租约的信息，如图 13-9 所示。

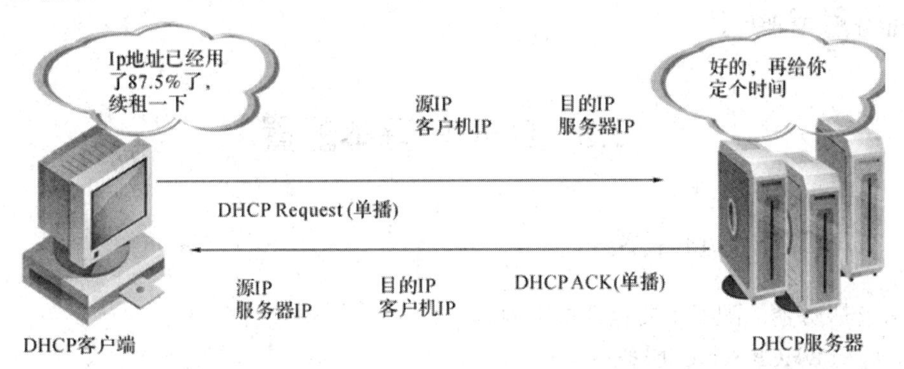

图 13-9　IP 租约过 87.5%时的续约过程

13.2.3　DHCP Relay 的工作过程

由于 DHCP 报文都采用广播方式，是无法穿越多个子网的，若需要 DHCP 报文穿越多个子网，就要有 DHCP 中继存在。DHCP 中继过程如图 13-10 所示。DHCP 中继可以是路由器，也可以是一台主机，总之，在具有 DHCP 中继功能的设备中，所有具有 UDP 目的端口号是 67 的局部传递的 UDP 信息，都被认为是要经过特殊处理的，所以，DHCP 中继要监听 UDP 目的端口号是 67 的所有报文。

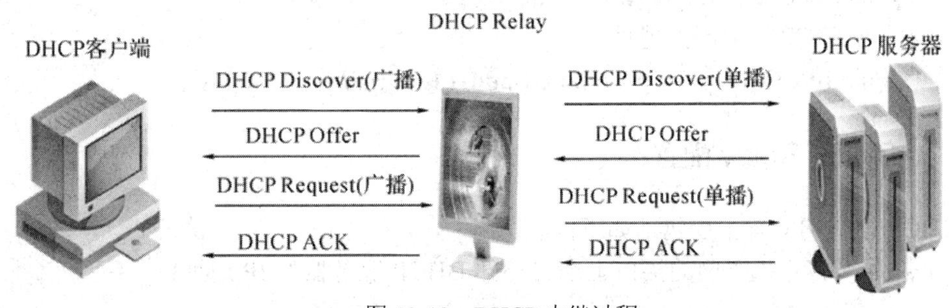

图 13-10　DHCP 中继过程

当 DHCP 中继收到目的端口号为 67 的报文时，它必须检查“中继代理 IP 地址”字段的值，如果这个字段的值为 0，则 DHCP 中继就会将接收到的请求报文的端口 IP 地址填入此字段，如果该端口有多个 IP 地址，DHCP 中继会挑选其中的一个并持续用它传播全部的 DHCP 报文；如果这个字段的值不是 0，则这个字段的值不能被修改，也不能被填充为广播地址。在字段值为零和非零的情况下，报文都将被单播到新的目的地(或 DHCP 服务器)，当然这个目的地(或者 DHCP 服务器)是可以配置的，以实现 DHCP 报文穿越多个子网的目的。

当 DHCP 中继发现这是 DHCP 服务器的响应报文时，它也应当检查“中继代理 IP 地址”字段、“客户机硬件地址”字段等，这些字段给 DHCP 中继提供了足够的信息将响应报文传送给客户机。

DHCP Server 收到 DHCP 请求报文后，首先会查看“giaddr”字段是否为 0，若不为 0，则就会根据此 IP 地址所在网段从相应地址池中为 Client 分配 IP 地址；若为 0，则 DHCP Server 认为 Client 与自己在同一子网中，将会根据自己的 IP 地址所在网段从相应地址池中为 Client 分配 IP 地址。

13.3　DHCP 基本配置

13.3.1　DHCP Server 配置

DHCP 服务器的配置主要包括如下内容。

(1) 启动 DHCP Server 服务：

dhcp(config) #**service dhcp**

(2) 配置 DHCP 服务器的名称：

Router(config) #**ip dhcp pool** *pool-name*

(3) 配置 DHCP 服务器要分配的网段：

dhcp(dhcp-config) #**network** *ip-address wildmask*

(4) 配置默认网关：

Router(dhcp-config) #**default-router** *gateway*

(5) 配置 DNS 服务器：

Router(config) #**dns-server** *dns-address*

(6) 配置 DHCP 不分配的地址：

Router(config) #**ip dhcp excluded-address** *ip-address wildmask*

13.3.2　DHCP Relay 配置

DHCP 中继的配置主要包括如下内容。

(1) 在连接客户机子网的接口上配置外部 DHCP 服务器的 IP 地址：

Router(config-if) #**ip helper-address** <*ip-address*>

(2) 启用内置的 DHCP 中继进程：

```
Router(config) #ip dhcp relay enable
```

13.4　DHCP 协议配置及应用

1. 任务描述

某单位使用 Cisco 路由器作为 DHCP Server，在整个网络中有两个 VLAN，假设每个 VLAN 都采用 24 位网络地址，其中 VLAN1 的 IP 地址为 192.168.1.254，VLAN2 的 IP 地址为 192.168.2.254，要求在路由器上实现 DHCP Server 功能以实现各 VLAN 中的主机自动获得 IP 地址，并且 192.168.1.254 和 192.168.2.254 两个地址不参与地址分配。

2. 配置过程

图 13-11 中路由器 Router、交换机 Switch 的配置：

(1) 两台交换机可使用默认配置。

(2) 路由器接口 IP 地址配置(略)。

(3) 路由器 DHCP Server 配置：

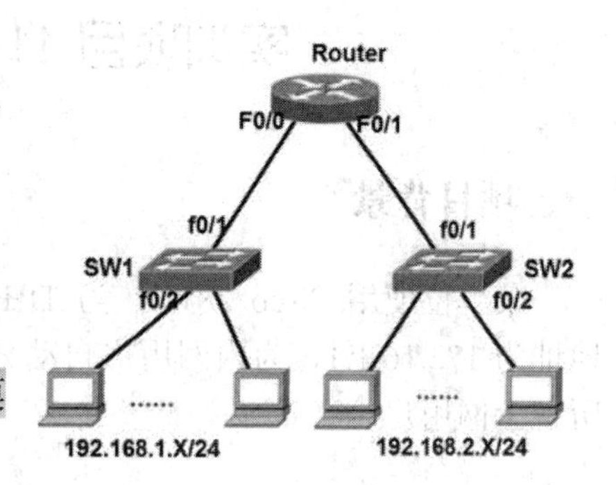

图 13-11　DHCP Server 应用网络拓扑图

```
Router(config) #ip dhcp server enable
//全局模式下启动 DHCP 服务器功能(思科模拟器上可省略此步骤)
Router(config) #ip dhcp pool pool1
//全局模式下配置 IP 地址池 pool1
Router(dhcp-config) #network 192.168.1.0 255.255.255.0
//配置服务器要分配的网段 192.168.1.0/24
Router(dhcp-config) #default-router 192.168.1.254
//配置用户 192.168.1.0 用户网关
Router(dhcp-config) #dns-server 8.8.8.8
//配置用户 192.168.1.0 的 DNS 为 8.8.8.8
Router(config) #ip dhcp pool pool 2
//全局模式下配置 IP 地址池 pool 2
Router(dhcp-config) #network 192.168.2.0 255.255.255.0
//配置服务器要分配的网段 192.168.2.0/24
Router(dhcp-config) #default-router 192.168.2.254
//配置用户 192.168.2.0 用户网关
Router(dhcp-config) #dns-server 8.8.8.8
//配置用户 192.168.2.0 的 DNS 为 8.8.8.8
Router(config) #ip dhcp excluded-address 192.168.1.254
Router(config) #ip dhcp excluded-address 192.168.2.254
//配置不参与分配的 IP 地址
```

3. 结果验证

显示 DHCP 客户机地址分配信息，如下所示：

```
Router #show ip dhcp binding
IP address      Client-ID/              Lease expiration        Type
                Hardware address
192.168.1.1     0001.43B1.615D          --                      Automatic
192.168.1.2     00D0.BA56.8AEB          --                      Automatic
192.168.2.1     0050.0F1A.17A0          --                      Automatic
192.168.2.2     00D0.FFAD.653D          --                      Automatic
```

实训项目 11：DHCP 的配置及应用

一、项目背景

某单位使用 Cisco 2811 作为 DHCP Server，它和内网相连的 fastethernet0/0 端口的 IP 地址为 172.16.1.1，为内网用户自动分配 IP 地址。二层交换机采用 Cisco 2950，汇聚单位所有上网用户。

二、方案设计

DHCP 能够让网络上的主机从一个 DHCP 服务器上获得一个可以让其正常通信的 IP 地址以及相关的配置信息，整个 IP 分配过程自动实现，所有的 IP 地址参数(IP 地址、子网掩码、缺省网关、DNS)都由 DHCP 服务器统一管理。综上所述，设计的网络拓扑结构如图 13-12 所示。

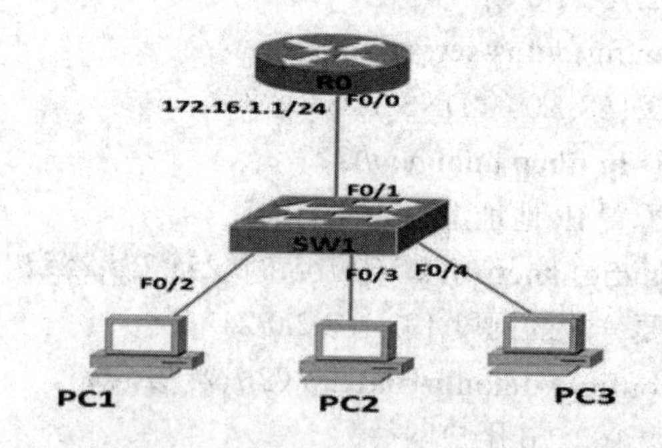

图 13-12 DHCP Server 配置网络拓扑结构图

三、方案实施

(一) 物理连接

(1) 路由器 R0 使用以太网口 0/0 口与交换机 S0 以太网口 0/1 口互连。

(2) 交换机 SW1 使用以太网口 0/2 口与 PC1 互连，使用以太网口 0/3 口与 PC2 互连，使用以太网口 0/4 口与 PC3 互连。

(二) IP 地址规划设计

完成路由器的接口、接口 IP 地址规划，PC 机地址采用自动获取方式，具体分配详见表 13-1。

表 12-1　IP 地址及端口规划表

序号	本端设备:接口	本端 IP 地址	对端设备:接口	对端 IP 地址
1	R0:F0/0	172.16.1.1/24	SW1:F0/1	—
2	SW1:F0/1	—	R0:F0/0	172.16.1.1/24
3	SW1:F0/2	—	PC1	—
4	SW1:F0/3	—	PC2	—
5	SW1:F0/4	—	PC3	—

(三) 在模拟器中构建网络拓扑

在 Packet Tracer 中按项目要求构建网络拓扑，如图 13-13 所示。

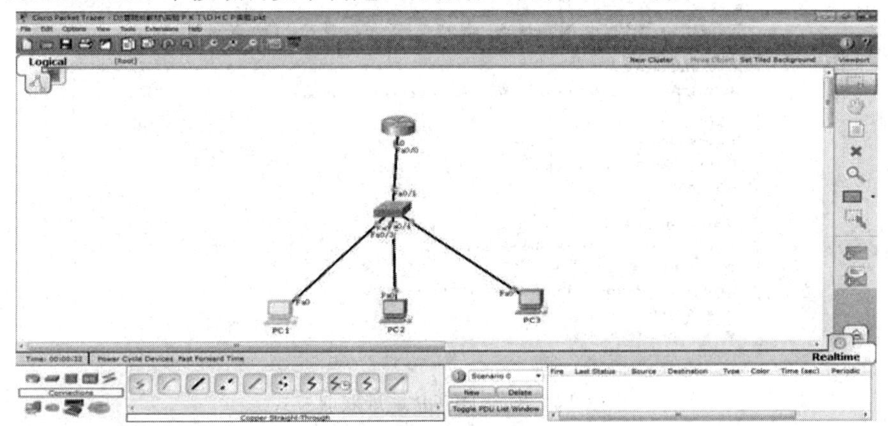

图 13-13　DHCP Server 网络拓扑

(四) 项目实施过程

1. 路由器基本配置。

路由器基本配置包括 R0、SW1 基本配置，IP 接口地址配置等(略)。

2. 路由器 Dhcp Server 配置及解释。

```
R0 #configure terminal        //进入全局配置模式
R0(config) #ip dhcp server enable        //开启 DHCP 服务(在模拟器上操作省略此步骤)
R0(config) #ip dhcp pool pool1        //定义 DHCP 地址池
R0(dhcp-config) #network 172.16.1.0 255.255.255.0    // 用 network 命令来定义网络地址的范围
R0(dhcp-config) #default-router 172.16.1.1        //定义要分配的网关地址
R0(dhcp-config) #dns-server 8.8.8.8        //定义要分配的 DNS 地址
Router1 #exit
```

R0(config) #**ip dhcp excluded-address** *172.16.1.1 172.16.1.5*　//该范围内的 IP 地址不能分配给客户端

3. 验证测试。

在图 13-13 的实例中，验证 DHCP 客户机地址分配信息如下所示。

R0 #show ip dhcp binding　　//查看 DHCP 客户机地址分配情况

```
R0#show ip dhcp binding
IP address      Client-ID/          Lease expiration      Type
                 Hardware address
172.16.1.7      0060.2FD7.3738          --                  Automatic
172.16.1.6      0001.C9BD.D664          --                  Automatic
172.16.1.8      000B.BE22.0C70          --                  Automatic
```

4. 保存路由器的状态配置文件(略)。

(五) 项目测试

(1) 设置 PC1、PC2、PC3 的 IP 地址为 DHCP 获取地址方式，如图 13-14 所示。

IP Configuration
IP Configuration
DHCP
Static
Requesting IP Address
IP Address
Subnet Mask
Default Gateway
DNS Server
IPv6 Configuration
DHCP
Auto Config
Static
IPv6 Address
Link Local Address
FE80::260:5CFF:FED2:5BC
IPv6 Gateway
IPv6 DNS Server

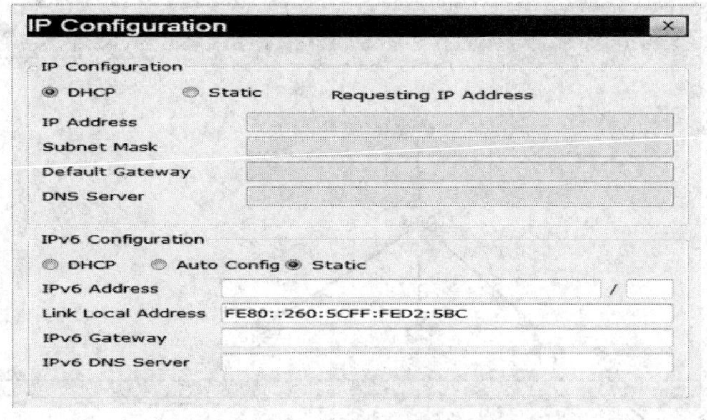

图 13-14　配置 DHCP 地址获取方式

(2) 地址获取成功验证。

测试 PC1 地址获取状态，如图 13-15 所示。

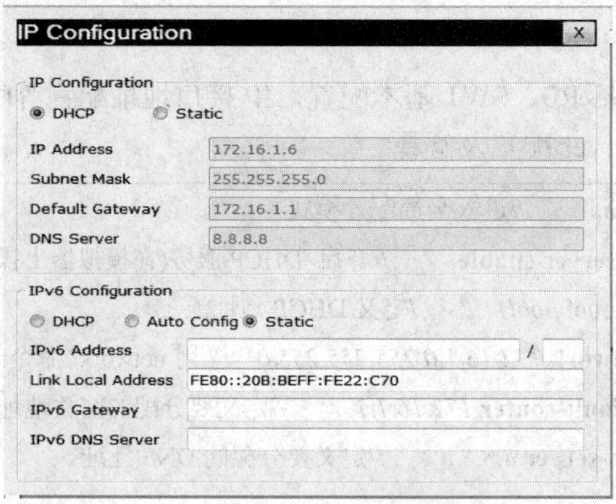

IP Configuration
IP Configuration
DHCP
Static
IP Address
172.16.1.6
Subnet Mask
255.255.255.0
Default Gateway
172.16.1.1
DNS Server
8.8.8.8
IPv6 Configuration
DHCP
Auto Config
Static
IPv6 Address
Link Local Address
FE80::20B:BEFF:FE22:C70
IPv6 Gateway
IPv6 DNS Server

图 13-15　PC1 获取地址

由上图可知，由于 172.16.1.1 到 172.16.1.5 不参与地址分配，所以 PC 的 IP 地址由 172.16.1.6 开始分配。

(六) 项目总结

根据项目实施的过程撰写项目总结报告，对出现的问题进行分析，写出解决问题的方法和体会。

习　题　13

一、选择题

1. 动态主机配置协议(DHCP)的作用是(　); DHCP 客户机如果收不到服务器分配的 IP 地址，则会获得一个自动专用 IP 地址(APIPA)，如 169.254.0.X。

A. 为客户机分配一个永久的 IP 地址

B. 为客户机分配一个暂时的 IP 地址

C. 检测客户机地址是否冲突

D. 建立 IP 地址与 MAC 地址的对应关系

2. DHCP 协议的功能是(　　)。

A. 为客户自动进行注册

B. 为客户机自动配置 IP 地址

C. 使 DNS 名字自动登录

D. 为 WINS 提供路由

3. DHCP 协议是动态主机配置协议的简称，其作用是使网络管理员通过一台服务器管理一个网络系统，自动地为网络中的主机分配一个(　　)地址。

A. 网络　　　　B. MAC

C. DNS　　　　D. IP

4. 以下关于 DHCP 协议的描述中，错误的是(　　)。

A. DHCP 客户机可以从外网段获取 IP 地址

B. DHCP 客户机只能收到一个 DHCP Offer

C. DHCP 不会同时租借相同的 IP 地址给两台主机

D. DHCP 分配的 IP 地址默认租约期为 8 天

二、简答题

1. DHCP 的作用是什么？

2. DHCP 的协议报文有哪几种？

3. DHCP Server 的工作过程是什么？

第 14 章

第 14 章　私有局域网与 Internet 的互联

❖ 学习目标：
- 掌握 NAT 概念及其特点
- 掌握 NAT 工作原理
- 掌握 NAT 工作原方式
- 掌握静态 NAT 配置、动态 NAT 配置和 PAT 配置

14.1　网络地址转换(NAT)的概念

14.1.1　为什么需要 NAT 技术

随着 Internet 技术的飞速发展，使越来越多的用户加入互联网，任何两台主机之间通信需要的是全球唯一的 IP 地址。从 1995 年开始，全球的 IP 地址以每年 6000～8000 万甚至更快的速度被消耗，到目前为止，IPv4 所提供的近 43 亿个地址已经被用去一大半，为了解决 IP 地址面临的即将耗尽的问题，人们采用了许多技术和手段。

解决办法主要有以下几种：

(1) 在为企业内部网络、测试实验室或家庭进行网络编址时，可以使用私有地址，而不必每台设备都花钱从 ISP 或注册中心那里获得全球唯一的地址，RFC1918 为私有其内部使用保留了 A、B、C 类地址范围各一个，在这个范围的地址将不在 Internet 主干上被路由。

A 类地址范围：0.0.0.0 — 10.255.255.255(10.0.0.0/8)；

B 类地址范围：172.16.0.0 — 172.31.255.255(172.16.0.0/12)；

C 类地址范围：192.168.0.0 — 192.168.255.255(192.168.0.0/16)。

还可以通过其他的一些技术来节省 IP 地址的使用。

(2) 可变长子网掩码(VLSM)。

(3) 无类域间路由(CIDR)。

(4) 网络地址转换(NAT)。

(5) IPv6：为解决 IP 地址耗尽问题，IPv6 应该是最终的解决手段，但是由于现有网络都使用 IPv4，绝大多数都不支持 IPv6，要升级设备需要大量的资金，所以这是一个长期且浩大的工程。

上面这些解决办法在本书的部分内容中有所讲述，本章我们主要学习网络地址转换(NAT)技术。

14.1.2 网络地址转换概述

1. 网络地址转换(NAT)的概念

网络地址转换(Network Address Translation，NAT)技术是一种地址映射技术，通常用于子域内具有私有 IP 地址的主机访问外部主机时，将该主机的私有 IP 地址映射为一个外部唯一可识别的公用 IP 地址；同时，将外部主机返回给内部主机的公用 IP 地址映射回内部标志该主机的私有 IP 地址，使得返回的数据包正确到达内部目的主机。因此 NAT 主要在专用网和本地企业网中使用，其中本地网络被指定为内部网，全球因特网被指定为外部网。本地网地址可以通过 NAT 映射到外部网中的一个或多个地址，且用于转换的外部网地址数目可以少于需要转换的本地网 IP 地址数目。

2. NAT 特点

1) NAT 技术应用的优点

(1) 节约公网地址。NAT 可以有效地节约 Internet 公网地址，使得所有的内部主机使用有限的合法地址都可以连接到 Internet 网络。

(2) 提供安全保护。NAT 可以有效地隐藏内部局域网中的主机，因此是一种有效的网络安全保护技术。

(3) 对外提供服务。地址转换可以按照用户的需要，在内部局域网内部提供给外部 FTP、WWW、Telnet 服务。

2) NAT 在带来以上优点的同时也带来了不少缺点

(1) 使用 NAT 必然要引入额外的延迟。

(2) 丧失端到端的 IP 跟踪能力。

(3) 地址转换由于隐藏了内部主机地址，有时候会使网络调试变得复杂。

14.2 NAT 工作原理

图 14-1 显示了 NAT 的基本工作原理。

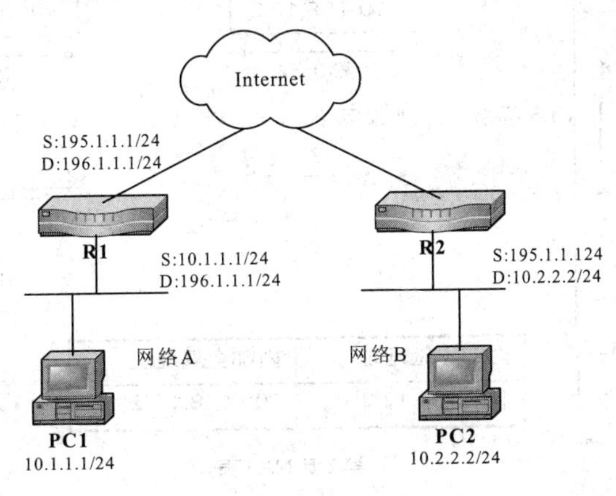

图 14-1 NAT 工作原理

如图 14-1 所示，分别属于两个不同组织的网络 A 和网络 B 都使用私网地址 10.0.0.0 作为它们的内部地址。每个组织都分配到一个 Internet 注册过的唯一的公网地址，供内部专用网络到外部公用网络通信时用。

在发生地址转换的两个网络之间，一个作为内部网(Inside)，另一个作为外部网(Outside)，承担 NAT 功能的路由器被放置在内部网与外部网的交界处。

当 PC1(10.1.1.1)要向 PC2(10.2.2.2)发送数据时，PC1 将 PC2 所属网络的全局唯一地址 196.1.1.1 作为数据包的目的地址。当数据包到达 R1 时，R1 将源地址 10.1.1.1 转换为全局唯一地址 195.1.1.1。当数据包到达 R2 时，R2 将目的地址转为私网 IP 地址 10.2.2.2。从 PC2 向 PC1 返回的数据包也作类似的转换。

这些转换不需要对内部网络的主机进行附加配置。在 PC1 看来，196.1.1.1 就是网络 B 上 PC2(10.2.2.2)的 IP 地址。同样，对 PC2 来说，195.1.1.1 就是网络 A 上的 PC1(10.1.1.1)的 IP 地址。

通常在以下几种情况下会用到 NAT 转换：

(1) 将私有的网络接入 Internet，而又没有足够的注册 IP 地址。

(2) 两个要求互联的网络的地址空间重叠。

(3) 改变了服务提供商，需要对网络重新编址。

14.3　NAT 工作方式

NAT 工作方式主要有以下几种分类：

1. 静态转换

静态转换是指将内部网络的私有 IP 地址转换为公有 IP 地址时，IP 地址对是一对一的，是一成不变的，某个私有 IP 地址只转换为某个公有 IP 地址。借助于静态转换，可以实现外部网络对内部网络中某些特定设备(如服务器)的访问。静态 NAT 的转换过程如图 14-2 所示。

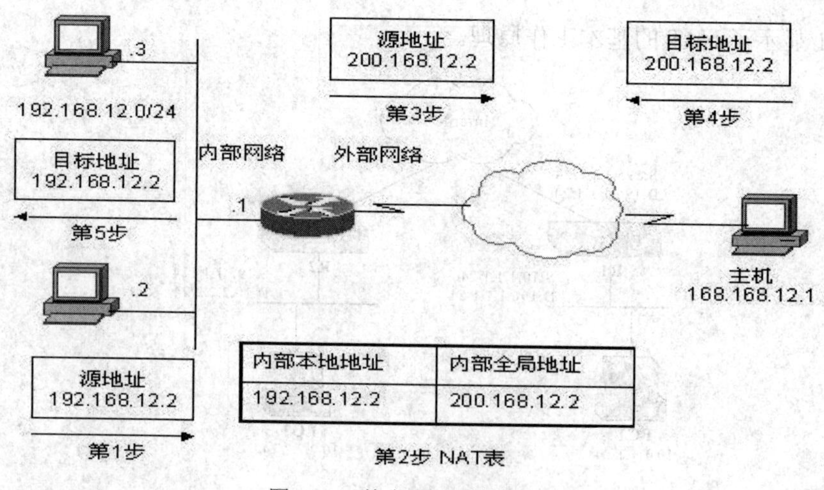

图 14-2　静态 NAT 转换过程

2. 动态转换

动态转换是指将内部网络的私有 IP 地址转换为公用 IP 地址时，IP 地址是不确定的，是随机的，所有被授权访问上 Internet 的私有 IP 地址可随机转换为任何指定的合法 IP 地址；也就是说，只要指定哪些内部地址可以进行转换以及用哪些合法地址作为外部地址时，就可以进行动态转换。动态转换可以使用多个合法外部地址集。当 ISP 提供的合法 IP 地址略少于网络内部的计算机数量时，可以采用动态转换的方式。动态 NAT 的转换过程如图 14-3 所示。

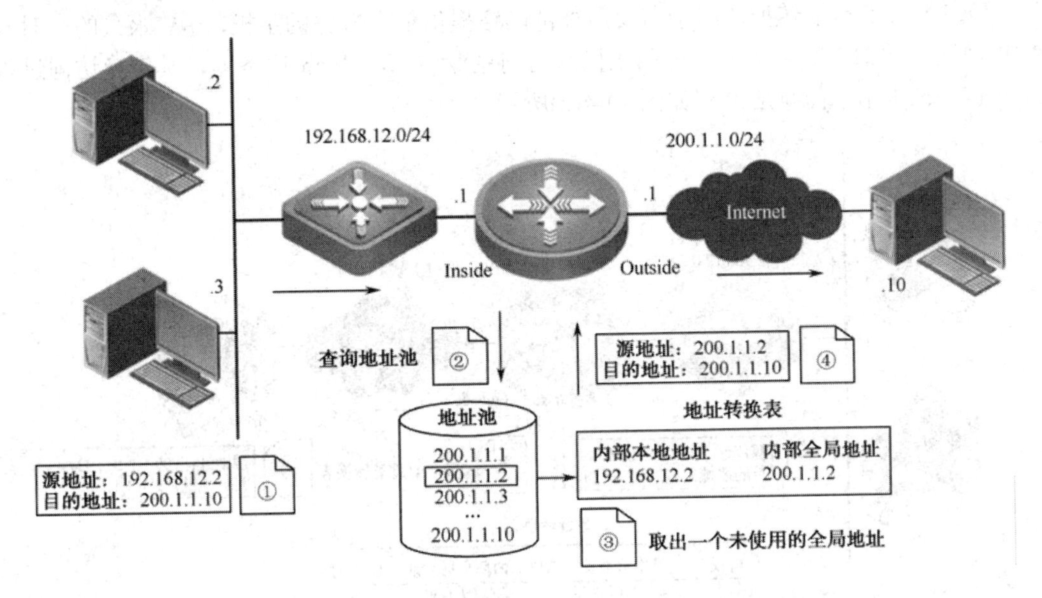

(a) 访问过程

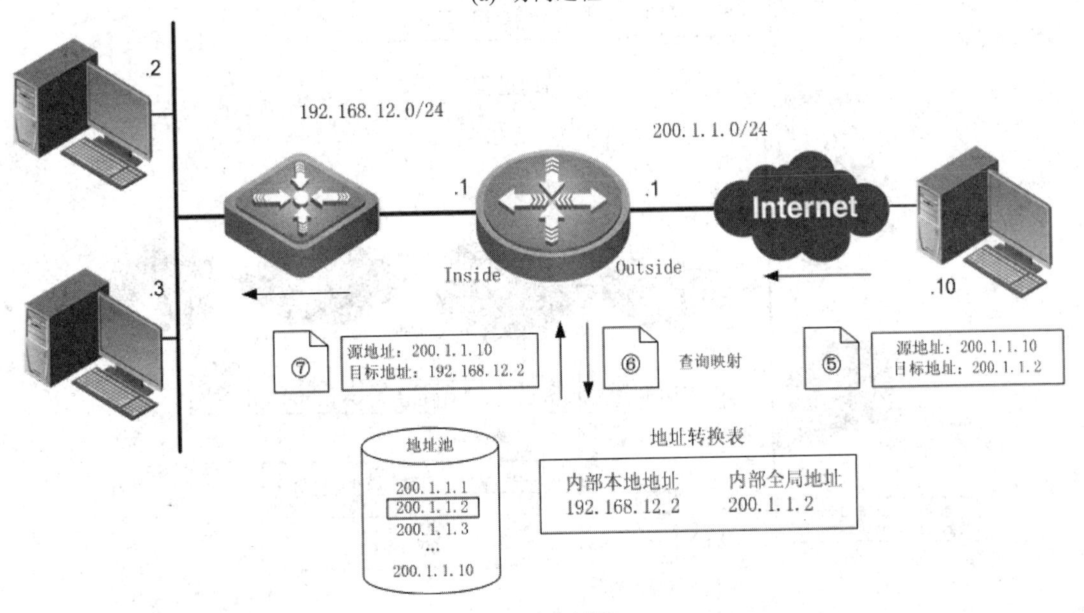

(b) 响应过程

图 14-3　动态 NAT 转换

3. 网络端口地址转换 NAPT(Network Address Port Translation)

NAPT 是指改变外出数据包的源端口并进行端口转换。内部网络的所有主机均可共享一个合法外部 IP 地址实现对 Internet 的访问，从而可以最大限度地节约 IP 地址资源；同时，又可隐藏网络内部的所有主机，有效避免来自 Internet 的攻击。因此，目前网络中应用最多的就是端口多路复用方式。NAPT 地址转换又分为静态 NAPT 地址转换和动态 NAPT 地址转换。

(1) 静态 NAPT 地址转换。

静态 NAPT 地址转换适用于需要向外部网络提供信息服务的主机，建立永久的一对一"IP 地址 + 端口"映射关系。外网主机欲访问企业内部的 Web 服务器，其转换访问过程如图 14-4(a)所示，而响应过程如图 14-4(b)所示。

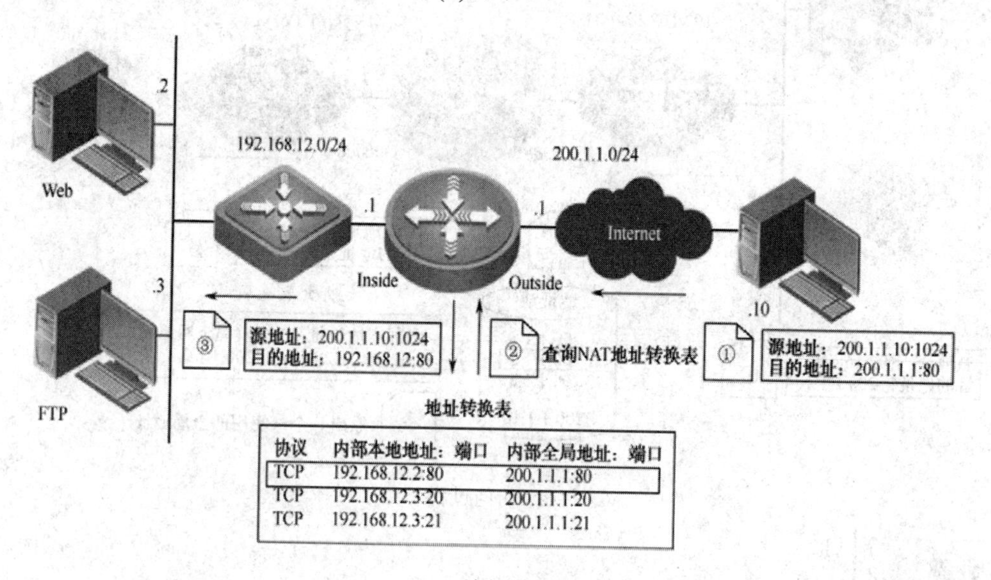

协议	内部本地地址：端口	内部全局地址：端口
TCP	192.168.12.2:80	200.1.1.1:80
TCP	192.168.12.3:20	200.1.1.1:20
TCP	192.168.12.3:21	200.1.1.1:21

(a) 访问过程

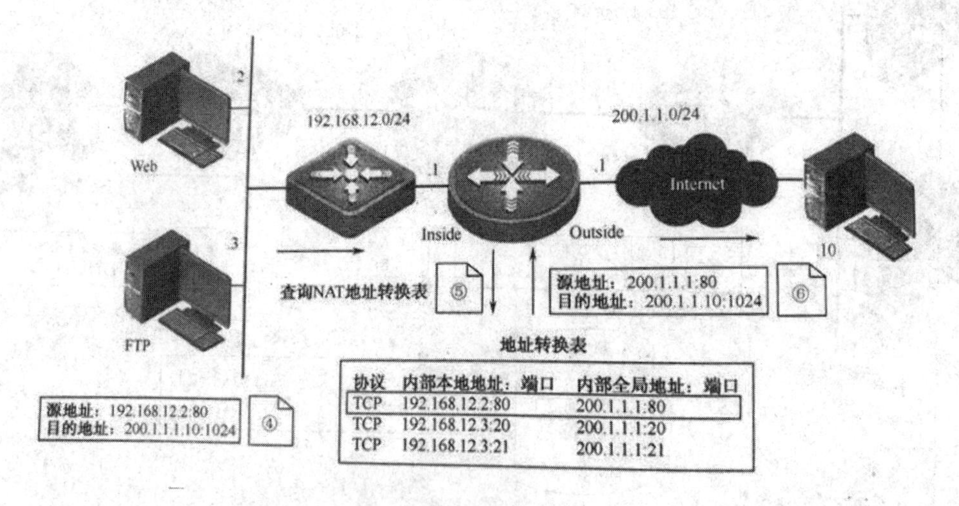

协议	内部本地地址：端口	内部全局地址：端口
TCP	192.168.12.2:80	200.1.1.1:80
TCP	192.168.12.3:20	200.1.1.1:20
TCP	192.168.12.3:21	200.1.1.1:21

(b) 响应过程

图 14-4　静态 NAPT 地址转换

(2) 动态 NAPT 地址转换。

动态 NAPT 地址转换适用于只访问外网服务、不提供信息服务的主机，可建立临时的一对一“IP 地址 + 端口”映射关系，其转换的访问过程如图 14-5(a)所示，响应过程如图 14-5(b)所示。

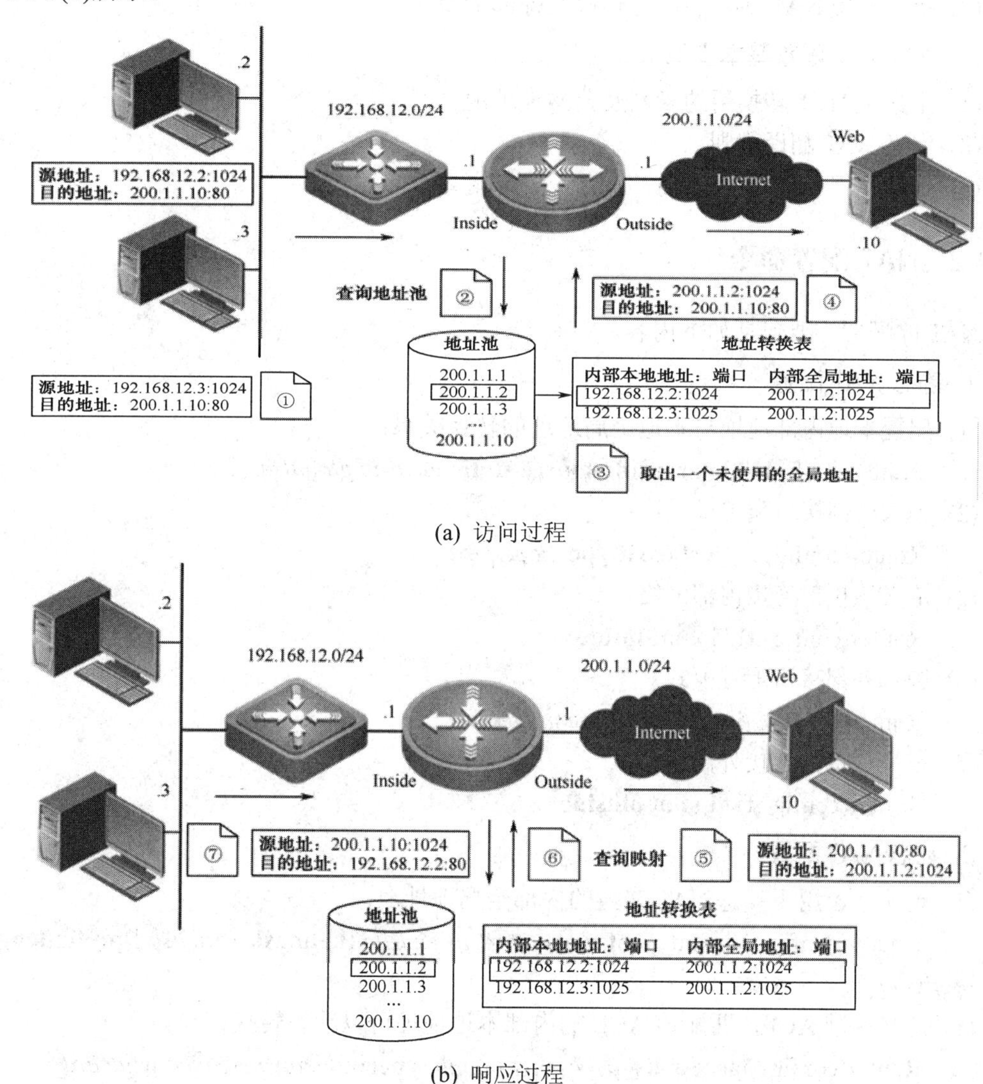

(a) 访问过程

(b) 响应过程

图 14-5　动态 NAPT 转换

14.4　NAT 配置方法

14.4.1　NAT 配置步骤

我们可以根据实际需要在组网中应用静态 NAT 或者动态 NAT。动态 NAT 配置中可以配置成一对一的动态 NAT，也可以配置成一个公网地址对应多个私网地址的负载 NAT 功能(即 PAT)。

1. 静态 NAT 配置基本步骤

(1) 定义 NAT 翻译规则。

(2) 指定使用 NAT 转换的内部端口及外部端口。

2. 动态 NAT 配置基本步骤

(1) 定义做 NAT 转换用的私网及公网地址池。

(2) 定义 NAT 翻译规则。

(3) 指定使用 NAT 转换的内部端口及外部端口。

14.4.2 NAT 配置命令

NAT 的配置主要包括如下内容。

1. 静态 NAT 配置

(1) 配置本地内部地址与本地全局地址的转换关系：

Router(config) #**ip nat inside source static** *local-ip global-ip*

(2) 进入内部接口配置模式：

Router(config) #**interface iftype** *mode/port*

(3) 定义该接口连接内部网络：

Router(config-if) #**ip nat inside**

(4) 进入外部接口配置模式：

Router(config) #**interface iftype** *mode/port*

(5) 定义该接口连接外部网络：

Router(config-if) #**ip nat outside**

2. 动态 NAT 配置

(1) 定义一个用于动态 NAT 转换的内部全局地址池：

Router(config) #**ip nat pool** *name start-ip end-ip* {**netmask** *netmask* | **prefix-length** *prefix-length*}

(2) 定义标准 ACL，匹配该 ACL 的内部本地地址可以动态转换：

Router(config) #**access-list** *access-list-number* **permit source** [*souce-wildcard*]

(3) 配置内部本地地址和内部全局地址间的转换关系：

Router(config) #**ip nat inside source** {**list**{*access-list-number* | *name*}**pool** *name*}

(4) 进入内部接口配置模式：

Router(config) #**interface iftype** *mode/port*

(5) 定义该接口连接内部网络：

Router(config-if) #**ip nat inside**

(6) 进入外部接口配置模式：

Router(config) #**interface iftype** *mode/port*

(7) 定义该接口连接外部网络：

Router(config-if) #**ip nat outside**

3. 网络地址端口转换 NAPT 的配置

(1) 定义一个用于地址转换 NAPT 的内部全局地址池：

Router(config) #**ip nat pool name** *start-ip end-ip* {**netmask** *netmask* | **prefix-length** *prefix-length*}

(2) 定义标准 ACL，匹配该 ACL 的内部本地地址可以动态转换：

Router(config) #**access-list** *access-list-number* **permit source** [*souce-wildcard*]

(3) 配置内部本地地址和内部全局地址间的转换关系：

Router(config) #**ip nat inside source** {**list**{*access-list-number* | *name*} **pool** *name* **overload**}

(4) 进入内部接口配置模式：

Router(config) #**interface iftype** *mode / port*

(5) 定义该接口连接内部网络：

Router(config-if) #**ip nat inside**

(6) 进入外部接口配置模式：

Router(config) #**interface iftype** *mode/port*

(7) 定义该接口连接外部网络：

Router(config-if) #**ip nat outside**

14.5　静态 NAT 配置方法和实例

14.5.1　任务描述及网络拓扑

如图 14-6 所示，该组网中用户都是私网地址，必须通过 NAT 转换成公网地址才能访问公网。

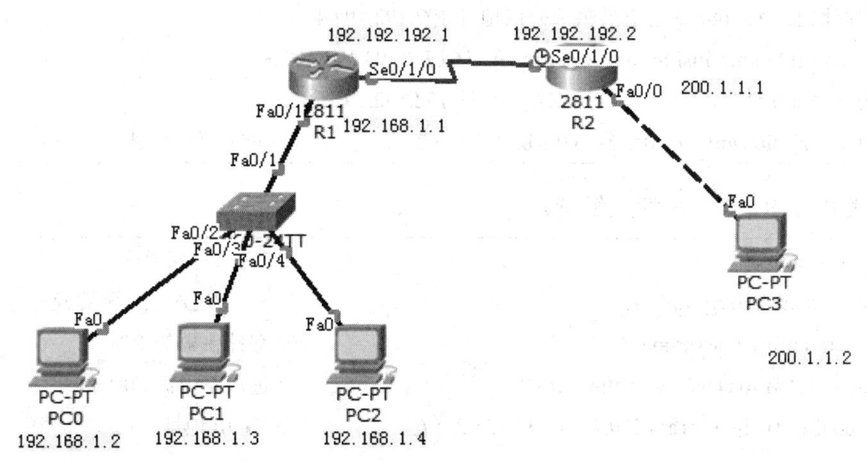

图 14-6　静态 NAT 配置实例

在此任务中，私网用户使用的内部网络的地址分别为 192.168.1.2/24、192.168.1.3/24、

192.168.1.4/24，这三个用户的地址属于私有地址，可以在一个企业(局域网)内部使用，但是不能访问外网。

我们需要通过 NAT 将这些私有地址转为公有地址，才能实现用户对公网的访问。

此任务中已经指定地址池为：192.192.192.3-192.192.192.5，公网地址数量是三个，私网用户数量也是三个，而且私网用户获取的公网地址保持不变，因此，我们需要进行静态一对一的 NAT 配置。

14.5.2 配置步骤

(1) 路由器 R1 基本配置及解释。

```
Router>enable                                          //进入特权模式
Router #config terminal                                //进入全局配置模式
Router(config) #hostname R1                            //命名路由器为 R1
R1(config) #interface FastEthernet 0/1                 //进入路由器 F0/1 口
R1(config-if) #ip address 192.168.1.1 255.255.255.0    //配置 IP 地址
R1(config-if) #ip nat inside                           // 连接内部网络
R1(config-if) #no shutdown                             //激活端口
R1(config-if) #exit                                    //退出当前模式
R1(config) #interface Serial 0/1/0                     //进入路由器 S0/1/0 口
R1(config-if) #ip address 192.192.192.1 255.255.255.0  //配置 IP 地址
R1(config-if) #ip nat outside                          //连接外部网络
R1(config-if) #no shutdown                             //激活端口
R1(config-if) #exit                                    //退出当前模式
R1(config) #ip nat inside source static 192.168.1.2 192.192.192.3
//内部地址 192.168.1.2 静态转换成外网地址 192.192.192.3
R1(config) #ip nat inside source static 192.168.1.3 192.192.192.4
//内部地址 192.168.1.3 静态转换成外网地址 192.192.192.4
R1(config) #ip nat inside source static 192.168.1.4 192.192.192.5
//内部地址 192.168.1.4 静态转换成外网地址 192.192.192.5
R1(config) #ip route 0.0.0.0 0.0.0.0 192.192.192.2     //配置默认路由
```

(2) 路由器 R2 基本配置及解释。

```
Router>enable                                          //进入特权模式
Router #config terminal                                //进入全局配置模式
Router(config) #hostname R2                            //命名路由器为 R2
R2(config) #interface FastEthernet0/1                  //进入路由器 F0/1 口
R2(config-if) #ip address 200.1.1.1 255.255.255.0      //配置 IP 地址
R2(config-if) #no shutdown                             //激活端口
R2(config-if) #exit                                    //退出当前模式
```

```
R2(config) #interface Serial 0/1/0                          //进入路由器 S0/1/0 口
R2(config-if) #ip  address 192.192.192.2 255.255.255.0      //配置 IP 地址
R2(config-if) #clock rate 64000                             //配置时钟频率
R2(config-if) #no shutdown                                  //激活端口
R2(config-if) #exit                                         //退出当前模式
```

(3) 实验结果验证。

① 用内网用户 PC0 拼测外网用户 PC3 验证静态 NAT 转换结果如图 14-7 所示。

```
命令提示符

Packet Tracer PC Command Line 1.0
PC>ping 200.1.1.2

Pinging 200.1.1.2 with 32 bytes of data:

Request timed out.
Reply from 200.1.1.2: bytes=32 time=2ms TTL=126
Reply from 200.1.1.2: bytes=32 time=1ms TTL=126
Reply from 200.1.1.2: bytes=32 time=1ms TTL=126

Ping statistics for 200.1.1.2:
    Packets: Sent = 4, Received = 3, Lost = 1 (25% loss),
Approximate round trip times in milli-seconds:
    Minimum = 1ms, Maximum = 2ms, Average = 1ms
```

图 14-7　PC0 拼测 PC3 结果

② 查看路由器 R1 NAT 转换列表如下所示。

```
R1#sho ip nat translations
Pro   Inside global      Inside local     Outside local    Outside global
---   192.192.192.3      192.168.1.2      ---              ---
---   192.192.192.4      192.168.1.3      ---              ---
---   192.192.192.5      192.168.1.4      ---              ---
```

14.6　动态 NAT 配置方法和实例

14.6.1　任务描述及网络拓扑

如图 14-6 所示，基本任务描述参照静态 NAT 配置案例。与静态地址转换示例不同的是此任务中，私网用户不需要获取固定的公网地址，因此，我们可以进行动态 NAT 配置。

14.6.2　配置步骤

(1) 基本配置。

路由器 R1、R2 基本配置及解释请参照静态 NAT 配置，此处不再赘述。

(2) 路由器 R1 动态 NAT 配置及解释。

```
R1(config) #access-list 1 permit 192.168.1.0 0.0.0.255
//创建 ACL 允许 192.168.1.0 网段 NAT 转换
R1(config) #ip nat pool tom 192.192.192.3 192.192.192.5 netmask 255.255.255.0
//配置名为 tom 的地址池，将合法外部地址段 192.192.192.3 至 192.192.192.5 加入地址池。
R1(config) #ip nat inside source list 1 pool tom
//将内网的符合 ACL1 的数据包的源地址转换为地址池 tom 中的地址。
```

(3) 实验结果验证。

① 用内网用户 PC0 拼测外网用户 PC3 验证静态 NAT 转换结果(请参照静态 NAT 验证方法)。

② 查看路由器 R1 NAT 转换列表如下所示。

```
R1 #sho ip nat translations
Pro   Inside global        Inside local      Outside local      Outside global
icmp 192.192.192.3:1    192.168.1.2:1     200.1.1.2:1        200.1.1.2:1
icmp 192.192.192.3:2    192.168.1.2:2     200.1.1.2:2        200.1.1.2:2
icmp 192.192.192.3:3    192.168.1.2:3     200.1.1.2:3        200.1.1.2:3
icmp 192.192.192.3:4    192.168.1.2:4     200.1.1.2:4        200.1.1.2:4
```

14.7　NAPT 配置方法和实例

14.7.1　任务描述及网络拓扑

如图 14-6 所示，基本任务描述参照静态 NAT 配置案例。与动态 NAT 配置案例不同的是，此任务中，私网用户数量远远超过公网地址数量，因此，我们需要进行 NAPT 配置，以满足所有用户访问互联网的需求。

14.7.2　配置步骤

(1) 路由器配置。

路由器 R1 与路由器 R2 的配置参照动态 NAT 地址转换，唯一不同的是配置内部本地地址和内部全局地址间的转换关系的配置命令不同。

路由器 R1 NAPT 配置及解释。

```
R1(config) #ip nat inside source list 1 pool tom overload
//将内网的符合 ACL 1 的数据包的源地址转换为地址池 tom 中的地址，并且为端口复用。
```

(2) 实验结果验证。

① 用内网用户 PC0 拼测外网用户 PC3，验证静态 NAT 转换结果(请参照静态 NAT 验

证方法)。

② 查看路由器 R1 NAT 转换列表如下所示：

```
R1r #SHO IP NAT Translations
Pro   Inside global          Inside local      Outside local     Outside global
icmp 192.192.192.1:1        192.168.1.2:1     200.1.1.2:1       200.1.1.2:1
icmp 192.192.192.1:2        192.168.1.2:2     200.1.1.2:2       200.1.1.2:2
icmp 192.192.192.1:3        192.168.1.2:3     200.1.1.2:3       200.1.1.2:3
icmp 192.192.192.1:4        192.168.1.2:4     200.1.1.2:4       200.1.1.2:4
icmp 192.192.192.1:1024192.168.1.3:1          200.1.1.2:1       200.1.1.2:1024
icmp 192.192.192.1:1025192.168.1.3:2          200.1.1.2:2       200.1.1.2:1025
icmp 192.192.192.1:1026192.168.1.3:3          200.1.1.2:3       200.1.1.2:1026
icmp 192.192.192.1:1027192.168.1.3:4          200.1.1.2:4       200.1.1.2:1027
```

14.8 NAT 的监控和维护

1. NAT 维护命令

(1) show ip nat statistics 命令介绍见表 14-1。

表 14-1　show ip nat statistics 命令

命令格式	命令模式	命令功能
show ip nat statistics	除用户模式外所有模式	显示 NAT 转换的统计数据

该命令用于查看 NAT 转换的统计数据，显示的内容包括当前活动的 NAT 转换条目的数目(包括静态和动态规则生成条目)、最大动态 NAT 转换条目数、当前/最大内部地址数、内部和外部端口的统计信息、NAT 转换成功和失败的数目、被老化掉的 NAT 转换条目数、被清除的 NAT 转换条目数等。

(2) show ip nat translations 命令介绍见表 14-2。

表 14-2　show ip nat translations 命令

命令格式	命令模式	命令功能
show ip nat translations	除用户模式外所有模式	显示 NAT 活动的转换条目信息

该命令用于查看当前转换条目，显示内容包括 NAT 转换的内部和外部地址，对于动态可重用 NAT 转换还包括端口转换的信息。

(3) clear ip nat translation 命令介绍见表 14-3。

表 14-3　clear ip nat translation 命令

命令格式	命令模式	命令功能
clear ip nat translation [*]	特权	清除 NAT 转换条目

该命令结合不同的参数，可以用来清除指定范围的 NAT 转换条目。

使用 clear ip nat translations 命令可以清除当前所有用户的会话数。该命令要谨慎使用，因为使用这个命令，所有用户的连接会全部中断。

2. 日常维护诊断

系统当前最大可用的动态转换条目数可以通过 IP Pool 中的 Global IP 数量大致计算，一般一个 IP 地址对应大约 6 万个转换条目，为了确保网上银行、支付宝等识别源 IP 的业务稳定运行，建议地址池中的地址个数设置 14～30 个之间是合理的，确保用户转换会话数非常大的时候，每个公网地址有足够的资源可以应付。

开局时一般要求对于每个用户限制转换条目数，这个设置是为了保护设备，在用户流量异常时，可以起到保护设备 CPU 的功能。

对于一般上网用户，100～200 个转换条目是足够的，对于一些大客户用户或者校园网用户可以适当放宽，建议在 300～600 之间根据实际情况调节。如果用户数量较少(小于2000)，那么可以设置大一些，即 500～600，如果用户数超过 2000，建议设置为 200～400。

使用 show ip nat statistics 命令查看当前动态的 NAT 转换条目，如果接近或者等于最大的可用条目数，NAT 资源不足，那么用户上网可能会受到影响。

3. NAT 资源不足的几种情况

(1) 网络规模扩张，用户量增大导致的 NAT 资源不足。

这种情况通常可以从 show ip nat statistics 中看出本地用户数量已经大于以前的数量，而地址池的数量还是以前的数量。

建议措施：

➢ 扩充地址池；

➢ 结合网络情况降低调整一些应用的老化时间；

➢ 设备扩容。

(2) 本地用户数正常，用户流量异常导致 NAT 资源不足。

通常发现用户量有限，而 NAT 条目暴涨，可能是用户流量异常导致三层流保障造成。使用 show ip nat count by-used/by-max 查看用户的当前、历史 NAT 条目是否异常。如果某个用户的条目明显大于其他，肯定是该用户流量有问题(可能是用户中毒、使用 BT 下载等工具、用户私自设置代理导致实际用户量明显大于现有用户量等原因)。

➢ 建议措施：

➢ 用户杀毒，同时用户端口设置 ACL 禁掉一些病毒端口，包括 ICMP 包等；

➢ 使用 ip nat translation maximal 命令对每个用户的最大会话数进行限制，这样设置后对使用量最高的这些用户会有影响，但是保证了其他大部分用户的正常业务。具体数值可根据用户种类和网络资源实际情况限制，可参考平时使用 show ip nat count 命令查看的内容。

➢ 调整老化时间。

➢ 整改非法代理。

➢ 扩充地址池。

紧急情况下，对于个别严重异常的用户影响到其他用户上网的情况，可以使用 clear ip nat local 命令清除用户的 NAT 转换条目。

对于个别的软件出现异常(比如 QQ)，可能是老化时间设置不正确造成的，需要尽可能调查清楚该应用的协议端口号，有选择地调整该端口号的老化时间，不要笼统地调整所有 TCP 或者 UDP 的老化时间，否则可能影响其他业务，造成 NAT 资源枯竭的故障或者用户上网异常等现象。

实训项目 12：NAT 的配置及应用

一、项目背景

假设某单位创建了 PC1 和 PC2，这两台 PC 不但允许内部用户(IP 地址为 172.16.1.0/24 网段)能够访问，而且要求 Internet 上的外网用户也能够访问。为实现此功能，本单位向当地的 ISP 申请了一段公网的 IP 地址 210.28.1.0/24，通过静态 NAT 转换，当 Internet 上的用户访问这两台 PC 时，实际访问的是 210.28.1.10 和 210.28.1.11 这两个公网的 IP 地址，但用户的访问数据被路由器 Router-A 分别转换为 172.16.1.10 和 172.16.1.11 两个内网的私有 IP 地址。

二、方案设计

静态 NAT 为内部地址与外部地址的一对一映射，静态 NAT 允许外部设备发起与内部设备的连接。配置静态 NAT 转换很简单，首先需要定义要转换的地址，然后在适当的接口上配置 NAT。从指定的 IP 地址到达内部接口的数据包需经过转换，外部接口收到的以指定 IP 地址为目的地的数据包也需经过转换。

静态 NAT 使用本地地址与全局地址的一对一映射，这些映射保持不变。静态 NAT 对于必须具有一致的地址、可从 Internet 访问的 Web 服务器或主机特别有用。设计的网络拓扑结构如图 14-8 所示。

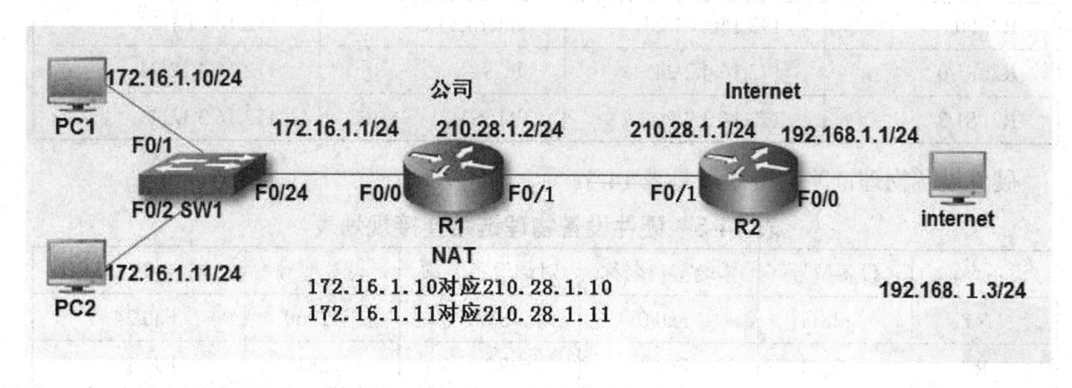

图 14-8　静态 NAT 配置的网络拓扑结构

三、方案实施

(一) 连接网络拓扑

打开 Packet Tracer 模拟器，按照图 14-8 选择交换机(本例中使用 2960)、路由器(本例中使用 2811)进行网络连接，如图 14-9 所示。

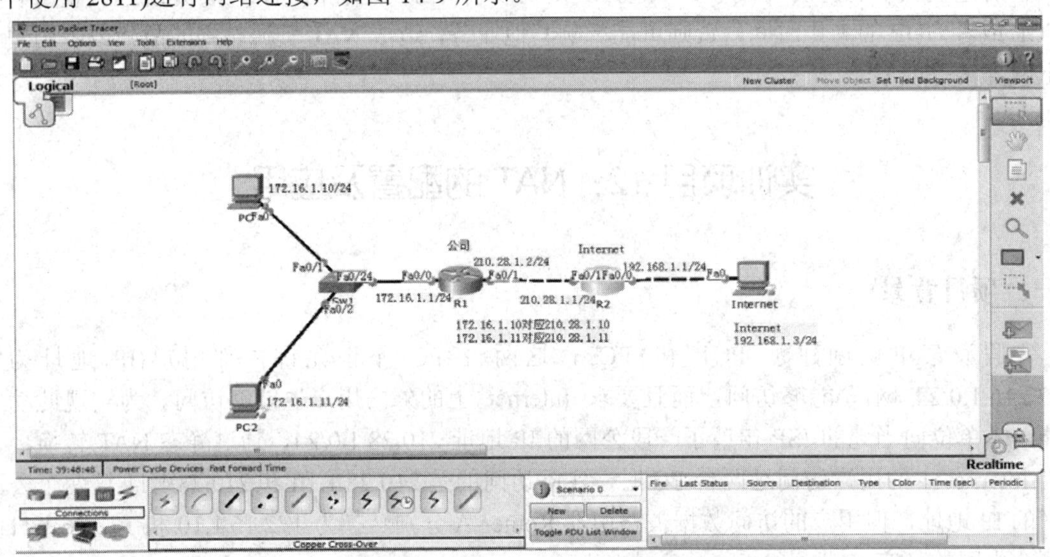

图 14-9　静态 NAT 转换配置示图

(二) 规划设计

完成路由器的接口、接口 IP 规划以及 PC 机的 IP 地址规划，见表 14-4。

表 14-4　IP 地址及端口规划表

本端设备:接口	本端 IP 地址	对端设备:接口	对端 IP 地址
SW1: F0/1	-	PC1	172.16.1.10/24
SW1: F0/2	-	PC2	172.16.1.11/24
SW1: F0/24	-	R1: F0/0	172.16.1.1/24
R1: F0/1	210.28.1.2/24	R2:F0/1	210.28.1.1/24
R2: F0/0	192.168.1.1/24	Internet PC	192.168.1.1/24
R2: F1/0	172.16.4.2/24	PC3	172.16.4.22/24
R2: S1/2	172.16.3.2/24	R1: S1/2	172.16.3.1/24

硬件设备物理链路连接规划见表 14-5。

表 14-5　硬件设备物理链路连接规划表

设备名称	设备型号	本端接口名称	对端设备名称	设备型号	对端接口名称
R1	2811	Fa0/0	SW1	2960	Fa0/24
R1	2811	Fa0/1	R2	2811	Fa0/1
SW1	2960	Fa0/24	R1	2811	Fa0/0
SW1	2960	Fa0/1	PC1	PC	Fa0
SW1	2960	Fa0/2	PC2	PC	Fa0
R2	2811	Fa0/1	R1	2811	Fa0/1
R2	2811	Fa0/0	Internet	PC	Fa0

(三) 项目实施过程

1. 路由器基本配置(部分设备配置命令简写，基本配置部分不再解释)。

(1) R1 基本配置如下。

```
Router #configure terminal
Router(config) #in f0/1
Router(config-if) #ip address 210.28.1.2 255.255.255.0
Router(config-if) #no shut
Router(config-if) #exit
Router(config) #in f0/0
Router(config-if) #ip address 172.16.1.1 255.255.255.0
Router(config-if) #no shut
Router(config-if) #exit
Router(config) #ip route 0.0.0.0 0.0.0.0 f0/1
```

(2) R2 基本配置如下。

```
Router #configure terminal
Router(config) #in f0/0
Router(config-if) #ip address 192.168.1.1 255.255.255.0
Router(config-if) #exit
Router(config) #in f0/1
Router(config-if) #ip address 210.28.1.1 255.255.255.0
Router(config-if) #no shut
Router(config-if) #exit
Router(config) #ip route 0.0.0.0 0.0.0.0 f0/1
```

(3) SW1 基本配置如下。

```
Switch>en
Switch #conf terminal
Switch(config) #in f0/24
Switch(config-if) #switchport mode trunk
Switch(config-if) #exit
```

2. 路由表 NAT 配置。

在路由器 R1 上的静态 NAT 配置及解释如下。

```
Router(config) #interface fastethernet 0/0
Router(config-if) #ip nat inside
Router(config-if) #exit
Router(config) #interface fastethernet 0/1
Router(config-if) #ip nat outside
Router(config-if) #exit
```

Router(config) #**ip nat inside source static** *172.16.1.10 210.28.1.10*
//将内网的 172.16.1.10IP 地址静态映射为外网的 210.28.1.10 公有 IP 地址
Router(config) #**ip nat inside source static** *172.16.1.11 210.28.1.11*
//将内网的 172.16.1.11IP 地址静态映射为外网的 210.28.1.11 公有 IP 地址
Router(config) #**end**

注意:
不要把 inside 和 outside 弄错。

(四) 项目测试

1. 设置 PC1、PC2、Internet PC 的 IP 地址(具体配置过程略)。
2. 实验结果测试。

(1) 测试 Internet 与 PC1 、PC2 的网络通信状态，如图 14-10 和图 14-11 所示。

```
Command Prompt
PC>ping 210.28.1.10

Pinging 210.28.1.10 with 32 bytes of data:

Reply from 210.28.1.10: bytes=32 time=1ms TTL=126
Reply from 210.28.1.10: bytes=32 time=0ms TTL=126
Reply from 210.28.1.10: bytes=32 time=0ms TTL=126
Reply from 210.28.1.10: bytes=32 time=0ms TTL=126

Ping statistics for 210.28.1.10:
    Packets: Sent = 4, Received = 4, Lost = 0 (0% loss),
Approximate round trip times in milli-seconds:
    Minimum = 0ms, Maximum = 1ms, Average = 0ms
```

图 14-10　网络通信测试(Internet PING PC1)

```
Command Prompt
PC>ping 210.28.1.11

Pinging 210.28.1.11 with 32 bytes of data:

Reply from 210.28.1.11: bytes=32 time=1ms TTL=126
Reply from 210.28.1.11: bytes=32 time=0ms TTL=126
Reply from 210.28.1.11: bytes=32 time=0ms TTL=126
Reply from 210.28.1.11: bytes=32 time=0ms TTL=126

Ping statistics for 210.28.1.11:
    Packets: Sent = 4, Received = 4, Lost = 0 (0% loss),
Approximate round trip times in milli-seconds:
    Minimum = 0ms, Maximum = 1ms, Average = 0ms
```

图 14-11　网络通信测试(Internet PING PC2)

(2) 在路由器 R1 上显示 NAT 活动转换列表如下。

Router #show ip nat translations

Pro	Inside global	Inside local	Outside local	Outside global
---	210.28.1.10	172.16.1.10	---	---
---	210.28.1.11	172.16.1.11	---	---

(五) 项目总结

根据项目实施的过程撰写项目总结报告，对出现的问题进行分析，写出解决问题的方法和体会。

习　题　14

一、选择题

1. 下列有关 NAT 叙述错误的是(　　)。

A. NAT 是英文“网络地址转换”的缩写

B. 地址转换又称地址翻译，用来实现私有地址和公用网络地址之间的转换

C. 当内部网络的主机访问外部网络的时候，一定不需要 NAT

D. 地址转换的提出为解决 IP 地址紧张的问题提供了一个有效途径

2. (　　)是指分配给内部网络主机的 IP 地址，该地址可能是非法的未向相关机构注册的 IP 地址，也可能是合法的私有网络地址。

A. 内部本地地址　　　　B. 内部全局地址

C. 外部本地地址　　　　D. 外部全局地址

3. (　　)协议指的是将网络地址从一个地址空间转换到另外一个地址空间的行为。它使得一个使用私有地址的网络中的主机以合法地址出现在 Internet 上。

A. OSPF 协议　　　　B. BGP 协议

C. NAT 协议　　　　D. RIP 协议

4. (　　)是设置起来最为简单和最容易实现的一种，内部网络中的每个主机都被永久映射成外部网络中的某个合法地址，即一对一的转换，且要指定和哪个合法地址进行。

A. 静态 NAT　　　　B. 动态 NAT

C. NAPT　　　　D. NATP

二、简答题

1. 我们为什么需要 NAT 技术？

2. 什么是公有 IP 地址？什么是私有 IP 地址？

3. NAT 技术应用有哪些优点及缺点？

4. 请描述 NAT 技术的工作原理。

参 考 文 献

[1] 管秀君，等. 计算机网络互联与测试. 北京：中国水利水电出版社，2008.
[2] 高峡，等. 网络设备互联学习指南. 北京：科学出版社，2009.
[3] 高峡，等. 网络设备互联实验指南. 北京：科学出版社，2009.
[4] 许圳彬，等. IP 网络技术. 北京：人民邮电出版社，2012.
[5] 储建立，等. 路由器/交换机项目实训教程. 北京：电子工业出版社，2013.